U0018967

全球科技大歷史

解讀人類偉大進步的黑盒子
指出未來科技演化方向

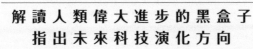

吳軍

著

全球科技大歷史
解讀人類偉大進步的黑盒子，指出未來科技演化方向

作　　　者	吳　軍
文 字 校 對	謝惠鈴
美 術 設 計	兒　日
版 面 構 成	簡至成、高巧怡
行 銷 企 劃	林瑀、陳慧敏
行 銷 統 籌	駱漢琦
業 務 發 行	邱紹溢
營 運 顧 問	郭其彬
責 任 編 輯	何維民
總 編 輯	李亞南
出　　　版	漫遊者文化事業股份有限公司
地　　　址	台北市松山區復興北路331號4樓
電　　　話	(02) 2715-2022
傳　　　真	(02) 2715-2021
服 務 信 箱	service@azothbooks.com
網 路 書 店	www.azothbooks.com
臉　　　書	www.facebook.com/azothbooks.read
營 運 統 籌	大雁文化事業股份有限公司
地　　　址	台北市松山區復興北路333號11樓之4
劃 撥 帳 號	50022001
戶　　　名	漫遊者文化事業股份有限公司
初 版 一 刷	2019年9月
初 版 三 刷	2022年7月
定　　　價	台幣480元

ISBN　978-986-489-358-4

© 吳軍2019
本書中文繁體版由北京一元萬象文化有限公司通過中信出版集團股份有限公司
授權漫遊者文化事業股份有限公司
在除中國大陸以外之全球地區（包含香港、澳門）獨家出版發行
ALL RIGHTS RESERVED

國家圖書館出版品預行編目(CIP)資料

全球科技大歷史 / 吳軍著. -- 初版. -- 臺北市 : 漫遊者
文化出版 : 大雁文化發行, 2019.09
448 面 ; 15×21 公分
ISBN 978-986-489-358-4(平裝)
1. 科學技術 2. 歷史
409　　　　　　　　　　　　　　108013797

漫遊，一種新的路上觀察學
www.azothbooks.com
漫遊者文化

大人的素養課，通往自由學習之路
www.ontheroad.today
遍路文化‧線上課程

謹獻給吳夢華、吳夢馨和張彥

目錄

第一篇
遠古科技

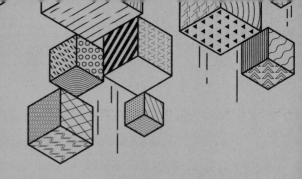

第二篇
古代科技

第三篇
近代科技

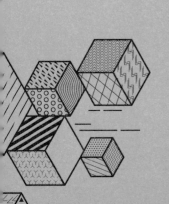

第四篇
現代科技

推薦序一

沒有科技
就沒有真正的人類文明

高文
中國工程院院士，北京大學教授

　　人類進化經歷了一個長期的歷史階段，其中既有循序漸進的過程，也有突變。科學發展到今天，我們對人類是從哪裡來的這個謎團，拼圖漸漸清晰了起來；但是我們對人類將走向何方這個未來難題，拼圖仍然是一片空白，儘管各種猜測源源不斷。

　　我早年曾經讀過一些關於人類起源的讀物，最近幾年也斷斷續續讀過一些有關現代智人的文字。前幾天我去自己的出生地大連講學，聽到當地一位官員說在大連金普新區發現了一個洞穴，考古學家發現裡面有十幾萬年前人類活動的遺跡。當時我講了我的判斷：這些曾經生活在此地的古人類應該不是我們的祖先，因為那時候現代遺傳學上認可的我們的祖先——現代智人還沒有到達中國。可惜因為那次講學時間安排太緊，我沒有機會去現場看看，於是約定下次一定補上。

　　現在，越來越多的讀者認可科技史是人類文明史中一個不可或缺的組成部分。因為沒有科技就沒有真正的人類文明。因此，讀科技史也就成為這個讀者群體的特殊需求。這本書就是一本可以很好地滿足上述剛需的科技史書，作者以能量和信息為線索，貫穿了史

前文明 到未來理想，講述人類是如何通過科技來提高生活質量，推動社會進 步的。

　　古羅馬作家西塞羅曾經說過：「一個人不瞭解他出生之前的事情，那他始終只是個孩子。」瞭解歷史，可以幫助人類認識自己，認識文化；瞭解科技史，則有助於把握未來的方向。帝王將相，只是風光一時；朝代更迭，在歷史的長河中也不過是過眼雲煙。而只有科技文明，是隨著時間的推移逐步發展的，推動人類社會螺旋上升。

　　十萬年前，智人的分支從非洲大陸走了出來，來到歐洲、亞洲。五萬年前，現代智人由於學會了使用語言，通過語言溝通形成的集體優勢淘汰了另外三個智人分支，繁衍至今，從幾十萬人口發展到今天幾十億人口遍佈世界各地的人類大種群。一萬年前，農業革命出現，人類開始定居生活。

　　五千年前，人類發明了文字和書寫、車輪和陶器、青銅器和黑鐵，創造了集約化農業和大金字塔。農業的發展提供了足夠的糧食，使得社會有一部分勞動力從農業生產中解放出來，產生了新的職業和社會分工，隨後也產生了專門化的知識階層，以及帝王統治者。再經過文藝復興，人類掌握了一套有效而系統的發展科學的方法，使得科技的發展開始提速。

　　隨著自然科學和工程技術各學科及領域逐步建立與發展，新技術積累到一定能級後必然產生大爆發，我們現在稱之為工業革命。在發生於18世紀中葉的第一次工業革命中，蒸汽機成為動力驅動的典型象徵，人類歷史隨之進入蒸汽時代。19世紀中葉，第二次工業革命開始，電力逐步變成動力主流，人類社會進入電氣時代。20世紀中葉，第三次工業革命開始，計算機和通信的快速發展改變了社

會的生產和生活 方式，人類歷史進入信息時代。

以銅為鏡可以正衣冠，以史為鏡可以知興替，以人為鏡可以明得失。科技發展有其自身的規律和週期。如果沿著前三次工業革命的脈絡預測，21世紀中葉應該會發生第四次工業革命。換句話說，我們現在正處在下一次工業革命的前夕。

下一次工業革命的顛覆性技術到底是什麼，答案現在還不得而知。不過種種跡象表明，近期熱度不減的人工智能，如果在未來一、二十年取得革命性的突破，由量變轉化為質 變，也許會使人類進入智能時代。這個猜測是否準確，答案應該會在 不久的將來揭曉，讓我們拭目以待。

以前我就知道吳軍的文字是有魅力的，這次再次領教。這本書稿 即使是有近五百頁的大篇幅，我也不覺得冗長繁複，幾乎是一口氣讀完的。作者寫出了從石器時代智人演化直到21世紀政治和技術革命的一整部「人類科技史」，通俗易懂的文字將科技史的萬年歷史長河融匯在一本書中，讀下來意猶未盡。

記得前幾年西藏阿里機場剛通航的時候，我去過一次古格王朝遺址，中間有很長一段時間汽車沿著札達土林溝壑裡的路行駛。據導遊說，札達土林遠古時受造山運動影響，歷經數千萬年湖底沉積的厚土地層隨著青藏高原的上升變為陸地，又歷經數百萬年陸地受洪水沖刷形成溝壑，再歷經數千年受雨水沖刷切割並逐漸風化剝蝕，溝壑的絕壁上形成了土林。札達土林，看起來的確像在黃土牆上雕刻出來的半柱樹林，高低錯落達數十公尺，千姿百態，每一片都綿延幾百到上千公尺，頗為壯觀。中途小憩期間，我曾獨自走到土林近旁待了幾分鐘。也許因為高原缺氧，恍惚間我似乎聽到了遠古的聲音，窸窸窣窣又隆隆作響。今天，當我讀完吳軍的書稿，靜息下

來似乎又有一點那種感覺。

　　我希望，當讀者讀完此書合卷冥思的時候，可以聽得見科技歷史的腳步聲，或近或遠，或大或小……

2019 年 2 月 15 日於清華園

推薦序二
從科技視角俯瞰歷史，
從歷史視角理解科技

錢穎一
清華大學資深教授、經濟管理學院前院長，
西湖大學校董會主席

　　在中國，人們對科學技術的追求一直伴隨著中國現代化的進程。近幾年，科技更是成為全民關注的熱點。當然，這與中國經濟發展到了新的階段有直接關聯。2018年，中國的人均 GDP（國內生產總值）達到近一萬美元，中國經濟要想突破中等收入陷阱，實現可持續發展，只能靠創新，而創新離不開科技，這已經形成共識。這是當前全國出現科技熱的經濟邏輯。

　　不過，科技演進的歷史不僅僅是經濟邏輯。人類的科學發現、技術發明究竟是如何演化的，它們從哪裡來，又要到哪裡去，這些問題通常不會在專業課程和教科書中探討，因為專業課程和教科書主要是傳授科學技術的結果，而不是原因和過程，更不要說對科學和技術史的整體梳理了。吳軍博士的這本《全球科技大歷史》幫助我們從歷史視角思考科學和技術的過去與未來，非常值得推薦。

　　吳軍在清華園長大。他從清華附中考上清華大學，取得計算機科學學士學位和電子工程碩士學位，之後留學美國，獲得約翰‧霍普金斯大學計算機科學博士學位。他曾在谷歌和騰訊工作，具有中美高科技企業的豐富工作經驗，目前在位於矽谷的由他參與創立的

一家投資基金工作，專門投資初創的高科技企業。在此之前，吳軍已經出版了眾多暢銷書，包括《數學之美》、《浪潮之巔》、《文明之光》、《智能時代》等。應該說，他寫《全球科技大歷史》，既有他的學科背景，也有他在科技創新實踐中獲得的直接感悟。

《全球科技大歷史》講述的是人類科技發展的歷史，覆蓋了從人類文明最早的石器時代到當前的信息和生物時代的漫長歷程。吳軍把人類的科技發展歷史劃分為四個階段：遠古科技、古代科技、近代科技、現代科技。雖然不少近代科技的內容在高中階段有講授，現代科技的內容在大學階段有講授，但是我們通常是把這些內容作為知識來學，作為知識點來記，我們並不一定了解，更不懂得它們是如何產生的，是在什麼背景下產生的，更不知道它們的影響。這些影響大多不是發現者和發明者自己所能預料的。至於遠古科技和古代科技，我們知道得就更少了。

閱讀這本書，讀者可以從中獲得很多啟發。首先，我們可以從中獲得科技的歷史感。我們會從歷史中受到啟發，對當前的事件產生不同一般的想像，從歷史中獲得新的視角。比如，今天我們對網際網路日新月異的發展驚歎不已，我們對人工智能的潛在功能寄予無限的希望，我們很容易以為這些都是史無前例的。但是讀了這本書，你會對歷史有一種新的感嘆，對今天的科技多一份思考。比如，你會對電報的發明（第一次從華盛頓向巴爾的摩發報）感到震撼，因為這是人類第一次使得一般性信息的傳播速度比人（或馬）更快。你也會對電的發明帶來的廣泛影響感到驚歎，沒有電，就沒有電梯，就不可能有高層建築。手機作為信息傳輸工具是電報電話的延伸，而人工智能能否像電一樣對人類文明產生類似甚至更大的影響，只有放在歷史中我們才能欣賞和評價。

　　其次，這是一本有關科技歷史的書，內容既包括科學，也包括技術。有關科學歷史的書不少，但是把科學歷史和技術歷史放在一起講的書就很少了。這對中國讀者來說，吸引力就很大，因為我們對「科技」這個詞習以為常，使用頻率可能超過「科學」這個詞。科學和技術兩者密不可分，同時兩者也有區別。科學是發現自然規律，技術是對改造世界有用的發明。近代以來，中國為了追趕西方，著眼點大多在技術和工程方面，因為只有工程和技術可以直接帶來經濟的繁榮和軍事的強盛。在絕大多數情況下，我們對科學的興趣來源於科學對技術的推動力量。其實，不僅當前如此，一百多年前的洋務運動時期也是如此。雖然這種功利主義取向為全民學習科學和技術提供了強大和主要的動力，但是縱觀科學和技術發展的歷史，我們發現這種動力只是一個方面，並非全部。認識到科學和技術兩者的關係和不同，是我們從讀科技史中獲得的另一個啟發。

　　從這本書中我們看到，科技發展有不同的歷史時期：有單純科學發展的時期（古希臘），有單純技術發展的時期（中國古代），有基於科學發展技術的時期（工業革命時期），也有科學和技術交織發展的時期（當今）。區別科學和技術的一個意義是幫助我們認識到功利和非功利的不同。為了生存和發展是功利的。由於技術大多是為了生存和進步，所以技術是功利的。而科學就不一定。一方面，科學可以用來推動技術的發展，所以科學有功利的一面。我們對科學的崇拜，在很大程度上是出於功利的一面。另一方面，科學也有非功利的一面。科學是人類為了理解宇宙和自己。幾乎所有革命性的科學發現，當初都不出於功利，而是為了滿足人的好奇心。有些發現後來很有用，有些至今仍然無用，甚至永遠都沒有用。但是沒有這些科學，就沒有人類文明的今天。

　　最後，從這本書中獲得的第三個啟發是科學方法論在科學發現和技術發明中的重要性。這本書重點介紹了笛卡兒（René Descartes, 1596-1650）的方法論。我們都知道牛頓（Isaac Newton, 1642-1726）對現代科學的基石性作用。但牛頓說他是站在巨人肩膀上的。這個巨人就是提出科學方法論的笛卡兒。笛卡兒不僅影響了牛頓，而且一直影響到今天。

　　科學方法論的起點是「懷疑一切」。馬克思也把「懷疑一切」作為他的座右銘。吳軍把笛卡兒的科學方法論概括為五條：

- 提出問題。
- 進行實驗。
- 從實驗中得出結論並解釋。
- 將結論推廣。
- 找出新問題。

　　近代科學與古代科學（古希臘）的區別是重視實驗。而實驗的前提是提出好問題，起點是懷疑一切。這種科學方法論就是我們今天說的批判性思維，是目前中國教育中非常缺乏的。從我們的教育體制中走出的學生，雖然會解答很難的題目，但是不會提出好的問題，他們在心理上不敢懷疑，在方法上不善懷疑。沒有科學方法論就沒有科學技術的今天，這是科技歷史的邏輯，更對當今中國有現實意義。

　　我在清華大學經濟管理學院擔任院長期間（2006～2018），著力在本科教育中推動通識教育。通識教育一般是引入人文和社會科學的課程。我也這樣做，但是除此之外，我還積極推動對自然科學的課程做出改革，其中的一個舉措就是開設了兩門新課程——「物理學簡史」和「生命科學簡史」。物質科學和生命科學各自發展演變的

脈絡和規律以及對社會的影響不但非常有趣，而且能幫助我們理解科學的本質。但是這些內容並不包含在標準的物理和生物課程中。引入這兩門新課程是大學教育改革中的一個嘗試。

我相信，人們對科學和技術的興趣一定會引發對科技歷史的興趣。吳軍博士的《全球科技大歷史》將帶你走進人類科技歷史的長河。

2019 年 2 月 15 日於清華園

前言
科技的本質

　　我們正身處技術爆炸的時代。2017年全世界專利申請的數量超過八百萬件。[1] 雖然這裡面有不少灌水的成分，但是總數依然相當驚人。如果再看專利的增長速度，則更為驚人。以世界上最難獲取的美國專利為例，2003到2015年的十三年間，美國專利商標局批准了三百萬項專利，這個數量超過了美國專利商標局自1802年成立到2002年底近兩百年間所批准專利的總和。[2] 如果專利的數量過於抽象不好理解，我們不妨看幾個實例：

- 1838年4月世界上第一條跨洋航行的商業航線開通後，蒸汽動力的天狼星號機帆船花了十九天時間完成了從英國到美國的商業航行。今天，民航飛機完成同樣的旅行僅需要不到六個小時，將橫跨大西洋的時間縮短了98%，而空中客車公司的超音速概念飛機可以將這個時間再縮短80%。

- 1961年，蘇聯在新地島試爆了一顆相當於五千萬噸黃色炸藥威力的氫彈，它在一瞬間釋放的能量（5×10^{13}千卡）相當於羅馬帝國全部五千七百萬人口在西元元年一個月所產生的全部能量。

- 1858年，美國企業家菲爾德（Cyrus West Field）用四艘巨輪將

上萬噸電報銅纜鋪設到大西洋底，實現了人類第一次洲際通信，當時的傳輸速率每秒不到一個位元（bit），而且傳輸極不穩定。2017年，由微軟、臉書合作鋪設，西班牙電話公司旗下電信基建企業 Telxius 管理的跨大西洋高速海底光纜，每秒可以穩定地傳輸160Tbit（兆位元），比一個半世紀之前快了萬億倍。

● 1946年，世界上第一台電腦「ENIAC」（Electronic Numerical Integrator And Computer，電子數值積分計算機）的運算速度為每秒5000次，今天（截至2018年6月），世界上最快的超級電腦「高峰」（Summit）的運算速度高達每秒20億億次，比 ENIAC 大約提高了40萬億倍。事實上，今天的蘋果手機計算能力已經超過了阿波羅登月時主控電腦的能力。

除了專利申請量驚人，今天科技的另一個特點是讓我們感覺眼花繚亂。虛擬現實、人工智能、無人駕駛汽車、基因編輯、大數據醫療、區塊鏈和虛擬貨幣等，我們在媒體上每天都能看到這些概念，但是它們意味著什麼？為什麼會一夜之間冒出來？對我們的生活將產生什麼影響？今後還會出現什麼新的技術名詞？

科技進步日新月異，不僅給我們帶來了好的生活，也讓當下的人們產生了很多焦慮和恐懼。通常，人們的焦慮和恐懼源於對周圍的世界缺乏瞭解，對未來缺乏掌控。要想緩解和消除這種焦慮和恐懼，需要搞清楚下面三件事情。

首先，科技在大宇宙時空中的地位和作用，即它在經濟和社會生活中的角色，以及它在歷史上對文明進程的推動作用。前者是從空間維度上看，後者是從時間維度上看。

從空間維度上看，科技在文明過程中的作用是獨一無二的，是一種進步的力量，這是毋庸置疑的。工業革命堪稱人類歷史上最偉

大的事件。在工業革命之前，無論是東方還是西方，人均 GDP 都沒有本質的變化。* 但工業革命發生後，人均 GDP 就突飛猛進，在歐洲，兩百年間增加了五十倍；而在中國，短短四十年就增加了十多倍。** 因此，古今中外任何王侯將相的功績和工業革命相比都不值一提。而工業革命的發生，就是科學推動技術，再轉化為生產力的結果。這是科技在經濟和社會生活中的重要體現。

從時間維度上看，科技幾乎是世界上唯一能夠獲得疊加性進步的力量，因此，它的發展是不斷加速的。世界文明的成就體現在很多方面，從政治、法律到文學、藝術、音樂等，都有體現。雖然總體上講，文明是不斷進步的，但是在很多方面，過去的成就並不能給未來帶來疊加性的進步。比如在藝術方面，歷史上有很多高峰，後面的未必能超越前面的。今天沒有人敢說自己作曲超越貝多芬或者莫札特，寫詩超越李白或者莎士比亞，繪畫超越米開朗基羅（Michelangelo di Lodovico Buonarroti Simoni, 1475-1564），甚至世界上很多採用民主政治的國家，在政體上依然沒有超越古希臘。但是，今天任何一個醫學中心的主治醫生都敢說他的醫術超過了五十年前世界上最好的名醫。因為醫學的進步是積累的，現在的醫生不僅學到了五十年前名醫的醫術精髓，而且掌握了過去名醫未知的治療手段。今天，一個大學生學會微積分中的牛頓 – 萊布尼茲公式只需要兩個小時，但是當初牛頓與萊布尼茲（Gottfried Wilhelm Leibniz,

---

* 在西元元年，古羅馬的人均GDP大約為600美元；到了工業革命之前，歐洲人均GDP只增長到800美元左右。在中國情況類似，西漢末年人均GDP為450美元左右，1800年後的康乾盛世時期才達到600美元左右，改革開放前也不過800美元（按照購買力計算）。數據來源：安格斯麥迪森《世界經濟概論，1-2030AD》（2007），牛津大學出版社，以及世界銀行數據庫（http:// data. worldbank. org/）

** 2016年英國的人均GDP大約為4萬美元，中國為8100美元。

1646-1716）花了十多年時間才確立了該定理。由於科技具有疊加式進步的特點，我們對它的未來更加有把握。

其次，世界達到今天這樣的文明程度並非巧合，而是有著很多的歷史必然性。19世紀出現大量和機械、電力相關的技術，20世紀出現大量和信息相關的技術，接下來會出現很多和生物相關的技術，這些都是有內在邏輯性的。當我們全面瞭解了科技在人類文明發展的進程中是怎樣一環扣一環地發展的，我們就能夠把握科技發展的內在邏輯，做到自覺地、有效地發展科技。

最後，我們需要找到一條或者幾條主線，從空間維度瞭解科技的眾多領域及眾多分支之間的相互關係，從而瞭解科技的全貌，同時從時間維度理解科技發展的過程和規律。雖然不同的歷史學家、科技史學家和技術專家會給出不同的主線，但最本質也最便於使用的兩條主線是能量和信息。* 這兩條主線也是組織本書內容的線索。

採用能量和信息作為科技發展史的主線有兩個主要原因：其一，我們的世界本身就是由能量和信息構成的；其二，它們可以量化科技發展水準，解釋清楚各種科技之間的關係。

宇宙的本源是能量，這已經是現代物理學的常識。我們過去說世界是物質的，這種說法沒有錯，因為從本質上講物質是由能量構成的。我們在中學物理中學過，宇宙萬物是由上百種不同的原子（和它們的同位素）構成的，那麼原子又是由什麼構成的呢？它是由更小、更基本的粒子構成的。那些最基本、無法進一步分割的粒子（物理學標準模型中的 61 個基本粒子），比如光子、電子，以及構成原

---

* 編按：大陸使用的「信息」一詞，台灣多用作「資訊」。但在中文裡，信息跟資訊的語義並不完全相同。本書中提到的科技名詞，編輯多已改為台灣慣用的稱呼，但「信息」一詞為避免歧義，則沿用作者原書用詞，敬請各位讀者諒察。

子核中質子和中子的夸克，最終都是純能量，它們裡面不再有其他物質，因此才有了愛因斯坦（Albert Einstein, 1879-1955）著名的 $E = mc^2$ 質能轉換公式。世界的物質性，比如形狀、體積和質量，不過是能量的各種性質而已，特別是在希格斯（Peter Ware Higgs, 1929-）的理論被證實之後，大家對此更是確信無疑。因此，我們說世界的本源就是能量。

那麼，看不見摸不著的能量，又是如何構成世界的呢？這就要靠物理學、化學、生物學、信息科學的能量法則了，它們都是信息。科學的本質就是透過一套有效的方法發現這樣一些特殊的信息，它們就是宇宙、自然和生命構成及演變的奧祕。

自從出現了現代智人，地球的面貌就因為人類的活動而改變。人類的實踐從本質上講就是獲取能量並利用能量改變周圍的環境，而技術則是科學與實踐之間的橋梁和工具。在科學和技術中，能量和信息如此重要，以致它們在人類歷次重大的文明進步中都扮演了主角。同時，它們也是定量衡量科技發展水準的尺度。

一萬年前開始的農業革命，其本質是透過農耕有效地獲得能量，為我們的祖先創造文明提供可能性。當時，伴隨著文字和數字的誕生，人類可以將以前的知識和信息傳承下來，人類的發展進程得到第一次加速。

18 世紀中後期開始的工業革命，其核心是新動力的使用，主要包括水能和蒸汽動力。從那一刻起，人類產生和利用能量的水準有了巨大的飛躍。在工業革命之前的一個世紀裡，歐洲迎來了一次科學大發現，其成果在工業革命中被轉換成技術，使得許多改變世界的重大發明在短期內湧現出來。這說明在工業革命前，人類創造信息的能力有一次飛躍。

進入 20 世紀之後，科技的發展也是如此。一方面是能源的進步，從原子能到各種清潔能源；另一方面是信息技術的發展，它是整個 20 世紀科技發展的主旋律。此外，人類在 20 世紀發現了 DNA（去氧核糖核酸）的螺旋結構以及宇宙誕生的時間和方式。這兩項重大發現，本質上是人類對宇宙形成信息和生命形成信息的破解。我們在本書中會清晰地看到，整個科技史，從過去到未來，都與能量和信息直接或者間接相關。

把上面三件事情講清楚，讓讀者全面瞭解科技發展史，消除焦慮，是我寫這本書的第一個動機。

我對寫科技史感興趣的第二個原因，是它本身如此重要，但又恰恰被大部分人忽視了。今天大部分人談到歷史的時候，主要關注的是國家的興衰、王朝的更替。大家瞭解的歷史人物，大多是王侯將相，瞭解的歷史事件，大多是英雄故事。其實，把這些人物和故事放在一個較長的歷史跨度下考察，其重要性比科技進步要小得多。因此，在完成四卷本《文明之光》的寫作之後，我醞釀了很長時間，決定寫一本科技通史。

當然，我研究科技史還有一個很現實，甚至有些功利的原因，就是在今天這個發明數量過多的時代，我想知道什麼技術真正對未來世界的發展有幫助，以便我能及早地投資那些技術。瞭解科技的發展歷史，就能知道我們今天所處的位置，然後看清我們將要去的方向。

生活在今天的人是非常幸運的，因為在這個時代，人類首次知道了宇宙時間的起點、地球生命的起點，以及人類文明的起點。當然，歷史的很多進程還需要我們不斷瞭解，接下來就讓我們圍繞能源和信息這兩根主線，看看人類是如何開啟文明，發展科學技術，並利用它們改變世界的。

第一篇

遠古科技

從蒙昧進入文明

文明出現曙光：積聚能量、傳承經驗

人類和其他動物的一個本質區別，在於前者有能力主動改變周圍的環境，這通常被歸結為智力上的原因。後者即便再凶悍，力量再大，每天活動所能獲得的能量也僅夠維持生命所需。人類活動所產生的能量大於自身生長和生存所需，因此，能夠用剩餘的能量改變世界。而人類在改變世界之後，又進一步提高了獲取能量的效率，這便形成了正循環。當獲取能量的水準提高到一定程度之後，人類就得以從被動地適應環境演化到主動改善生存環境的發展軌道上。

人類讓自己的活動產生多餘的能量，從根本上講只有兩個辦法：開源和節流。在開源方面，火的使用、工具的使用、武器的使用無疑是早期人類獲取能量的關鍵；而在節流方面，修建居所和穿衣則讓人類所消耗的能量遠比其他動物要少。

人類的一支，即現代智人，在文明開始之前的十幾萬年裡，由於演化出了語言能力，在與其他物種的生存競爭中突然顯現出巨大的優勢。語言讓現代智人可以比其他人類和所有動物更有效地進行信息交流，以及代與代之間進行信息傳承。這讓他們一方面可以組織起來做更大的事情，另一方面得以按照一個遠遠超過物種演化的速度發展壯大。這一支人類將是地球文明的創造者。

人們時常會混淆文明和文化的概念，其實在學術界，它們的界限非常清晰。「文明」（civilization，拉丁文為 *civilitatem*）的字根是 civil，即「城市」的意思。因此，城市的出現意味著人類文明的開始。而文明的另一個同源詞 civic，是不同於原始人、野蠻人的市民的意思。因此，沒有階級之分、生活在原始村落的部落談不上文明。一般來說，我們認為出現一種文明需要三個佐證——城市、文字記載和金屬工具。「文化」（culture，拉丁文為 *cultura*）一詞，本意為農耕和養殖，也就是說，人類定居下來，有了農業和畜牧業，就開始有了文化。我們常常見到介紹中國遠古歷史時，使用「仰韶文化」「河姆渡文化」等字眼，而沒有用「文明」二字，這樣的描述是科學而準確的。

從人類走出非洲到出現文明，經歷了大約幾萬年的時間。在大部分時間裡，人類過著狩獵採集的生活。直到大約一萬多年前，人類才定居下來，

並且出現了農業。至於定居和農業哪一個是原因，哪一個是結果，至今學者們也沒有一致的看法，但這兩件事顯然是相關的。是什麼導致不斷遷徙的現代智人停下了腳步？顯然不是他們走累了，也不是像一些學者講的小麥馴化了人類那麼簡單，這個變遷需要一個契機，這個契機並不是人類創造的，而是來自太陽給予的能量。

大約從兩萬年前開始，太陽的活動使得地球獲得的能量增加，地球上最近一次冰期大約為兩萬年前到一萬兩千年前。當然，這是一個漫長的漸進過程，地球氣溫的明顯升高是大約一萬兩千年前的事情。不過，在此之前，地球的氣候已經開始變化。在大約一萬七千年前，全世界大量的冰川開始融化，海平面上漲了12公尺，低窪的盆地變成湖泊，今天的黑海和美國五大湖就是這麼形成的。一萬兩千年前，海水的上漲基本停止，而太陽提供的能量不再用於融化冰雪後，進一步推動了全球暖化。

氣候的驟變對很多物種來說是滅頂之災。試想一下，在一萬七千年前的一段時間裡，海岸線每天要向陸地延伸1000公尺，很多植被和動物就此消失。然而，全球暖化對於生活在「幸運緯度帶」（指北緯 20°～35° 的亞歐大陸和北緯 15°～20° 的美洲大陸）的生物卻是福音。在南亞、西亞和中國中南部，野生的穀物迅速繁衍，並演化出大顆粒種子，這讓定居農耕有了可能。

除了外部條件的改善，人類選擇定居還有自身的動機，那就是有利於生存競爭。據統計，在一萬八千年前氣候變化開始之前，地球上有五十萬人，到了文明開始之前的一萬年前，地球上的人口增長到六百萬。但這並不意味著五十萬人中的每一個人都有十二個後代，而是只有少數人留下了很多的後代。那些大規模定居的人在文明的道路上走得更快，並且在競爭中勝出，而那些依然在為尋找食物而遷徙的部族被淘汰了，因此，今天很難找到後者的後代。

當然，在冰期結束時，還沒有真正意義上的文明，只是出現了文明的曙光。而那時的科技主要圍繞著兩個中心，一個是多獲取能量以便生存，另一個是總結、記錄並傳授經驗，以便更有效地改變生存環境。在這一篇，我們就圍繞這兩個線索，看看人類在進入文明之前科技的發展。

第 **1** 章 ｜ 黎明之前

如果人類的歷史可以從現代智人在二十五萬年（約二十萬到三十萬年）前出現開始算起，我們可以將它大致分為兩個階段——沒有文字記載的史前時期和有了文字記載的文明時期，前一個階段占據了大部分時間。由於沒有文字記載，我們很難瞭解人類在文明開始之前，或者說黎明之前，到底發生了什麼，然而這段時間對於瞭解現代智人是如何發展出文明的卻很重要。因此，本章的內容是使用特殊歷史研究方法得到的，而非根據文字記載得來的。

過去，學者們有兩種研究史前文明的方法。比較常用的一種是利用遠古人類留下的生活痕跡，包括人類自身和獵物的骨骼、生活物品的殘留物，比如石製的器物、工具甚至食物的殘渣，以及其他生活痕跡，比如岩洞中的壁畫。此外，古氣候學家和古生物學家已經成功地重構了當時的氣候環境和自然環境，我們可以藉此猜測當時人們的生活情況。這些方法在本章的講述裡會不斷地被使用。考古學家和人類學家還曾經使用一種相對偏門的研究方法，就是透過

今天依然存在的一些原始部落（比如，在二十一世紀初的撒哈拉以南的非洲、亞馬遜的叢林裡，以及中華人民共和國成立初期的雲南）來考察遠古人類的生活情況。但這種方法未必準確，因為即便是最為與世隔絕的原始部落，在過去的幾千年裡也或多或少受到了更高等文明的影響，很難根據他們的狩獵方式準確推斷出人類祖先在走出非洲前的生活方式。

好在近幾十年來，DNA 技術的突破給研究史前文明提供了第三種也是更準確的一種方法。今天，我們可以透過 DNA 技術瞭解人類一些重大的發明，比如人類是什麼時候開始穿衣服的。我們甚至可以透過它對文字記載進行交叉驗證，對很多歷史謎團做出更好的解釋。無論是人類的演化，還是生存活動，都會留下痕跡，這些痕跡就是信息，歷史研究在一定程度上就是解碼這些信息的過程。

接下來，就讓我們回到黎明之前，看看人類最早的科技成就——石製工具、火、衣服、長矛和弓箭等是如何被發明的。正是因為有了它們，人類才得以走出非洲，逐漸主宰了地球。需要指出的是，人類的一項重要能力——語言能力，雖然不是什麼科技成就，而是天生的，但是它在現代智人最終成為世界主人的過程中起了決定性的作用，而且與日後文字的發明有莫大關聯。因此，我們在本章的最後會講述這種能力的由來。

從用石頭砸開堅果開始

絕大部分動物只能靠自己身體的一部分獲取食物，而人類是僅有的幾種能夠使用工具的動物之一（其他具有這種能力的動物包括黑猩猩、倭黑猩猩等人類的近親）。工具的使用使得人類在獲取能

量時能夠事半功倍。可以試想這樣一個場景：一群原始人要靠蠻力
將一些樹枝折斷，然後拿回去燒火取暖，但一天也折不了多少樹枝，
而另一群原始人用鋒利的石斧砍伐樹枝，砍伐效率大大提高，這樣
他們就有時間和體力做別的事情了。

　　早期人類可能用石頭砸開過堅果，或者打死了一些小動物，於
是漸漸學會了使用石頭。過了很多代之後，人類發現石頭上鋒利的
稜角可以劃開動物的皮或者砍斷小樹，於是石頭的用途變得更加廣
泛。又過了很多很多代，人們可能在無意中發現摔碎的石頭用起來
更方便，便逐漸開始人為地製造更好用的工具。在這個過程中，技
術的進步是非常緩慢的。目前已知的最早的工具是在非洲發現的、
約一百七十六萬年前的阿舍利手斧（Acheulian hand axe，見圖1.1）。*
雖然它被稱為手斧，但其實是一塊由燧石砸出來的尖利石器（也稱
為打製石器）。它雖然簡單，卻不是天然物，而是人類主動製造出
來的。這標誌著類猿人和其他靈長類動物有了本質區別——能夠製

圖1.1　阿舍利手斧複製品

---

*　在阿舍利手斧之前是否還有更早的石器在學術界有爭議，大部分學者認為將那些簡單
　　砸碎的石頭算成人刻意製造的工具有些牽強。

造相對複雜的工具。因此，今天我們把這些人稱為「巧人」（*homo habilis*），意為能製造工具的人。有了工具，人類就可以事半功倍地獲取生活所需，也就是說，獲得人體所需能量的效率提高了。

在接下來的上百萬年裡，人類在使用石器方面沒有什麼進步，基本上就是把石頭砸出鋒利的刃。到了大約二十萬年前，石器的種類突然豐富起來，製作也更精良。因此，這從一個維度支持了現代智人是在二十多萬年前出現的這一推論。那些石器的大小、形狀和功能各不相同。第一類被稱為石核（lithic core）或石砍砸器，它最為原始，個頭最大，作用有點像今天的錘子或者剁肉的刀。第二類是刮製石器（lithic flake），它比較厚，形狀千差萬別，已經有相當鋒利的刃，有點像我們今天用的菜刀，但一般尺寸比一個手掌要小一些，這就是我們祖先早期使用的刀和武器。第三類是尖狀石器（lithic blade），是在刮製石器的基礎上，用石核輕輕砸製形成的類似梭形、更小巧鋒利的工具，有點像後來的匕首（見圖1.2）。

圖1.2　各種石器，從左到右分別是石核、刮製石器和尖狀石器。

石器的出現是人類創造力的產物。它們不僅幫助人類在和其他動物的競爭中勝出，而且讓人類能夠做更多具有創造性的事情，比如剝獸皮製衣，獲取獸骨，分食大型動物，砍樹搭建住所，以及後來的耕種。人類的發展始於這些簡單而粗糙的石器。從時間上看，如果我們將現代智人二十五萬年的歷史縮短到一年，那麼直到這一年的 12 月 15 日，那些今天看似簡單而粗糙的石器仍舊是人類僅有的工具，人類的發展離不開它們。

告別茹毛飲血

正如我們在前言中提及的，文明的程度可以根據人類自身獲取能量的水準和在生活中使用能量的水準來衡量。任何一種繁衍至今的動物，都能夠實現能量的獲取和消耗的平衡，人類也不例外。但是人類和其他動物不同的是，人類除了透過食物獲取能量外，還能夠利用能量讓自己的生活變得便利、安全和舒適。

人類最初掌握的能量源是火。在很長的時間裡，五十萬年前的北京猿人被認為是最早使用火的人，但是考古學家於 1981 年在肯亞契索旺加（Chesowanja）的一處山洞裡發現了遠古人類使用火的證據，[1] 將這個時間提前到了一百四十二萬年前。那時，人類剛剛演化到直立人，現代智人要再過一百二十多萬年才能出現。

對原始人來說，火有三個主要用途：取暖、驅趕野獸和烤熟肉食。

取暖是火最直接的用途，依靠它人類才能在惡劣的環境中生存，才能走到世界的每一個角落。如果沒有火，早期人類很難靠自身的活動所獲取的能量離開溫暖的非洲而生存。特別是在人類走出非洲

的十萬年前，地球處於冰期，平均氣溫比現在低很多，沒有火人類無法在歐亞大陸生存，更不可能跨過白令海峽到達美洲。今天，在西伯利亞等高寒地區，能源的三分之一甚至更多用在了冬季取暖上。

　　火驅趕野獸的作用不僅體現在原始人利用火在夜晚把野獸嚇跑，讓自己的部落安全棲息，更有意義的是利用火到野獸的山洞裡將野獸趕出去，從而占據山洞居住。從此，人類就有了住所。在中國遠古的傳說中，鑽木取火的燧人氏要早於找到住所的有巢氏，這是符合邏輯的。

　　擁有住所這件事意義重大，因為這意味著人類在使用能量時不但能夠開源，而且能夠節流了。動物在冬天搭窩，躲到洞穴裡，或者鑽到地下冬眠，是出於本能，這需要幾十萬年、幾百萬年甚至更長時間的演化。而人類棲息到洞穴中是一種主動的、有意識的行為，學會這種生活方式的時間相對短很多。

　　至於最初的火種來源，一般認為是雷電導致的森林大火，這一點學者們沒有什麼異議。但是所有的動物對火都有恐懼心理，猿人是如何克服對火的恐懼，將火種帶回去的，今天依然是一個謎。火種對於一個原始部落非常珍貴，原始人要非常仔細地保存它。在二十世紀初的一些原始部落裡，這個習慣依然存在。萬一火種熄滅，就非常麻煩了，因為整個部落將重新陷入黑暗、恐懼和危險之中。各個早期人類的部落後來都掌握了鑽木取火的技術，但是今天仍無法考證人類最早學會這項技術的時間。鑽木取火是一件非常困難的事情，雖然今天的表演者可以在幾十分鐘內用木質工具完成取火的過程，但是上萬年前，原始部落的人完成這項工作的時間則要長得多，因為那時的木質工具遠比今天的粗糙。

　　至於火的第三個用途——烤熟肉食，則是非常晚才被人類利用

的。這倒不是因為人類不懂得烤肉吃，而是因為人類在早期根本沒有什麼肉吃。人類掌握比較高超的狩獵技術是在現代智人出現之後，在此之前主要靠採集為生。我們過去總是說人類經歷了茹毛飲血的階段，其實這段時間並不長，因為人類在有能力捕獲大型動物之前，已經掌握使用火的技術上百萬年了。因此，人一旦能夠大規模捕殺獵物，很快便吃上了熟食，而不是茹毛飲血。

吃烤熟的肉類對於人類的演化和後來開啟文明的意義非常重大。在此以前，人類主要靠吃野果為生（今天我們在非洲的近親依然如此），每天差不多要花十個小時找食物和吃食物，這樣人類就難以長途遷徙，更不要說改變周圍環境了。但有了熟食之後，人類進食的時間大大縮短，也就有時間和精力從事吃飯以外的活動，比如在自己生活的區域修築一道籬笆圍欄。此外，人腦的演化也和飲食習慣的改變有關。由於可以吃熟食，人類的牙齒不再需要那麼鋒利，留出了空間給大腦，而熟食中的營養容易被吸收，為大腦的演化提供了物質基礎。

今天的研究結果表明，人腦的迅速演化，是基因、自身行為和外部環境三者共同作用的結果，而火的使用是人類最大的一次自身行為改變的動因。

在人類吃上熟肉之後，狗便被馴化成人類的朋友，因為它們也喜歡跟著人類吃熟食並且取暖。這件事大約發生在一萬五千年前（根據 DNA 測定的結果 [2]），此後，狗逐漸成了人類狩獵的幫手並保護著人類的安全。

因此，火的使用不僅是人類在使用能量上的第一次巨大飛躍，也是人類演化和開啟文明不可或缺的環節。

從山洞到茅屋

人類要大規模地遷徙，就必須在離開山洞的情況下還能生存，因為在遷徙的路途中並非總能找到山洞。

今天，現代人實現溫飽之後就想著買房，其實，我們的祖先也是一樣。雖然在山洞裡可以藏身，但是大部分山洞都遠離平原、河流，不利於人類的發展。因此，到了八十萬年至二十萬年前，人類開始掌握搭建茅屋的技術。

雖然中國遠古傳說中的有巢氏是最早建房子的人，但是如果真有有巢氏，那麼很遺憾，他並不是今天中國人的祖先，而只能算是親戚。因為，根據考古發現，最早搭建茅屋的是歐洲的海德堡人（Homo heidelbergensis），是早期猿人的一支，體型和智力都不如現代智人。迄今發現的最早的茅屋位於法國的泰拉·阿瑪塔（Terra Amata），距今大約四十萬年。雖然日本在2000年的時候聲稱發現了五十萬年前的茅屋，但是人類學家一般認為，那一片群島直到三千五百年前才有人居住。

當然，我用「茅屋」二字形容人類早期的住所只是為了說明其簡陋，並非意味著那些住所一定是用茅草搭成的。事實上，很多早期的住所是用獸皮覆蓋的，甚至是用大型動物的骨骼（包括象牙）搭成的。例如，在德國發現的尼安德塔人（Homo neanderthalensis）就是用大型哺乳動物的骨骼、下顎和牙齒搭建茅屋的（見圖1.3）。

發明茅屋後，在很長的時間裡，人類並沒有改變居住在山洞中的習慣。簡易的茅屋只能供人類臨時躲避風雨，直到幾萬年前，人類依然以居住在寬大的山洞為主。但是住茅屋也有顯而易見的好處——讓居住之所和謀生之地距離比較近，就像今天的人都想在工作

機會比較多的城市買房，而不要偏遠地區的大宅子一樣。漸漸地，茅屋搭得堅固了，尤其是有了夯土的牆之後，茅屋不僅可以遮蔽風雨，還可以防止野獸的襲擊，儲藏生活用品。人類開始在平原地區定居下來。

茅屋的出現，使得人類可以大規模群居（一個部落不可能住在相隔幾公里的多個山洞裡）和遷徙，並且有時間去從事覓食之外的活動，尤其是發明新的東西。大規模群居不僅可以讓人類的部落族群聯合起來捕食大型動物，開墾土地，進行各種建設，而且讓部落在和人類近親的競爭中勝出。因此，形成大規模部落是人類從史前文明向早期文明過渡的必要條件。

人類長途遷徙，特別是從非洲向高寒地區遷徙，保暖非常重要，僅靠身上的皮毛已經無法在歐亞大陸寒冷的地區禦寒。有人可能會說，早期人類已經掌握了火的使用方法，可以燒火取暖，但不是所有的活動都能舉著火把進行。更何況，在西伯利亞這種地區生活所

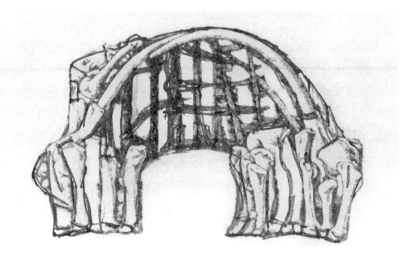

圖1.3 尼安德塔人茅屋的復原圖

需要的能量，遠非生活在熱帶和溫帶的人能夠想像。進入二十一世紀後，生活在東西伯利亞地區的八百萬俄羅斯人每年依然要用掉三千多萬噸煤來取暖，占了當地煤產量的40%左右，平均每人約四噸。[3] 要知道，東西伯利亞是俄羅斯的產煤區，出產該國四分之一的煤炭。我們顯然不能指望早期人類在高寒地區能夠像今天這樣有效地獲得燃料。既然無法開源，就必須節流，因此，唯一的辦法就是穿上非常保暖的衣物，像今天生活在北極的因紐特人那樣。

蝨子和衣服

眾所周知，今天的人類都是在距今十萬年到五萬年之間走出非洲的現代智人的後裔。人類走出非洲時，正值地球上一個小冰期。非洲氣候炎熱，人類在那裡已經生活了幾十萬代，習慣了非常熱的天氣，因此，走到嚴寒的歐亞大陸，肯定難以適應。如果換作其他動物，可能需要經過幾百萬乃至上千萬年的演化，才能逐漸長出厚厚的脂肪，以適應嚴寒的氣候。比如海豚和鯨魚，經過了幾百萬年，才分別從一種體形類似於狼的肉食動物演化出適應冰冷海水的身體。但是人類不同，因為他們擁有創造力，學會了穿衣保暖，於是活動範圍可以更廣泛。從能量的角度看，穿衣服是一件非常划算的事情，現代智人從出現到走出非洲，直至走到嚴寒的西伯利亞不過兩萬年左右的時間，而不是幾百萬年，其中衣服功不可沒。

不過，長期以來人類學家一直有一個困惑，就是人類的祖先是先發明了衣服才走出非洲，還是在走出非洲的過程中被動地發明了衣服。

要了解人類是什麼時候發明衣服的，遠比搞清楚火的使用和工

具的使用難得多，因為使用火和石製工具會留下很多線索，但是衣服很容易腐爛，難以保存下來。當然，有人可能會說，如果找到早期骨製的針，是否能推斷出人類穿衣服的時間呢？這個方法確實可行，現在也的確找到了一些早期用於縫製衣服的針，它們是在大約三萬年前，人類在走出非洲向西伯利亞遷徙的途中留下的（這批人應該是中國人的祖先）。一些學者曾經因此認為，人類是在走出非洲的過程中因為需要，被動地發明了衣服。但是，找到針只能證明人類穿上衣服不晚於三萬年前，而人類完全有可能比這個時間更早就開始穿衣服了。因此，要準確地推斷出具體的時間，需要透過其他方法。

破解這個謎題的並非考古學家，而是一位遺傳學家，他依靠的不是考古的證據，而是基因。基因是記錄人類歷史的一本「書」，只是這本書通常只有基因遺傳學家能夠讀懂。事實上，穿衣服和人類身體的一個變化相關，那就是褪去體毛。也就是說，如果我們能夠找到人類褪去體毛的時間點，就能推斷出衣服出現的時間。但問題是人類什麼時候褪去體毛本身又是一個無頭公案，因為無法從人類自身的基因變異中找到這個時間點，這就得繼續尋找相關性了。而這個相關性居然在一種常見的寄生蟲──蝨子身上找到了。

1999年的一天，德國遺傳學家馬克・斯通金（Mark Stoneking）拿到兒子從學校帶回的一張便條，說有學生的頭上發現了蝨子，要大家注意衛生。便條上的一句話給斯通金帶來了靈感。蝨子離開人和動物溫暖的身體後活不過二十四小時。斯通金一直想搞清楚人類褪去體毛的時間點，讀到這句話，他的思維活躍起來。在人類渾身長滿體毛時，蝨子是滿身爬的；當人類褪去體毛後，它們在人身上的活動範圍就只剩下頭髮了。但是，幾乎在人類穿上了衣服的同時，

蝨子也變異出新的種類，我們稱之為「體蝨」（原來的就稱為「頭蝨」）。體蝨和頭蝨差異明顯，前者長著用於勾住衣料的爪子，而且形體更大。如果能夠找到體蝨出現的時間，就能推算出人類褪去體毛的時間，進而也就能知道人類穿上衣服的大致時間。

就這樣，記錄人類歷史的「書」從人的身上轉到了蝨子的身上。斯通金根據兩種不同蝨子在基因上的差異，以及蝨子基因變異的速度，推算出體蝨出現的時間，即被確定在七萬兩千年前（正負幾千年）。[4] 有趣的是，這個時間點幾乎就是現代智人走出非洲的時間。可見，現代智人是「盛裝出行」周遊世界的。

最早的武器

人類走出非洲不僅要解決保暖問題，還要保證自身安全，捕獵大型動物，並且在和其他人類（主要是尼安德塔人）的競爭中獲勝。因此，狩獵和防身的武器變得很重要。在史前的武器中，最重要的是刺殺型武器（比如矛）以及投射型武器（比如標槍和弓箭）。史前沒有砍殺型武器（比如刀劍），因為史前人類要對付的主要是移動迅速的野獸，能在遠離野獸的地方發起攻擊要比近身搏鬥更有利。此外，冶金術是製造砍殺型武器的先決條件，史前人類並不掌握這項技術。實際上，在哥倫布等歐洲人到達美洲時，當地人還沒有掌握冶金術，他們的武器依然是矛、標槍和弓箭，而沒有砍殺型武器。

矛的發明者不僅有現代智人，還有其他人類，包括尼安德塔人和海德堡人，甚至一些人類學家今天在非洲觀察到黑猩猩也能用樹枝戳水中的魚。因此，矛的發明應該是相當久遠的事情。尋找歷史上某項發明的第一個發明人常常是毫無意義的。一方面，隨著研究

的深入總能找到更早的發明時間；另一方面，那些更早的發明水準太低，以致能否算是發明都會引起爭議。

具體到長矛，20世紀90年代在德國發現的一些證據表明，人類在四十萬年前開始使用木質的長矛，[5] 到了2012年，發明長矛的時間又被提前了十萬年，[6] 甚至有人認為，人類（和猩猩）使用矛的時間長達上百萬年。[7] 但是這些說法缺乏一致性的標準，即什麼算是矛。矛的桿是木製的，無法保存到今天，而用石頭打造的矛頭是被當作矛來使用，還是別的石製工具，其實人們也說不清楚。真正能夠作為矛頭的燧石片需要有尖有刃，這樣的燧石是在尼安德塔人生活過的地區發現的，距今三十萬年。矛頭出現了，還需要有矛桿，剛剛砍下來的樹枝水分太多、太軟，用力太大就會變形，因此不適合做武器使用。直到二十萬年前，人類才掌握用火烘乾樹枝的技術，並能製成比較堅硬的矛桿。因此，作為鋒利武器的矛，其歷史可以追溯到三十萬到二十萬年前。一些學者認為，從那時候起，人類已經開始大規模狩獵，特別是有能力捕殺大型哺乳動物，因為在人類生活的洞穴裡發現了一些大型動物的骨骼化石。不過，更多的學者認為那些證據太過分散，或許人類只是偶然有機會捕到大型獵物，人類大規模狩獵的歷史或許是從四萬年前開始的，[8] 那時現代智人已經有了弓箭。

比現代智人更早定居在歐洲的是尼安德塔人。他們身高體壯，軀幹要比智人明顯長很多，四肢相對粗短，這種體型血液循環效率高，非常適合生活在寒冷的歐洲。尼安德塔人是最早使用矛的人，但是他們自始至終都沒有發明出遠程攻擊的武器，比如標槍和弓箭，[9] 這是他們和現代智人在技術上的差距。現代智人走出非洲的嘗試大約經歷了兩次，第一次是在十三萬到十一萬年前，但是很多

證據表明，那次嘗試並不很成功。除了少數人可能透過跨越紅海進入了阿拉伯半島，大部分人在八萬年前被歐洲和小亞細亞的尼安德塔人消滅，或者在被打敗之後回到了非洲。這裡面的原因有很多，從根本上講，「外來戶」現代智人當時在歐洲並不比「地頭蛇」尼安德塔人更具優勢。但是兩萬年後，當現代智人再次努力走出非洲時，他們成功了。很多學者認為，現代智人這一次帶上了最先進的武器——弓箭和標槍。[10]

2012年，英國的《自然》雜誌刊登了亞利桑那大學的一篇人類學文章，[11] 提出人類大約在七萬一千年前開始使用弓箭。這個時間點恰巧在人類兩次走出非洲的嘗試之間。

武器的發明和普及也帶來了一個大問題，各種人類之間、現代智人部族之間大規模的爭鬥從那個時期開始了。史前人類是非常野蠻的，在程度上也超過其他哺乳動物。一些學者甚至量化地指出人類基因裡的暴力程度是哺乳動物平均水準的六倍。[12] 每年在《自然》雜誌上都能看到這類論文，討論史前人類對同類進行大屠殺的證據。[13] 學者們一致認為，隨著文明的開始，人類漸漸將自身暴力基因的作用壓制了下去。

接下來我們還會看到，在科技史上，戰爭一直是推動技術發展的重要力量。當然，幾乎所有在戰爭中發明的技術最終都被用於和平目的。

講回武器。無論是弓箭還是標槍，都能讓人類在耗費同樣能量的前提下，更有效地圍獵和殺傷敵人。有了能夠遠程攻擊的武器，現代智人在和尼安德塔人的競爭中逐漸占據上風。然而，現代智人最大的優勢可能不在於武器，而在於他們擁有其他人類所沒有的語言能力，從而使他們成為地球的主人。

善於說話者勝

在很長的時間裡，人類因為比別的物種更複雜、更聰明，所以主宰了世界，並因此非常以自我為中心。人類在瞭解基因之前，是將自己單獨分成一類的，以凸顯優越感，同時把其他靈長類動物放到另一類物種中去細分。當人類瞭解基因之後，才發現原來自己跟黑猩猩和倭黑猩猩是一類，同屬靈長目人科。而黑猩猩或者倭黑猩猩和人類的差異，遠比它們和大猩猩的差異小得多。人類甚至不是最複雜的生物，因為無論從染色體的數量，還是基因的數量來講，我們比其他很多哺乳動物要少，甚至比老鼠少。從適應環境的角度講，每一個物種都有各自適應環境的本領，很多哺乳動物甚至比人類更能適應比較惡劣的環境。那麼人類到底和其他物種有什麼不同呢？如果說人類更高等一些，那麼這個高等體現在哪裡呢？

一些歷史書上寫人類能製造和使用工具，而其他動物不能，我過去也接受這個觀點。遺憾的是，隨著對人類的近親（比如黑猩猩）在自然狀態下研究的深入，我們發現它們也能製造和使用工具，甚至可以像人類祖先那樣狩獵。

讓人類困惑的另一個問題是，與現代智人同時存在的還有很多種人類，比如尼安德塔人、海德堡人等，為什麼他們在和現代智人的生存競爭中消亡了？很多人首先會想到現代智人聰明，這沒有錯，但他們是怎麼變聰明的呢？如果一個人從小和狼生活在一起，他的智力就得不到發展。另外，從腦容量來講，尼安德塔人的智力不應該比我們的祖先差，而且尼安德塔人身體更強壯，也更適合歐洲地區的氣候，那麼現代智人又是如何突破圍堵走出非洲，並且最後將尼安德塔人逼上絕路的呢？

現在看來，人類區別於其他物種（包括我們的近親）的根本之處在於大腦的結構略有不同，這種不同主要有兩方面。第一，人腦有多個思維中樞，比如處理語言文字的中樞、聽覺的中樞以及和音樂藝術相關的中樞等，它們導致人類的想像力比較發達，特別是在幻想不存在的事物方面。這對於人類智力的發育非常重要，一般認為這是人類創造力的來源，也和後來人類的科技成就密切相關。第二，人腦的溝通能力，特別是使用語言符號（比如文字）的溝通能力較強。儘管許多動物都可以透過聲音、觸覺、氣味等與同類交流和分享信息，但是人類是唯一能夠使用語言符號（文字）進行交流的生物。在語言和文字的基礎上，人類還創造出複雜的表達系統（語法），這樣不僅可以準確地交流信息和表達思想，還可以談論我們沒有見過的事情，比如幻覺和夢境。

人類的語言能力是如何產生的，這在過去是一個謎。不過感謝基因技術，21世紀初，英國的科學家基本上破解了這個謎團。2000年前後，牛津大學的一群科學家非常幸運地找到了一個有著語言障礙的家族（遺傳學家稱之為 KE 家族）。在這個家族，有大約一半的人有語言障礙，而其他人則沒有。科學家對比了語言能力正常和有語言障礙的成員在基因上的差異，最終發現這種差異僅僅體現在 FOXP2 上，由此，科學家們猜測 FOXP2 和語言能力有關。[14] FOXP2 是哺乳動物一個古老的基因，連老鼠都有這個基因。這種基因在各類哺乳動物身上（包括在黑猩猩身上）變化得很慢。根據黑猩猩和老鼠的這個基因「指導」合成出的715種蛋白質，只有一種是不同的。也就是說，從七千萬年前人和老鼠的共同祖先算起，到五百萬年前人和黑猩猩走上不同的演化道路，中間的六千五百萬年，該基因的變化微乎其微。但是當人和黑猩猩在演化上分開之後，這個基

因的變化突然加快。經過五百萬年，人體中與 FOXP2 相關的蛋白質和黑猩猩體內的已經完全不同。

所有具有正常語言能力的人都有相同的 FOXP2 基因，但是在 KE 家族裡，一些人的 FOXP2 基因中的近二十七萬個 DNA 鹼基中出現了一個鹼基的錯誤（鹼基 G 變成了 A），於是，這些人產生的蛋白質分子中本來該是精氨酸的，卻變成了組氨酸，導致大腦中與語言相關的區域（Broca's area，布羅卡氏區）的神經元比正常人的要少，從而造成語言障礙。

為了進一步證實這一點，牛津大學的科學家還研究了曾經生活在地球上的其他人類和我們周圍一些「善於說話」的動物。研究表明，尼安德塔人和其他人類在 FOXP2 基因上與現代智人略有差別，而前兩者相互之間則沒有區別，因此，尼安德塔人和其他人類的溝通能力比我們的祖先要弱得多。很多人類學家認為，溝通能力強可能是人類最終在競爭中超越尼安德塔人的原因。

有了語言能力，人類的交流水準就有了質的飛躍，他們可以向對方描述一種完整的思想。比如，人類之間傳遞以下信息時輕而易舉：

今天可能要下雨，你出門帶上傘。

這樣，人類就可以將一大群人組成一個整體，共同完成一件事。而 FOXP2 基因缺失的人只能表達類似下面斷斷續續的概念：

今天，雨，傘。

這些人彼此理解起來就有困難。可以想像，在幾萬年前，現代智人在和尼安德塔人的殊死搏鬥中，前者一大群人相互招呼著向對方為首的幾個衝了過去，對方卻無法召集同樣數量的同伴進行反抗，結果被打得落荒而逃。最終現代智人將尼安德塔人趕到了庇里牛斯半島的盡頭，後者從此在歷史舞台上消失。

牛津大學的科學家還發現，一些善於發聲的動物，如蝙蝠和鳴禽（songbird）在 FOXP2 上也有著與人類相似的地方，這也間接說明這個基因對語言能力的作用。另外還有研究表明，FOXP2 基因對記憶力和理解力也有影響。

有了語言能力並不等於有了語言。語言既可以被認為是人類（主動）發明的，也可以視為人類（被動）演化的必然結果。但不論我們今天如何看待它的起源，有一點很重要，那就是在空氣中傳播的聲音是原始人類能用於信息交流的最暢通的媒介。人類最初可能只能像其他動物那樣透過一些含糊不清的聲音表達簡單的意思，比如「嗚嗚」叫兩聲表示周圍有危險，同伴「呀呀」地回答表示知道了。但是隨著人類活動範圍的擴大，要處理的事情越來越複雜，語言也隨之越來越豐富，越來越抽象。在信息交流中，人類對一些共同的元素，比如物體、數量和動作，用相同的聲音來表達，就形成了概念和詞彙；當概念和詞彙足夠多時，就逐漸形成了語言。

● ● ●

工具和火的使用使人類進步，這從根本上讓人類得以事半功倍地獲得能量。而茅屋和衣服的發明，使得人類可以有效地減少能量的消耗，將多餘的能量積攢起來，主動地改變周圍的環境。同時，

減少能量消耗也能讓人類進行長距離遷徙，特別是進入高寒地帶。武器的發明讓現代智人在和其他人類的競爭中獲勝。語言能力則使現代智人能有效地傳遞信息，將同類組織起來，完成一些大的任務，並最終突破尼安德塔人的阻攔，走向了全世界。

史丹佛大學教授伊恩‧莫里斯（Ian Morris）在他的《文明的度量》（*The Measure of Civilization*）[15] 一書中指出，只有當人類活動所創造的能量是他每天所消耗能量的兩倍以上時，才有可能製作日用品（比如衣服），修建房屋，馴養動物，然後才能進一步發展，否則只能勉強維持生存和繁衍後代。人類在冰期之後，獲取能量的能力一直超過這個最低限，因此才逐漸發展起來。能量和技術的關係是，技術的進步讓人類能夠更有效地獲取能量，而更多的能量讓人類能夠進一步發展技術。人類就這樣獲得了疊加的進步。

到了西元前6000年～前4000年，人類可獲取的能量達到了消耗量的三到五倍，這在很大程度上要感謝農耕、畜牧和定居，所有這些讓開啟文明有了可能。接下來就讓我們一起來迎接人類文明的曙光。

第 **2** 章 │ 文明曙光

　　人類歷史上第一次重大的科技革命源於農業，因為農業從大約一萬兩千年前開始之後，便成為早期文明地區賴以生存的基礎。穀物和家畜的馴化，水利工程技術，天文學和幾何學的發展，都是為了農業。至於說它們是農業發展的結果，其實也不難理解，因為有了農業，才能創造足夠的能量，養活更多的人，特別是那些不從事食物生產的人。這些人可能是手工業者，也可能是社會的管理者，甚至可能是專門研究知識的人，他們對文明的產生至關重要。

　　那麼農業又是如何出現的呢？由於在文明開始之前沒有文字記載（相應的歷史我們稱之為史前），今天的人們只能根據考古的證據推測其中的原因，這也就導致學者的分析不盡相同。不過有一點是公認的，那就是農業階段是早期人類發展的必經階段，人類無法越過農業階段，從游牧狀態直接進入工業文明，因為定居是開啟文明的基礎，而農耕和定居密切相關。

儲存太陽能

走出非洲之後的幾萬年裡，人類以狩獵採集為生。在過去很長一段時間，學者們一直認為人類當時過著非常艱辛、品質遠遠低於農耕社會的原始部落生活。但是到了1972年，美國學者馬歇爾・薩林斯（Marshall Sahlins）提出了不同的觀點，他認為狩獵採集的生活實際上比早期農業時代更加悠閒和幸福。[1] 支持這種觀點的證據主要有兩個。第一個證據：考古發現，雖然在狩獵採集時代嬰幼兒的死亡率很高，但是一旦他們能長到十幾歲，通常能活到三四十歲以上，甚至有人能活到七八十歲；但是，進入農業社會後，人類的平均壽命反而降到了只有十幾歲，這可能是因為過於辛勞而又沒有足夠的食物果腹；另外，人類定居後，瘟疫對族群的威脅要遠遠大於不斷遷徙的狩獵採集年代。第二個證據：考察今天依然靠採集狩獵為生的非洲部落，他們每天只要勞動幾個小時就能獲得足以維持生存的食物，而在農耕文明的末期，農民依然需要每天面朝黃土背朝天勞動十多個小時，才能不受饑饉的威脅。如果單純從有效獲取能量的角度看，人類似乎不應該把自己拴在土地上，但如此一來，農業便不會出現。

然而，事實卻是相反的，農業出現了，人類定居下來，這違背了人類進步要伴隨著獲取能量效率提高的原則，因此，一定還有更重要的原因。《人類大歷史》（*Sapiens: A Brief History of Humankind*）的作者尤瓦爾・哈拉瑞（Yuval Noah Harari）認為，不是我們的祖先馴服了小麥，而是小麥馴服了人類，從而使得人類定居。[2] 這種觀點頗為新穎，因而備受關注，這也使得該書成了暢銷書。然而，這個觀點缺乏內在的邏輯性，因為人的天性決定了他們不願意花更多

的時間去獲得更少的食物。如果他們發現農耕還不如狩獵採集，會立刻回到過去的生活狀態。另一個反對這種觀點的證據來自對今天所剩無幾的、依然保持著游牧狀態的族群的研究。今天，在中亞的一些草原上依然生活著一些逐水草而居的人，他們很容易獲得每日所需的食物。他們所在國家的政府試圖將他們遷入城市，過一種更現代化的生活，但政府的這種努力經常是徒勞的，因為不用擔心食物的游牧生活對他們來說更悠閒。類似的情況也出現在南部非洲，當人們靠每天幾個小時的採集就能謀生時，就沒有動力到工廠做工賺錢。

由此看來，農業的出現還需要更好的理由，而這個理由概括起來就是：狩獵的謀生方式雖然在單位時間裡獲取能量的效率較高，但是在一個地區能夠獲得的總能量有限；而農耕則相反，它能獲得更高的總能量，從而養活更多的人口。

《極簡人類史》(*This Fleeting World: A Short History of Humanity*)的作者大衛·克里斯蒂安（David Christian）進一步詮釋了上述觀點，[3] 他的解釋比較合乎內在邏輯：人類在遷徙過程中，人口的繁衍使得人類不可能透過狩獵採集獲得整個族群所需要的全部食物。狩獵採集的方式雖然讓人類每天無須花太多時間覓食，但是能夠獲得的食物總量畢竟有限。因此，狩獵採集部落必須維持較小的規模，於是透過延長哺乳時間來避孕，甚至餓死和殺死多出來的人口。但是，世界人口終究是在不斷增長的。三萬年前，世界人口只有幾十萬，而到了一萬年前文明即將開始的時候，人口已經多達六百萬。因此，人類不得不高密度種植穀物以滿足人口增長的需要。在史前時期，部族之間的競爭非常激烈，而取勝的一方幾乎無一例外是人口占多數的部族。雖然以狩獵採集方式生存的部族或許在體力上有優勢，

但是如果面對十倍人數的農耕部族，則毫無勝算可言。逐漸地，那些靠狩獵採集為生的部落被邊緣化，人類從此由狩獵採集時代進入農業時代。而這一進步讓人類在控制和利用總能量方面上了一個大台階。

農業從能量上講，就是利用植物的光合作用，把太陽能變成生物能儲存起來；從物質上講，就是把空氣中的二氧化碳和地表的淡水變成澱粉等有機物。因此，陽光和水是農業的基礎，這就解釋了為什麼早期文明均誕生在亞熱帶或者溫帶的大河流域。當然，高產的穀類物種是必不可少的，因為物種決定了所儲存起來的生物能有多少可以被人類利用。如果一種穀物只長人類難以消化的葉子和梗，那麼，能量的轉換效率就太低，不適合用於農耕。如果靠自然的演化得到高產的穀物物種，時間則太長，更何況，穀物演化的方向未必是供人類食用。因此，要想在短期內提高穀物的產量，還需要其他技術。在這方面最具代表性的科技成就就是中國人對水稻的馴化。

馴化水稻

中國人的祖先經過了數萬年的遷徙，才定居黃河流域、長江流域和嶺南地區。一般認為，黃河流域的中國先民來自西伯利亞，而嶺南地區的則來自南亞。我們今天從地圖上很容易看出，從非洲進入中國腹地，這兩條道路都不是最短的，最短的道路應該是絲綢之路。但是，我們的祖先沒有地圖，因此可能根本找不到後來的這條絲綢之路，當然，也有可能是走這條路的人葬身在了中亞的大漠中。

中國人祖先的一支在走出非洲後一路向北，進入歐亞大陸，最終走到了極北的西伯利亞。他們之所以這麼走，一般認為是追逐獵

物。我們（東亞人）的祖先能在西伯利亞冰原上生活下來，是因為他們已經開始普遍地使用獸骨針縫製非常厚實的獸皮衣服。在西伯利亞，考古學家發現了史前人類的獸骨和象牙針，而今天生活在西伯利亞和中國東北（靠近俄蒙邊界）的鄂溫克人，依然會用獸骨針和鹿筋線縫製獸皮衣服。這種衣服不僅比棉襖暖和，而且非常結實耐穿。當然，與其說他們依然保留了我們祖先的很多習慣，不如說那種習慣最適合人類在高寒地區生活。

為了適應西伯利亞冰原上的生活，我們的祖先不僅發明了在冰天雪地裡生活的工具，還演化出很多適合寒帶生活的體貌特徵，比如今天東亞人的圓臉，以及臉上厚厚的脂肪（防寒），眼睛比較細長（防寒並減少冰雪反射的陽光刺激眼睛），而且臥蠶也能擋住地表反射的陽光。這些特徵在比較溫暖的東亞（相比歐洲）其實是不需要的，這是我們的祖先長期在西伯利亞生活給我們留下來的。這正好解釋了為什麼生活在溫帶的東亞人反而有一副適合寒帶生活的長相（而東南亞原住民則沒有）。至於為什麼這種長相被保留下來，則完全是性選擇的結果。當然，冰天雪地的西伯利亞並不是好的生存地，因此，中國人的祖先從西伯利亞南下，到達更溫暖的東亞，並且成為這塊土地的主人。

當來自北方的中國人進入黃河流域的時候，另一群人正沿著後來亞歷山大大帝東征的路線，從小亞細亞出發到印度，然後到東南亞，其中一部分人進入中國，這些人將是本小節的主角。他們的一支近親則一路往南方走，在東南亞沿著馬來半島走到盡頭。當時正是冰期，他們渡海到達澳大利亞，這部分人就是後來澳大利亞原住民的祖先。由於這一支現代智人後來很難再和外面的世界有交集，因此他們的文明進程要比歐亞大陸的人類慢得多。

　　長期以來，中國的嶺南地區一直被認為在遠古時期遠遠落後於中華文明的中心──黃河和長江流域。但是從20世紀90年代開始，在珠江流域的一系列考古發現，改變了人們的看法。1993年，在湖南道縣（珠江中游地區）發現了最早的稻穀，[4] 距今大約10200年。這個時間遠遠早於黃河流域或者長江流域農業開始的時間，只是比人類農業搖籃喀拉卡達山脈地區略晚一些，也佐證了中國的農業是獨立發展起來的。

　　水稻的馴化和小麥的馴化有所不同，後者是透過不斷從野生品種中培育良種而獲得高產作物的。大約11300年前，生活在今天土耳其南部的當地人開始使用人工篩選出來的大麥和小麥種子種植，[5] 這樣要比使用野生的種子更高產。經過幾代之後，人工培育的種子和野生的種子出現了很大的差異。這個過程和狗的馴化一樣，當狗脫離野生環境和人生活在一起之後，就漸漸失去了它們的祖先灰狼（或者其他狼）的很多能力，很難再回到野生環境中生存。同樣，將那些小麥和大麥的種子放回到自然界，它們也很難再和其他植物競爭，只能生長在人類開墾的田地裡。這些植物需要人類，就如同人類需要它們一樣。這樣的過程被稱為植物的馴化。

　　水稻是靠中國人「發明」的新種植技術實現高產的。野生的水稻長在水裡，產量並不高，它和其他穀物沒有本質差別。但是，中國人的祖先發現水稻有一個特點，如果在它快成熟時突然把水放掉，水稻為了傳種接代，會拚命長種子（稻穀），而且一株水稻會長出好幾支稻穗，而每支稻穗可以長出幾十顆種子，這樣一株水稻就可以獲得上百顆種子（今天高產水稻每株能收穫三百顆種子，甚至更多）。透過運用這種技術種植水稻，產量自然就非常高了。今天已經無法瞭解我們的祖先是如何發現水稻的這個特點的。但是，顯然

這種種植方法和水稻原先的生長方式完全不同，因此可以說是中國人透過發明水稻的種植技術「創造出」了一種高產的穀物。

在中國人馴化水稻的同時，西亞人用類似的方法馴化了無花果。無花果樹生長在地中海氣候地區，是一種生命力極強、果實很多的植物，更重要的是，它的果實甘甜，而且容易保存，是非常好的能量來源，也是人類採摘的對象。然而自然生長的無花果樹果實雖然數量多，但是個頭小，含糖量也不夠高。不過人們發現只要給無花果樹剪枝，就能長出又大又甜的無花果。類似的技術，後來被用到葡萄等藤類漿果的種植上。

無論是人工種植小麥、水稻，還是修剪果樹，都意味著人類要比狩獵採集時代付出更多的勞動。於是，定居下來的人類不得不每日辛勤地耕作，以保證每年在收穫時獲得足夠多的能量，來維持部落的生存和發展。從這個意義上說，人類又被自己馴化的農作物拴在了那片土地上。

陶器的出現

中國人發明了水稻種植技術，獲得了高產的穀物，但是接下來問題又出現了，硬硬的稻米怎麼吃？今天的人會脫口而出「用水煮飯啊」，但是在一萬多年前這可不是一個簡單的問題，因為沒有可以煮飯的「鍋」。對於小麥，則沒有這個問題，它可以在磨成粉之後做成餅烤著吃。

人類早期在生活中遇到的困難還遠不止沒有「鍋」來燒飯，甚至連裝水和食物或者儲存糧食的容器都沒有。容器在遠古時期的重要性，遠遠超出今天人們的想像。

　　最早的容器可能是一片芭蕉葉、一個瓢、一片木板或者貝殼，甚至是鴕鳥蛋殼（古巴比倫時期）。但是這些天然的容器既不方便，也不耐用。在新石器時代之前，人類發明了陶器，並且在新石器時代開始廣泛使用這種容器。

　　其實在遠古時代，人類已經在無意之中發現，黏土經過火燒之後會變得堅硬而結實。在人類早期生活過的洞穴裡，留下了使用火的痕跡，其中就有被火燒成類似磚陶的黏土。

　　根據考古發現，從黏土被燒成陶到發明陶器，中間隔了幾十萬年。通常，發明的過程可以簡單地分為兩個階段——現象（或者原理）被發現和利用原理發明出新方法、新工具。比如發現圓木能滾動，屬於現象被發現階段，而輪子的使用，則屬於發明階段。類似地，我們在後面還會看到，亞歷山大・弗萊明（Sir Alexander Fleming, 1881-1955）發現青黴菌能殺死細菌，這屬於現象的發現階段，而霍華德・弗洛里（Howard Florey, 1898-1968）等人發明藥物青黴素，則屬於發明階段。今天，這兩個階段的時間間隔比較短，從幾年到幾十年不等。但是在遠古的時候，兩個階段相隔的時間會很長，甚至間隔上萬年。不過，從火燒黏土成陶到陶器的普遍使用相隔了幾十萬年，這裡面有什麼蹊蹺呢？

　　首先，在沒有見過陶器時，想像出器皿的樣子並非易事，從 0 到 1 的時間有時比我們想像的更漫長。

　　其次，陶器的出現其實是和人類定居相關聯的。在冰期，人們到一個地方，搭起帳篷，吃光所能找到的一切動植物後，不得不遷徙到另一個地方去居住。如果每隔一段時間就要遷徙，帶上一堆笨重的陶器顯然不是好主意。幾百年前的游牧部落，更常使用輕便的皮製容器裝水和酒，而不是笨重的陶器，這也從另一個角度說明陶

器的出現和穩定的居所相關。雖然在今天捷克境內考古學家發現了一些三萬年前的陶器的證據，但是大多數學者認為，最早的陶器出現在一萬六千年前的中國和日本，那時人類已經由遷徙向定居過渡。

　　陶器出現的第三個，也是最重要的一個條件是擁有足夠多的能量。燒陶需要很多木材，當人類僅有的燃料只能用於夜晚取暖時，是不可能燒製陶器的。此外，燒製陶器也需要額外的勞動，只有當人類獲取能量效率足夠高之後，才有閒暇的時間或者多餘的勞動力做這件事。在冰期結束後的五千年裡，人類每天獲取的能量只是消耗量的兩倍，即使有了燒製陶器的技術，也沒有能量大批量燒製陶器。因此，在那個時代的人類生活遺址中，只有一些遺留的陶片，並沒有用於做容器的大量陶器。

　　陶器的廣泛使用是在新石器時代之後，工具的使用使得人類獲取能量的效率大增。而農業時期開始之後，人類產生的能量總量也急劇上升，便有了足夠的能量燒製陶器。事實上，在西方，歷史學家把新石器時代的第一個階段稱為陶器之前的新石器時代（Pre-Pottery Neolithic Age），大約是從12000年前到10800年前，在那個時期，陶器並沒有被廣泛使用。[6]

　　有些學者會爭論，中國和日本哪裡發現的陶器歷史更久遠，甚至猜測一處的燒陶技術是否來自另一處。這種爭論其實毫無意義，早期那些粗陶器片（比如在江西省仙人洞發現的陶片）和後來被作為容器廣泛使用的陶器是兩回事。事實上，幾乎每一種文明都獨自發明了陶器。世界上有些不發達地區（比如印度尼西亞的一些村落）至今還在按照古老傳統的陶器製作工藝燒造陶器，這讓我們得以瞭解早期陶器的製作情況。在那些地區，人們依然將手工製作的陶坯放在露天的柴火堆上燒，燒製時間只要幾個小時。不過那些陶器質

地粗糙,厚薄不均,甚至不如今天中國花鳥魚蟲店裡隨處可以買到的粗陶花盆。這說明燒陶本身並不複雜,但是湊足燒製陶器的各種條件,特別是足夠多的燃料,對於史前人類來說卻不是一件容易的事情。早期的陶器由於燒製的溫度不夠高,還有兩個明顯的缺陷——不密水,不耐火。不密水就無法裝液體,不耐火的陶器則無法煮東西。

發明耐高溫陶器的依然是生活在珠江流域的中國人。2001年在桂林地區發現了早期的耐高溫陶罐碎片,距今一萬兩千年。[7] 在此之前發現的最早的完整陶器出現在日本,距今一萬年。珠江流域的中國人製造的陶器之所以耐高溫,是因為在黏土中加入了方解石的成分。因此,耐高溫陶器在當時堪稱高科技產品。

陶器的出現表明人類在吃上烤製食物(烤肉、烤麵餅等)之後,又發明了一種新的吃法,就是煮食物(包括穀類)吃。這件事和水稻種植技術的發明放在一起,可以得出一個結論,那就是中國南方的文明程度比原來想像的要高,中國最早的靠種植為生的定居部落,可能始於那個年代。有了種植,有了定居,才有了進入文明的可能性。

陶器是人類自石製工具、武器和衣服之後又一個普遍使用的手工製品,它的廣泛使用,標誌著更多的勞動力可以從事農業和狩獵之外的活動。從技術的角度看,陶器和石製工具等手工製品的不同之處在於,石製工具等只是改變了原有材料的物理形狀,而陶器則是用一種原材料(黏土)透過化學反應製作出的另一種用品,因此,從科技的角度看,意義重大。

美索不達米亞的水渠

在人類文明的過程中，一個部族要想不斷繁衍發展，就需要更多的糧食，而灌溉則是豐收的基本條件。遠古的文明都源於便於灌溉的大河流域。不同的文明，解決灌溉的方式也因地理環境的不同而有所不同。在古埃及的尼羅河流域，由於尼羅河洪水每年會氾濫一次，洪水退去之後，尼羅河下游就自然而然地形成了大片肥沃的土地，耕種非常便利。但是在和古埃及平行發展的人類另一個最古老的文明中心美索不達米亞平原，受環境所限，那裡的農業生產依賴人力引水灌溉，也因此出現了人類最早的水利工程。

今天西亞的氣候過於乾熱，並不適合農業。但是一萬年前，那裡的氣候顯然比現在溫和，因此成了人類第一個農業文明的搖籃。但是那裡降雨量不大，靠天下雨種地完全不可能。好在底格里斯河與幼發拉底河的河水可以用於灌溉。於是那裡的人們從西元前六千年就開始修建水利設施，灌溉農田，把兩條河流之間的地區建設成了人類最早的文明中心。後來，希臘人稱那裡為美索不達米亞（Mesopotamia），意為「（兩條）河流之間的地方」。

美索不達米亞地區的水利工程是迄今為止發現的全世界最早的大規模水利工程，是由生活在那裡的蘇美人修建的。那些古老的水利工程設計得頗為巧妙。蘇美人在河邊修水渠引水，在水渠的另一頭修建盆形蓄水池，然後，他們用類似水車的裝置汲水灌溉周圍的田地。由於在那個地區農業生產非常依賴水利灌溉，因此，蘇美的統治者強制農民必須維護好蓄水池和引水渠，當地有的水利灌溉系統使用了上千年。今天，在那裡依然能夠看到一些五千年前建造的灌溉系統。

　　不過在乾燥的西亞地區，修建在地表的引水系統有一個天然的缺陷，那就是水分蒸發太厲害。如果是在中國的長江、黃河流域，這並不是一個太大的問題，但是在西亞這便是一個不容忽視的缺陷。顯然，更有效的引水渠應該修在地表之下。

　　在亞述人成為美索不達米亞地區的主人之後，他們大規模興建了城市和水利設施。亞述帝國的國王薩爾貢二世（Sargon II）在西元前714年入侵亞美尼亞，發現當地人挖掘地下隧道引山泉水供灌溉和生活使用，便將這個技術帶回了亞述，建設了大量的地下輸水系統。在炎熱乾燥的中東地區，地下輸水有兩個明顯的優點：首先，大大減少了因蒸發帶來的損失；其次，在輸水過程中，水質不會被野獸糞便汙染。值得一提的是，亞述人已經發明了混凝土，因此，他們修建的水渠是用石頭和混凝土砌成的，密水性非常好。因為有了完善的灌溉系統，美索不達米亞地區在那個時期農業非常發達，其中很多區域的人的密度要比今天大得多（烏魯克的人口密度在每平方公里五千人以上，甚至超過了今天北京的人口密度）。

　　農業的發展是文明的基礎，人類只有在獲得穩定的農業收成後，才有足夠的剩餘能量供應給非農業人口，進而建立城市，創造文明。

輪子與帆船

　　人類最古老的文明是始於北非的尼羅河下游，還是西亞的美索不達米亞，過去一直有爭議。以前學界認為，古埃及文明是人類文明的第一個搖籃，不過最近幾十年的考古挖掘結果越來越支持美索不達米亞文明開始的時間更早一些。由於早期文明和史前的邊界不是非常清晰，因此，我們不去追究文明的早晚，而是籠統地認為那

兩處是人類最早的兩個文明中心。更重要的是,它們代表了兩類不同的早期文明,造成它們之間區別的一個重要原因是地理和氣候條件的不同。

一類早期文明是以古埃及文明和中華文明為代表的單純的農耕文明,在文明的中心有大一統的王朝。由於生活在大河流域,那裡的先人擁有大片耕地,因此整個王朝規模比較大,可以集中力量建造一些大工程,同時,在比較小的範圍內能夠實現自給自足。另一類文明則是以美索不達米亞文明和後來的古希臘文明為代表的城邦文明。城邦規模都較小,物產比較單一,彼此獨立,因此城邦之間必須透過交換才能獲得全部的生活必需品,所以商業發達。如古希臘文明的發祥地克里特島,只出產橄欖和山羊,如果沒有商業,島上的居民不要說建立高度的文明了,連生存都是問題。

西元前4000年,規模最大的城市是幼發拉底河東岸的烏魯克城(Uruk),大約居住著五千人(後來那裡的人口超過了五萬人)。大規模的城市開始需要專職的管理者。由於擁有穩定的農業收成,人均獲取的能量是每日最低消耗量的五倍,不僅有多餘的糧食養活管理者,而且能養活一些手工業者。為了提高生產效率,烏魯克的統治者讓生活在河岸平原地帶的人種植穀物,遠離河岸乾燥而陽光充足的半山坡地區則種植葡萄等經濟作物,而手工業者則居住在遠離河岸的山腳下。社會分工在提高效率的同時,也促進了貨物的交換,並漸漸發展起商業。到了西元前3500年,烏魯克城已經是一個非常有組織的城邦了。

建立發達商業的前提是有良好的交通運輸工具,因此,美索不達米亞的蘇美人在西元前3200年左右就做出了科技史上最重要的一項發明——輪子。[8]

　　在中學物理課中，我們都學過滾動摩擦力比滑動摩擦力小很多的原理。如果用木頭或者皮革做輪子的接觸面，在石礫鋪成的道路上大約可以省一個數量級的力量。古代的馬車可以輕鬆地拉著一噸貨物快速奔跑，但是如果讓一匹馬馱貨物，兩百公斤已經是極限。蘇美人沒有見過輪子，他們是如何得知滾動摩擦比滑動摩擦省力的原理，至今依然是個謎。但可以肯定的是，輪子的發明是一個漫長的過程。他們最初根據生活經驗注意到圓木能夠滾動這一現象，並且利用圓木滾動的原理運輸沉重的貨物，又過了很多年才將圓木改進成輪子，才有了基於輪子的車輛。在輪子被發明出來的幾百年前，住在現在烏克蘭地區的牧民馴化了野馬，而這種強壯的家畜很快被引入西亞甚至北非地區。有了車輛和新的動力（馬所提供的畜力），蘇美人就能更高效地運輸和交換貨物了。

　　除了輪子和車輛，蘇美人還發明了帆船，從此人類就可以利用風能遠行。風能是自然界本身就存在的機械能。在利用風能之前，人類所能使用的動力只有人力和畜力，帆船的發明標誌著人類利用能量的水準上了一個新台階。

　　依靠車輛和帆船，蘇美人沿幼發拉底河建立了眾多商業殖民地，並且將其文化影響擴散到波斯、敘利亞、巴勒斯坦甚至埃及。大約在西元前2500年，烏魯克實行的社會分工成為美索不達米亞地區的社會規範。[9] 在人類幾乎任何一個文明階段，最有效掌握動力的文明常常在那個時期的競爭中處於優勢。四千多年後，當英國人完成以蒸汽機為代表的工業革命之後，它所倡導的政治經濟秩序也就在世界範圍內開始普及。

　　美索不達米亞的文明隨著商業的拓展接觸到古埃及文明之後，兩種文明的融合使得技術得到進一步發展。當古埃及人在接觸到輪

子和車輛後，對車輛進行了改進，他們在木頭車軸上包上金屬，以減少它和輪轂的摩擦，同時採用了 V 形輻條，空心的輪子使整個車子變得輕便起來，可以走得更快、更遠。

講完了人類在史前的第一條線——與能量有關的科技成就，我們還需要講一講與信息相關的科技進步是如何幫助人類走入文明的。

從 1 到 10

農業的發展帶來的一個副產品是數學的進步，尤其是早期幾何學的出現，在此基礎上又誕生了早期天文學。數學是所有科學的基礎，而數學的基礎則是計數。

計數和識數對於今天的人來說幾乎是本能，但對遠古的人類來說，幾乎不可能。今天一個學齡前的孩子都知道 5 比 3 大，但是原始人沒有數的概念，甚至不需要識數。著名物理學家加莫夫（George Gamow, 1904-1968）在他的《從一到無窮大》一書中講了這樣一個故事：兩個酋長打賭，誰說的數字大誰就贏了。結果一個酋長說了 3，另一個想了半天說：「你贏了。」因為在原始部落，物資貧乏，所以沒有大數字的概念，通常超過 3 個就籠統地稱為「許多」了，至於 5 和 6 哪個更多，對他們來說沒有什麼意義。

隨著現代智人部族人數的增加，他們之間開始密切配合，因此，需要透過計數數清數量。由於沒有數字，他們就必須藉助工具，最直接的計數工具是人的 10 根手指。當數目超過 10 之後，可以再把腳趾用上，馬雅人就是這麼做的。在歷史上，其他部落應該也採用過這種方法。但是，當數量更大時，手指加腳趾已經不夠用，就需要發明新的工具了，比如在獸骨上刻橫道。在非洲南部的斯威士蘭

發現的四萬多年前的列彭波骨（Lebombo bone），以及在剛果民主共
和國發現的約兩萬年前的伊尚戈骨頭（Ishango bone），上面都有很
多整齊而深深的刻痕，它們被認為是最早的計數工具（見圖2.1）。

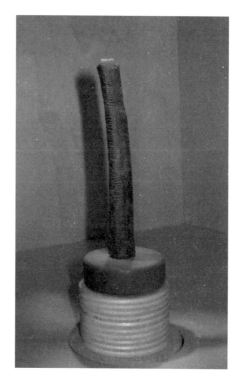

圖2.1　被用作計數的伊尚戈骨頭

　　計數是一種帶有本能特點的技術，而數字則是抽象的概念，兩
者中間需要一個巨大的跳躍。由於歷史的發展是連續的，因此，它
們之間一定存在一種或者多種中間狀態，這些中間狀態的計數方式
被稱為 tally marks，翻譯成中文就是「計數符號」，它們半直觀、半
抽象，如中國人統計數字時使用的畫「正」字，歐洲的英語系國家

（包括美國和澳大利亞等英語國家）使用的四豎槓加一橫槓的1～5計數法，以及拉丁語系國家用的「口」字形1～5計數法，都屬於「計數符號」（見圖2.2）。

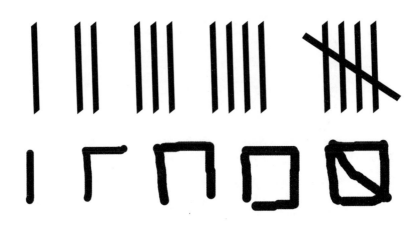

圖2.2　英語系國家與拉丁語系國家使用的1～5計數符號

　　計數符號的問題在於記錄大數字時需要重複畫很多符號，比如用「正」字統計選舉結果，候選人如果得了一百票，就得畫二十個「正」字，這當然很不方便。比較簡潔的方法是數字和進制相結合，就像我們今天使用十進制以及十個阿拉伯數字一樣。抽象的數字和進制的發明是人類科學史上的第一次重大發明，它們折射出人類在科學上的兩個重要成就。

　　第一，用抽象的符號代表一種含義，即一個特定的數量。當然，早期的數字依然不能完全脫離象形的特點，漢字中的一、二、三便是如此。圖2.3是美索不達米亞早期的1～59的寫法，1～9是一個類似蝌蚪的簡單楔形的疊加，而10是另一種楔形。

　　古印度早期使用的數字1～9寫法如圖2.4中第二行所示，1～3

和中國漢字數字一樣就是一橫、兩橫、三橫，從4開始和漢字有了區別。

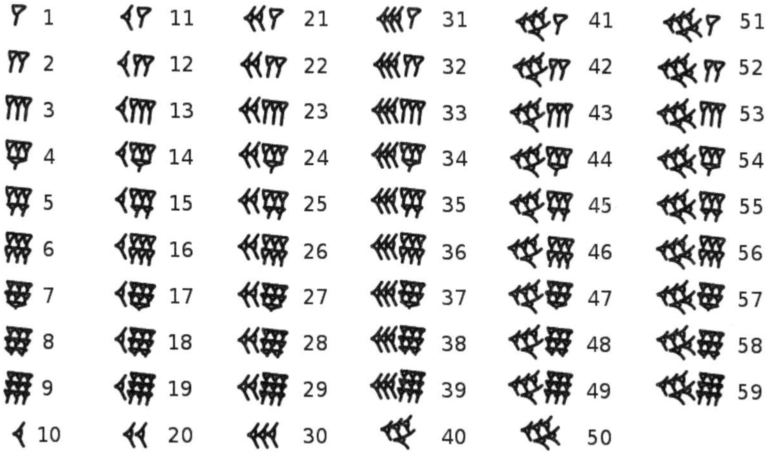

圖2.3　美索不達米亞的數字1～59

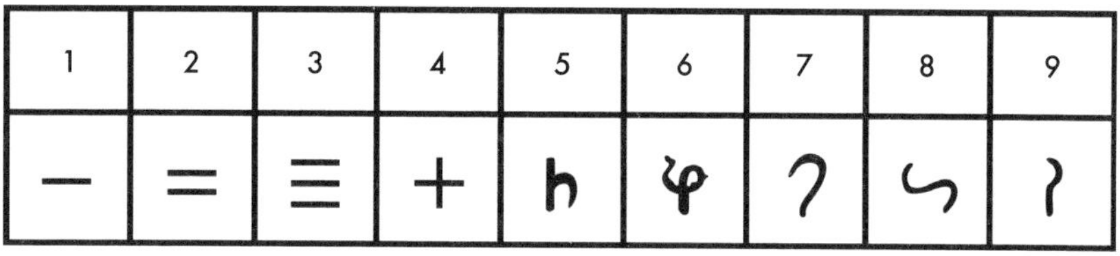

圖2.4　古印度的數字1～9

　　第二，無論是美索不達米亞、古代中國還是古代印度，在設計數字的寫法時都使用了同一種技術——信息編碼。這種技術今天在

所有的信息技術產品中都有體現，甚至深入我們的生活中。我們在社交網絡上的暱稱、寵物的綽號，都是信息編碼。信息編碼的本質是將自然界中的實體和我們大腦中的一個概念或者符號對應起來。這種被抽象出的概念或者符號要被一個部落或者族群認可，才能成為他們之間信息傳輸的載體。

十進制的出現表明人類對乘法以及數量單位有了簡單的認識。兩萬多年前的人只能將實物數量和刻度上的數量簡單對應，但是有了進制之後，人們懂得了用大一位的數字（比如，10、20或者60）代替很多小的數字。當然，這種計數方式能準確表示真實數量的前提是需要懂得乘法，即2×10=20，或者3×60=180。

至於數字和進制是什麼時候產生的，依然是個謎。我們能夠看到的最早的數字以及相應的進制是6600年前美索不達米亞的六十進制和6100年前古埃及的十進制。對於美索不達米亞的六十進制，我們還需要多說兩句，從圖2.3中的59個數字可以看出，它實際上是十進制和六十進制的混合物。

十進制的出現是一件很容易理解的事情，因為我們人類長著10根手指，用十進制最為方便，於是有了10、100、1000……如果人類長了12根指頭，我們今天用的可能就是十二進制了，對12、144（12的平方）、1728（12的立方）等數字就會比對10的整數次方更親切。除了十進制，人類歷史上其實出現過很多種進制，但是它們因為使用不方便，要麼消失了，要麼今天雖然存在卻很少使用。比如馬雅文明就使用二十進制，顯然是把手指和腳趾一起使用了，它實際上又把20分成了4組，每組5個數字，正好和四肢以及上面的指（趾）頭對應。但是二十進制實在不方便，想一想，背乘法口訣表要從1×1一直背到19×19（共361個）是多麼痛苦的事情，所以如果

採用這種進制，數學是難以發展起來的。二十進制在很多文明中曾經和十進制混用，比如在英語裡會使用 score 這個詞衡量年代，它代表 20，這在《聖經》中、林肯和馬丁・路德・金恩等人的演講中都可見到，但是在現實生活中，這種用法已經不見了。

既然二十進制已經很麻煩了，為什麼美索不達米亞人還要採用六十進制呢？一般認為，當人類有了多餘的物品需要清點時，便有了準確的計數。但是，數字和進制的產生還有另一個重要的原因——計算日期和時間。當農業開始之後，人類就要找到每年最合適的播種和收穫時間。如果今年在春分前後播種，莊稼長勢良好，大家會希望明年還在同一時期播種，那麼就需要知道一年有多少天。由於一年是 365 天多一點，和它接近的整數是 360，因此，把一個圓分為 360 度就是很合理的事情。當我們從地球上觀測太陽和月亮，因為它們距地球的距離與實際直徑之比非常接近，所以它們的張角（視直徑）在我們眼中恰好相同，都是 0.5 度（正好為一度角的 1/2），因此有利於天文觀察和計算。當然，直接用 360 作為進制單位太大，更好的辦法是用一個月的時間 30 天或者 30 天的兩倍 60 天作為進制單位。為什麼美索不達米亞人選了 60 而不是 30，沒有人知道，唯一比較合理的解釋是，60 是 100 以內約數最多的整數，它可以被 1、2、3、4、5、6、10、12、15、20、30 和 60 整除，便於平均分配。由於美索不達米亞採用了六十進制，我們學習幾何時計量角度，或者學習物理時度量時間，都不得不採用它。

無論是東方還是西方，在衡量重量時都使用過十六進制，比如中國過去一斤是 16 兩，英制一磅是 16 盎司，這是採用天平二分稱重的結果（人類在發明秤之前先發明了天平），因為 16 正好是 2 的四次方。在英制中，價格也曾採用二分的方法，因為過去價格是用二

分衡量貴重金屬的重量。直到2000年前後，美國紐約證券交易所股票的報價依然採用一美元的1/2、1/4、1/8和1/16，極不方便。後來才採用那斯達克的以美分為最小單位的報價方法。

有了數字和進制，就能用少量符號代表無限的數目。人類文明發展到這個階段，就有了抽象概念的能力。在此基礎上，算術乃至後來整個數學和自然科學開始建立。值得一提的是，在所有的計數系統中，最好的也是大家普遍採用的，是源於古印度的阿拉伯數字系統。其最大的優點是發明了數字「0」，於是個、十、百、千、萬的進位變得非常容易。

在數字發明的同時，人類也開始用圖畫記錄信息。1869年，考古學家在西班牙坎塔布里亞自治區的阿爾塔米拉洞窟中發現了17000年～11000年前的岩畫，包括風景草圖和大型動物畫像，從一個側面記錄了當時人類的生活情況（見圖2.5）。

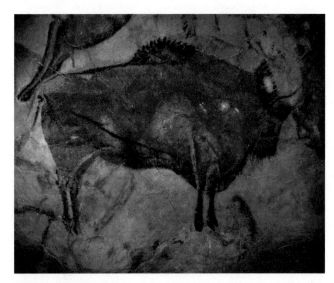

圖2.5　阿爾塔米拉洞窟岩畫

當然，人類不可能把任何事情都用圖畫的方式記錄，為了方便記錄信息，圖畫被逐漸簡化成象形的符號，這便是文字的雛形。簡化的過程非常漫長，因為從形象思維到抽象思維不是件容易的事情。在文字的形成過程中，還出現過似畫似字、非畫非字的類文字，它們是從畫到字的過渡，比如圖 2.6 所顯示的特爾特里亞泥板圖章（Tartaria tablets）。

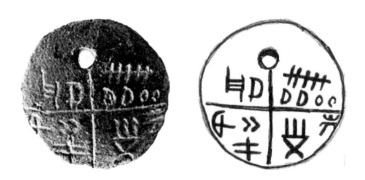

圖2.6 七千多年前的特爾特里亞泥板圖章*

迄今為止發現最早的文字是由美索不達米亞的蘇美人發明的，距今已有六千多年。各種文明的文字早期都是象形的，古埃及和古中國自不必說，即使被認為是拼音文字的美索不達米亞楔形文字，其實也是從象形文字演化而來。

圖 2.7 示意了一些詞的演化過程。第二列是最初的象形文字，從它們的形狀可以猜出其含義。經過大約一千多年的簡化，形成了更抽象的早期楔形文字（圖中第三列）。如果不對照第二列，意思已

---

* 有學者認為，圖章上的文字屬於介於圖形和文字之間的類文字。

經不大好猜了。又經過大約一千年，楔形文字完全形成，成了一種拼音文字，我們已經無從猜測它們的意思。在其他文明中，古埃及的文字後來也開始拼音化，但是象形文字和拼音文字共存了很長時間，因此它們同時出現在羅塞塔石碑中。世界上只有兩種文字沒有拼音化，它們就是我們熟知的漢字和遠在美洲的馬雅文字。為什麼文字要拼音化？從信息理論的角度來說，這樣表達信息更簡潔，書寫簡單。雖然古人不懂信息理論，卻不自覺地在文明進程中運用了信息理論的原理。

圖2.7　楔形文字的過渡

　　美索不達米亞的楔形文字很快被當地的閃米人學會，他們中間有一支非常善於遠洋經商的族群——腓尼基人。腓尼基人將美索不達米亞的文字傳播到地中海各島嶼。但是，在經商途中，商人們沒

有閒情逸致刻寫精美漂亮的楔形文字，於是，他們對這種複雜的拼音文字進行了簡化，只剩下幾十個字母。後來，希臘人從腓尼基字母中總結出24個希臘字母，而羅馬人又將它們變成22個拉丁字母。隨著擴張，羅馬征服了很多外國土地，吸納了很多外國人，有些外國的人名和地名無法表示，於是羅馬人在字母表中加入了 x，代表所有那些無法表示的音和字，這既是英語裡包含 x 的單字特別少的原因，也是後來人們用 x 表示未知數的原因。再後來，拉丁文裡的 i 被拆成了 i 和 j，v 被拆成了 u、v、w，最終形成了今天英語的26個字母。

有了數字和文字，人類傳遞信息就更方便了，也為發明準確傳承知識的書寫系統打下了基礎。

開始記錄一切

除了吃飯和睡覺，人的大部分時間都用在和外界的信息溝通上（如上課、開會、寫郵件和讀報紙），人類的發展其實伴隨著信息傳播方式的進步。人與人之間的信息溝通最重要的媒介是語言和文字。有了語言和文字，人類才可以把經驗和知識代代相傳。

在此之前，信息的傳播只能靠生物的 DNA。一個物種因為 DNA 的突變，獲得了一種以前沒有的特性，如果它們被吃掉，或者變得難以生存，這種藏在 DNA 中的信息就不會被傳下去。反過來，如果新的特性讓它們能夠躲避天敵，或者更好地捕食和生長，相應的 DNA 信息就被傳給了後代。但是，這種信息的傳遞非常緩慢（除非人為刻意改變物種的 DNA），物種的變化都是以萬年為單位的。有了語言和文字，信息的傳遞更加高效，父輩獲得的經驗和教訓、

看到的現象，都可以透過語言和文字傳遞給後代。

語言可以實現知識的口口相傳，但是由於人的記憶會出錯，或者中間一些人突然死亡，那麼之前的經驗也就隨之失傳。因此，沒有文字的語言有很多侷限性。文字恰好彌補了語言的上述不足，它可以將準確的信息大範圍迅速傳播。因此，文字的出現不僅是文明開始的重要標誌，而且大大加快了文明的進程。

有了文字就能夠表達概念和事實，但是要記錄和傳承複雜的思想和完整的知識，則需要完整的書寫系統。在語言學上，書寫系統和文字是兩回事。中文和日文都可以用漢字，卻是兩個不同的書寫系統。英國著名人類學家傑克·古迪（Jack Goody, 1919-2015）＊認為「書寫支撐文明」，[10] 因為僅僅靠簡單的、意思不連貫的圖形文字顯然做不到將人類積攢的知識一代一代地傳承下來，這一切需要靠書寫系統。當然，書寫系統是建立在文字基礎上的。從文字的出現到書寫系統的產生，分界的標誌是什麼？語言學家會給出精確但很複雜的定義，簡單地講，一個書寫系統必須有動詞，形成意思完整的句子，而不是用簡單的繪畫來描述事情。

世界上最早的書寫系統也出現在美索不達米亞，即使比較保守的估計，也有5500年的歷史。在三個世紀之後，即在大約5200年前，古埃及人獨立發明了基於象形文字的書寫系統。中國的文字以及完整的書寫系統可以追溯到殷商中期的甲骨文（見圖2.8），距今大約3400年～3200年（有的說法是3500年前）。這裡有兩件事值得一提：第一，甲骨文並不僅僅是一個個有單獨含義的文字，而是包含了簡單動詞，因此，它是一種書寫系統；第二，甲骨文是頗為複

＊ 古迪是劍橋大學教授，英國皇家學會院士。

雜的文字系統，裡面包含很多原始的漢字。我們知道，任何發明都
不會憑空出現，古代中國不可能從完全沒有文字一下子發展出四千
多個漢字。* 因此，應該存在更早、更原始的書寫系統原型，但遺
憾的是，到目前為止，研究者只在一些更早期的陶器上看到、找到
了一些圖形符號。雖然一些學者很牽強地認定那些是更早期的文字，
但是大多數學者並不認可。還需要指出的是，雖然中國的書寫歷史
不如上述兩個文明長，但是學者們都承認，中國的文字和書寫系統
是獨立發明的。

圖2.8　甲骨文

---

* 李宗焜所編《甲骨文字編》收錄了4378個甲骨文漢字。

　　書寫系統最大的作用在於包括知識在內的信息傳播，更具體地講，它包括橫向傳播和縱向傳播。所謂橫向傳播，是指在同時代，透過書寫的文字將信息傳遞給其他人。這不僅能讓更多的人瞭解信息，還能幫助建立起比部落更大的社會組織，使得城邦和國家的出現成為可能。所謂縱向傳播，就是指先人將知識和信息透過文字記載下來，傳遞給後人。這樣即使相隔成百上千年，後人也能瞭解到之前的文明成就。

　　古希臘的很多科學論著在中世紀的歐洲失傳了，但是十字軍東征時，歐洲人從阿拉伯地區帶回了那些書籍，並導致了文藝復興之後科學的大繁榮。沒有書寫系統，科技就不可能在先前的基礎上獲得疊加式進步。此外，正是因為有了書寫系統，我們才對過去幾千年前發生的很多事情有詳細的瞭解。今天，我們對五千年前古埃及發生的事情，比對美洲原住民一千年前發生的事情瞭解得更多，這便是書寫系統做出的貢獻。

　　書寫系統的出現除了大大加速信息和知識的傳遞之外，還使得社會迅速分化。在古代，每一個人都能說話，但是並非每一個人都能書寫。因此，在近代教育普及之前，對文字掌握的程度，特別是書寫能力的高低，常常決定了一個人擁有多少知識，以及能夠在社會組織中發揮多大的作用。

　　從各個文明書寫系統出現的時間來看，它們和奴隸社會的誕生、階層的出現時間是一致的。也正是由於讀寫對社會地位的重要性，有些文明將它變成了少數菁英的特權，因為知識的傳遞受阻，使得這些文明的發展非常緩慢，馬雅文明便是如此。不過，當時依然有很多文明在普及讀寫能力，比如古希臘文明和中華文明，因此它們在文明的進程中能夠後來居上。

星辰的軌跡

　　早期文明的科技發展無一不圍繞著生存進行，而農業生產又是生存最重要的前提，因而農業成了科技的推動力。古代的天文學最初的發展就受益於此，農業發達地區，相應的天文學也隨之發展。

　　西元前7000多年，閃米人和當地的原住民就在尼羅河下游開始耕種。經過上千年的辛勤耕耘，他們把尼羅河畔的處女地開墾成良田，又經過上千年，那裡最古老的王國才建立起來。尼羅河水每年會在固定的時間氾濫，等洪水退去之後，古埃及人便在洪水浸泡過的肥沃土地上耕種。為了準確預測洪水到來和退去的時間，當時的古埃及人開創了早期的天文學，制定了早期的曆法，根據天狼星和太陽的相對位置來判斷一年中的時間和節氣。古埃及人的曆法中沒有閏年，他們的地球年每年是365天，比今天真正的地球年短了近1/4天。因此，如果按照地球年的時間耕種，過不了幾年節氣就不對了。而太陽系由於遠離天狼星，彼此的位置幾乎固定不變，因此，地球在太陽軌道上每年轉回到同一個位置時，所看到的遠處的天狼星位置是相同的。古埃及人就用這種方法校正每年的農時。當太陽和天狼星一起升起的時候，則是古埃及一個大年（恆星年）的開始，然後古埃及人每年根據天狼星的位置決定農時。古埃及的大年（也稱為天狼星週期）非常長，因為要再過1460個天文上的地球年（等同於365×4+1=1461個古埃及地球年），* 太陽和天狼星相對的位置才恢復原位。1461正好是地球上四年的天數，也就是說，古埃及人在1460個地球公轉週期中（儒略年）加入了一整年，等同於每四年

---

* 一個古埃及地球年=365天，一個天文地球年=365.24～365.25天。

中加入一天產生一個閏年。以天狼星和太陽同時做參照系，古埃及人可以準確地預測洪水在每年不同時間能到達的邊界。就這樣，出於農業生產的需要，古埃及發展起了天文學。

在人類另一個早期的文明中心美索不達米亞，天文學發展的動力同樣來自農業。從蘇美人到後來的古巴比倫人（約西元前 1894 ～前 1595 統治美索不達米亞地區），天文學家經過了近兩千年的觀測和總結，掌握了太陽、月亮、各星座的位置和每一年中具體的時間之間的對應關係，並把它們的位置作為一個精確測量時間的「大鐘」，再透過大鐘所指示的時間，指導種植和收穫莊稼。古巴比倫人保存的大量星座位置、日曆和農耕的書面記錄，使得我們能夠瞭解當時天文學發展的全貌。

另外，我們今天所說的星座，最早是由蘇美人發明和使用的。到了後來的古巴比倫人統治時期，他們創造出黃道十二宮，標誌著太陽、月亮和行星在天空中移動的十二個星座。我們常說的星座的名稱，比如獅子座、金牛座、天蠍座、雙子座、摩羯座、射手座等，均來自美索不達米亞。至於為什麼要將天空分為十二個星座而不是其他數量，原因也很簡單，因為地球的公轉，古巴比倫人每個月看到的星空會有 1/12 和原來的不同。

由於天空星辰的位置與地面上氣候變化及其他一些自然現象（比如河水的漲落、海水的潮汐）相關，故而在人類文明的早期，天文學、占星術和迷信之間的邊界並不清晰。由於天狼星的位置和尼羅河氾濫的邊界相一致，因此，古埃及人認為天狼星是掌管尼羅河的神祇，於是為它建造神殿祭祀。在美索不達米亞，國王和僧侶們把星象和人間發生的事情（比如災禍）聯繫起來，認為上天會對人間的事情進行預言和警示，這種認識和中國古代的統治者有相通之

處。既然星象能夠用來解釋人間的事情，並依此決定政治和宗教，美索不達米亞的歷代王朝便投入了大量精力研究天文學。

美索不達米亞地區的古代天文學是今天全世界天文學的正朔。古希臘的天文學是在美索不達米亞天文學的基礎上建立起來的，當時古希臘的學者經常飄洋過海到美索不達米亞去學習數學和天文學。今天關於十二星座的神話起源，在整個西方世界，從美索不達米亞到古希臘，再到後來的古羅馬，幾乎是相同的。從文明的時間來看，也可以確定它們是從美索不達米亞向西傳到了古希臘島嶼。

美索不達米亞的天文學在古巴比倫人統治時期發展到一個高峰。他們發明了太陰曆，* 觀測到了行星運動和恆星的不同，並且發明了一種計算金星圍繞太陽運動週期的方法。當然，古巴比倫人把這個週期的長度定為 587 天，而實際值為 584 天。這細微的差別並不是因為古巴比倫人算得不準，而是他們試圖使這些天文週期與月亮的相位重合。古巴比倫人和後來的亞述人都能根據過去所發生的月食時間預測未來的月食時間。

古巴比倫人在天文學上的另一大貢獻是發明了天文學中座標系統的雛形。他們把天空按照兩個維度劃分成很多區間。後來，古希臘人在此基礎上發展出了緯度和經度，這源於古巴比倫人把圓周劃分成 360 度。

幾何學也源於古埃及和美索不達米亞，而它的起源則是農業生產、城市建設和工程建設。大約在 6000 至 5000 年前，古埃及人逐步總結出有關各種幾何形狀長度、角度、面積、體積的度量和

---

* 人類對月份的理解可以追溯到史前，但是作為曆法的太陰曆，則出現在古巴比倫統治美索不達米亞時期。

計算方法。在他們建造金字塔時，已經有了非常豐富的幾何學知識。著名的古夫金字塔留下了很多有意思的數字，表明古埃及人在四千五百多年前就掌握了勾股定理（又稱畢達哥拉斯定理），可以把圓周率的計算誤差精確到0.1%左右，並懂得了仰角正弦（和餘弦）的計算方法。

　　世界上現存最早的有關幾何學的文獻是古埃及的《萊茵德紙草書》（Rhind Mathematical Papyrus），它完成於西元前1650年前後（見圖2.9）。不過該書的作者阿默斯聲稱，書中的內容是抄自另一本完成於西元前1860～前1814年左右的書籍。照此推算，古埃及最早的幾何學文獻應該出現在3800年前甚至更早。《萊茵德紙草書》中提及不少數學問題的解決方法，其中包括很多幾何學問題。書中還給出了圓周率 π 的值為3.16，不過，根據古夫金字塔（也就是我們常說的「大金字塔」）尺寸計算出的3.15要更準確些。

圖2.9　收藏於大英博物館的《萊茵德紙草書》

　　和古埃及同期發展起幾何學的是古巴比倫王國。在他們留下
來的大約三百塊泥板上，記載著各種幾何圖形的計算方法。比如在
平面幾何方面，他們掌握了各種正多邊形邊長與面積的關係。他們
尤其對直角三角形和等腰三角形瞭解較多，並掌握了計算兩者面積
的方法。他們還知道相似直角三角形的對應邊是成比例的，等腰三
角形頂點垂線平分底邊。值得一提的是，他們還掌握了勾股定理。
1945年，考古學家破解了美索不達米亞第322號泥板（見圖2.10）。
[11] 在這塊四千多年前的泥板上，記錄著許多勾股數。古巴比倫人甚
至計算出了根號二的近似值，* 雖然他們不知道這是一個無理數。
另外，古巴比倫人已經瞭解了三角學知識，並且留下了三角函數表。
在立體幾何方面，他們已經知道各種柱體的體積等於底面積乘以高
度。

圖2.10　古巴比倫記錄勾股數的泥板

---

* 根據勾股定理，根號二等於直角邊為1的等腰直角三角形斜邊的長度。

　　人類在謀生技藝上的積累和進步，逐漸使得一部分人可以從事獲取食物之外的工作，並讓少數人從體力勞動中解放出來，專門從事藝術、科學和宗教活動。這部分人從短期來看是能量的消耗者，但是從長遠來講，他們在科學研究方面取得的成就，特別是在天文學和幾何學方面的成就，對農業生產以及後來的城市建設都有很大的幫助。

●　●　●

　　人類發展的第一次加速得益於上天的賜予。一方面，一個有利於個體之間通信交流的基因突變帶來的效益越來越大，讓人們能夠形成大規模的社會群體，從而與其他物種展開生存競爭；另一方面，地球吸收熱量的增加結束了冰期，使得人類迅速開始了農耕時代和定居生活。但是在這個過程中，人類自身的能動性也發揮了巨大的作用，這體現在對穀物的馴化和水利工程的建設等方面。

　　生活在不同地區的人類進入文明時代的時間很大程度上受到地理和氣候的影響。在人類進入西元前第五個千年紀的時候，在溫暖的美索不達米亞和尼羅河下游地區出現了文明的曙光，當時，那裡的人們人均創造的能量已經達到所消耗能量的四到五倍，這讓一部分人可以離開土地從事其他勞動。同時，人類也有了額外的能量製作手工業產品，比如燒製陶器。於是人類出現了社會分工，有了物品的交換和早期的商業。而運輸工具的改進使得從事商業所消耗的能量降低，商業開始發展。

　　文字和書寫系統的出現讓人類得以將知識、經驗普及和傳承，技術得到了疊加式進步。為了有效地進行農業生產，出現了早期的

科學萌芽，幾何學和天文學在古埃及和美索不達米亞誕生了。然而，早期的科學、巫術和迷信的邊界並不是很清晰。

再接下來，當聚居的人口不斷增加，就需要有管理社會的組織結構，城市乃至國家就此出現。在這個過程中，除了需要有糧食養活管理人員，還需要具有社會基礎，即分層的社會，以及掌握書寫能力的菁英。這些條件在文明的初期開始具備，接下來，人類便開始步入文明。

第二篇

古代科技

文明破繭而出

蓄足能量，文明一旦開啟，就會加速發展

大約一萬年前，人類進入農耕社會，從那時起又經歷了長達數千年的時間，文明才真正開始。數千年是個什麼樣的概念呢？如果我們回首先人在安陽附近刻寫甲骨文時的情景，會覺得那是非常遙遠的事情，那麼人類歷史上第一代君王回首最早定居在西亞的部落進行農耕的情景，則更覺得遙遠。

為什麼從農耕開始到早期文明的確立經歷了漫長的時間？答案其實很簡單——需要時間聚集能量，這就同在最後一個冰河期結束時地球暖化的過程一樣。雖然早在18000～17000年之前，地球吸收的太陽熱量已經在增加，但是多獲取的能量大部分都被用於融化冰川，因此溫度不會驟然上升。這個過程持續了五千年之久。直到一萬兩千年前，地球上該化的冰融化得差不多了，額外的熱量則使得海水溫度上升，全球的氣溫便驟然上升。人類的文明起步情況也類似。自農耕開始，人類要想獲得更多的農業收成，養活更多的人，就需要農業科技，也需要灌溉設施。而想做到這兩點，需要有足夠多的糧食養活那些並不從事農業生產，或者並不能全時務農的人。這樣一來，就變成了要想獲得更多的能量，就需要先積累足夠的能量，這顯然是一個先有雞還是先有蛋的問題。唯一的破局方法就是經歷一個較長的能量積累過程，然後開啟文明。

在積累能量、開啟文明的過程中，開始的幾千年人類的生活變化不是很顯著，但是文明一旦開啟，就會加速發展。如同冰一旦變成水之後，氣溫便會驟然上升一樣。開啟文明所需要的積累非常多，而下面四個基本條件是必須具備的：

- 足夠多的聚居人口。
- 有效管理大量人口的社會組織結構和管理方法（早期通常是宗教）。
- 大規模建設的技術和物力。
- 冶金技術和金屬生產能力。

其中第二個條件和信息有關，特別是需要有書寫系統，這樣上面的政令才能下達，下面的信息才能收集。其餘三個都和能量有關。當有足夠多的人口居住在一起，並且能夠進行有效的管理時，城市就開始出現了。在第三章，我們將看到農業文明時代賴以發展的核心技術——農業技術、畜力的使用、冶金術、工程建築、手工業，以及它們相互的關係，而連接它們的紐帶則是能量。在第四章，我們將看到農業文明時期與知識、信息相關的成就。我們把六千年前到工業革命之間幾千年的時間稱為文明，不僅是因為人類創造的能量越來越多，還因為知識和信息的產生與傳播。為什麼能量在前，信息在後呢？因為在農耕文明的初期，必須在滿足人們吃穿住行等基本生存條件後，才能騰出一部分勞動力去研究科學，從事文化和藝術創作。

第**3**章 │ 農耕文明

　　雖然農耕文明的廣大地區是農村，但是文明的中心卻是城市。城市不僅是權力和精神世界的中心，也是手工業、商業的聚集地。只有人口數量和密度達到一定規模，才能產生文明，才能有科技的進步。因此，城市是文明出現的特徵之一。這一章我們將從冶金講起，看看能量如何推動城市的出現。

青銅與鐵

　　除了文字（或者更準確地說是書寫系統）和城市化（以及有組織的社會），冶金技術也是文明開始的重要標誌，其既是衡量文明程度的標尺，也是文明發展的結果。冶金對早期文明的人類來說是系統工程。首先，它要求人類既要掌握足夠多的能量總量，還要有能力將爐溫提高到一定程度，才能開始冶煉。其次，冶金需要人類具有礦石的開採能力，還要具有一定的工程能力和運輸能力。此外，

冶金還需要掌握金屬還原的技藝，比如用木炭還原氧化鐵。當然，古代的人並不懂得這裡面的化學原理。

除了天然的黃金，早期的金屬器是銅製品，因為它的冶煉要求的爐溫相對比較低。銅器又分為黃銅器（銅加鋅）和青銅器（銅和錫比例為3:1的合金）兩種，青銅的熔點低（攝氏800多度即可，而黃銅要攝氏900多度，純的紅銅甚至要攝氏上千度），容易冶煉，強度卻比黃銅大，因此雖然黃銅的出現比青銅早（可能是鋅礦比錫礦更早被發現的原因），但是在人類進入文明後很長時間裡，青銅器卻是人們使用的主要金屬工具。當然，青銅在歷史上一直非常貴重，在早期只能做裝飾品、禮器和貴族使用的器皿，後來才用於打造兵器。

不考慮早期人類使用的天然銅，最早冶煉銅的地區，既不是美索不達米亞，也不是古埃及，而是東歐和小亞細亞地區的「溫查文化」（Vinca culture）。注意，這裡用的不是「文明」，因為那裡的文明並沒有真正開始。溫查文化冶煉青銅大約始於西元前4500年。不過，當時冶煉銅的技術並沒有大規模普及，煉出的不過是一些小飾品和小工具。也就是說溫查人有煉出銅的技術，但是因為整體文明的程度沒有達到足夠的高度，所以並沒有進入青銅器時代。

當人類進入西元前第四個千年紀之後，每天創造的能量已經超出冰期一倍多，才具備大規模冶煉青銅的能量條件。煉銅術並不存在從一個文明傳到另一個文明的情況，世界早期的很多文明，彼此獨立地發明了青銅的冶煉技術。一般認為，人類正式進入青銅器時代是在西元前3300年前後，與之相印證的是在世界很多早期文明地區，比如美索不達米亞和印度河谷，大量出土了那個時期的青銅器。古埃及在西元前3150年進入青銅器時代，屬於當地奈加代三期文化。[1] 當時除了出現青銅器，還出現了古埃及最早的象形文字和城

邦。此後古埃及建立了第一王朝（西元前3100年），正式進入文明時期。在古希臘，青銅器時代始於西元前3000年前後（另一種說法是西元前3200年左右），與米諾斯文明開始的時期相吻合。[2] 在全球範圍內，從青銅器和青銅工具出現的時間點來看，冶金業、文字和城市建設共同加速了文明的進程。表3.1是對青銅器時代不同階段的劃分。* 需要說明的是，雖然各早期文明中心出土了青銅器時代第一個階段（前3300—前3000）的不少青銅器，但是沒有發現使用青銅製作的大型工具，因此那時還只是處於青銅器時代的萌芽期。**

表3.1 青銅器時代的不同階段

時代	階段	
青銅器時代早期（EBA） 前3300—前2100	EBA I EBA II EBA III EBA IV	前3300—前3000 前3000—前2700 前2700—前2200 前2200—前2100
青銅器時代中期（MBA） 前2100—前1550	MBA I MBA II A MBA II B MBA II C	前2100—前2000 前2000—前1750 前1750—前1650 前1650—前1550
青銅器時代晚期（LBA） 前1550—前1200	LBA I LBA II A LBA II B	前1550—前1400 前1400—前1300 前1300—前1200

---

* 這是根據美索不達米亞、古埃及、古印度、愛琴海和安納托利亞進入青銅器時代的時間劃分的，東亞的時間有所不同。

** 《不列顛百科全書》乾脆籠統地把青銅器時代開始的時間算成西元前3000年之前，見 https://www.britannica.com/event/Bronze-Age。

中國步入青銅器時代比較晚。雖然在馬家窯文化遺址發現了西元前2900年～前2700年左右的銅刀，但是學者們認為那是由天然銅製作，而非冶煉銅。在中國發現的大量殷商中期的早期青銅器，距今也就三千多年，但是當時中國冶煉和製作青銅器（包括武器）的水準在世界上卻是最高的。很多時候，文明水準不能只看開始時間的早晚，而要看鼎盛時期的水準。中國青銅器製作的第一個高峰期是商朝，從商朝流傳下來的後母戊鼎（原先稱為司母戊鼎，見圖3.1），製作水準不遜於後來的周朝。同時期（稍早）古埃及法老圖坦卡門*墓出土的各種青銅器（水準最高的是一批銅製樂器，類似於長號），從規模到水準，都難以和後母戊鼎相媲美。不過在商朝，青銅非常珍貴，因此不能普遍地用於武器製作，更不要說製作農具了。中國能夠大量生產青銅，是在周朝之後，那時青銅兵器已經開始普及了。而青銅器製作的頂峰是春秋戰國時期（越王劍之類的兵器代表了當時的水準）。在中國，青銅在出現早期還扮演了另一種角色，就是作為天子給諸侯發放的俸祿和獎勵。在西周早期的鐘鼎文上，有用青銅交換奴隸的記載。因此，一些經濟學家認為，中國是最早採用金屬貨幣的國家。

大量冶煉青銅的難點在於，它在當時是一個非常複雜的系統工程。首先，要讓爐溫達到攝氏800度，這在幾千年前並不是一件容易的事情。除了爐溫外，還要找到並開採出足夠多的銅礦和錫礦（比銅礦更難找）。這兩種礦常常不會在一起（比如《史記》裡記載，春秋時期吳國有錫，越國有銅，但分屬兩地），因此，礦石的運輸就

---

* 圖坦卡門法老是生活在3300年前古埃及的少年法老。由於他的墓在20世紀考古發現之前沒有被破壞過，因此被發掘後，考古學家從中獲得了大量文物，從而幫助我們非常完整地瞭解了古埃及的文明。

成了一個問題。交通運輸工具的進步對大規模冶煉青銅至關重要。對當時的人來說，能否製造大量的青銅器，體現了一個地區整體的發達程度。

圖3.1　青銅器

青銅器雖然好，但強度不如後來的鐵器。冶鐵比冶煉青銅難得多，不僅因為冶煉鐵的爐溫需要提高到攝氏1300度以上，遠高於冶煉青銅，而且鐵比較容易氧化，因此，需要用木炭將鐵從鐵的氧化物中還原出來。還原技術並不容易掌握，鐵中的炭渣太多或者還原不夠，煉出來的就是鐵渣，而不是有用的生鐵。最早從礦石中煉出鐵的地區是今天小亞細亞安納托利亞地區（土耳其境內）的高加索人部落。根據1994年從那裡出土的鐵器判斷，大約在西元前1800年，當地人就已經能夠製造出類似於今天高碳鋼的鐵器了，但是數量非常少，因此，對於文明的作用微不足道。

人類第二個掌握冶鐵技術的地區是美索不達米亞，時間大約是西元前1300年。由於當地整體的文明水準很高，出現了大量的鐵器，因此，一般將鐵器時代的起始日期定為西元前1300年左右。中國掌握煉鐵技術是在西元前600年左右，即春秋時期，而煉鐵技術的普及是在秦漢之後。

鐵器的出現不僅使得生產力極大地提高，而且被迅速用在了戰爭中。西元前1274年爆發了古埃及和美索不達米亞兩大早期文明之間最大規模的戰爭——卡迭石戰役（Battle of Kadesh）。古埃及一代英主拉美西斯二世（Ramesses II）親自率領大軍越過西奈半島北上，在卡迭石與當時統治美索不達米亞的西台人（Hittite）的大軍相遇。雙方出動了幾千輛戰車，當時的戰車並不能像現在的坦克那樣輾軋對方，但是高度的機動性讓戰車上的射手可以快速進入敵陣射殺對方。剛開始，古埃及軍隊打了對方一個措手不及，獲得勝利；但是緊接著，西台軍隊利用鐵兵器和裝有鐵車軸的戰車，擊退了古埃及大軍的進攻。西元前1258年，雙方最終簽訂了人類歷史上第一個條約——《埃及西台和約》。西台人獲勝的原因是他們的戰車使用了鐵軸，上面可以承載三個人，而古埃及的銅軸戰車上只能載兩個人，在各自扣除一個駕車的戰士後，西台人每輛戰車戰鬥力是古埃及人的兩倍。此後，古埃及奮起直追，學習美索不達米亞的技術，開始製造和普及鐵器。

一旦一種文明能夠冶煉出青銅甚至生鐵，它的技術水準就能讓該文明做到很多其他的事情，比如燒製高質量的陶器和磚瓦。西台是最早使用鐵器，同時也是最早燒製出輕巧而結實耐用的高溫陶器的國家。事實上，世界各個早期文明大規模的城市建設都是在青銅器時代之後才開始的。在古埃及、美索不達米亞和希臘的島嶼上發

現的大量古代城市遺蹟中，那些用磚石建造的城市都始於青銅器時
代。這並非巧合，而是科技發展應有的次序。在中國，我們經常講
秦磚漢瓦，它們其實是泛指戰國時期出現的質量非常高的陶製建築
材料。那些磚瓦可以在幾千年後依然完好無損，原因就是當時的中
國人掌握了高溫燒製陶器的技術。

金屬工具的使用使得生產力極大地提升，人均產生能量從每天
7000～11000千卡上升到11000～17000千卡，增加了50%以上。[3]
換句話說，如果青銅時代的人們維持新石器時代人的生活水準，可
以騰出三分之一的勞動力去做其他事情，隨之而來的是生產關係的
變革。中國到了戰國初期能夠開阡陌、廢井田，與金屬工具的使用
密切相關。大規模墾荒種植糧食，讓戰國時期的各國有條件長期大
規模征戰，最後得以統一。類似地，在歐洲，幾乎同時期的古羅馬
也透過戰爭基本統一了地中海沿岸。

冶金水準是早期文明程度的標尺，各個文明金屬時代開始的時
間，以及金屬工具的普及程度，可以反映出各自進入文明的時間早
晚和文明的發展水準。印第安部落直到最後被西班牙人征服，也沒
有進入青銅時代，因此，它在全世界各個文明中的水準是最低的。

在農業文明的初期，要獲得足夠多的能量，就需要高產，而這不僅
需要穀物的良種和鋒利耐用的工具，還需要很多與農業相關的技術。

解決糧食問題

人類在進入工業革命之前，人口的基數是保證文明發展的最重
要因素。在農業時代，如果一種文明不到一百萬人口，那麼，它不
僅修不了萬里長城或者金字塔，還可能發明不出冶金技術和瓷器製

造技術。因為大部分人都被束縛在土地上，只有很少比例的人在從事農業以外的工作，包括手工業和建築業，而從事所謂科學和技術發明創造的人就更少了。

要維持較大基數的人口，生育從來不是問題，糧食卻是大問題。要想多收穫糧食就需要更多的人，而更多的人就又需要更多的糧食，唯一能夠解決這個困局的辦法是提高農業耕作的技術水準和與之相關的技術（比如水利技術和冶金技術）。當與農業相關的技術大量出現並促使農業生產迅速發展時，我們常常稱之為「農業革命」。嚴格來講，人類從史前至今發生了四次與農業相關的革命，即史前從採集到耕種的第一次農業革命，人類定居之後開創的第二次農業革命，17～19世紀始於英國、以使用機械農具為代表的歐美農業革命，以及從19世紀末到20世紀60年代，以大機械化、電氣化和化肥化為代表的現代農業革命。我們這裡要講的是第二次農業革命。

農業豐收離不開灌溉。早期的文明都靠近大河，有比較充足的水源，但是水利工程和灌溉對於農業豐收依然必不可少。雖然世界上最早的水利工程出現在古埃及和美索不達米亞，但是對文明影響時間更長的可能要數中國戰國時期修建的鄭國渠和都江堰。

鄭國渠的修建過程充滿戲劇性。根據《史記·河渠書》的記載，戰國末期，弱小的韓國聽說強大的鄰國秦國要來攻打自己，就設法破壞秦國的計畫，使其無力東進。於是韓國就派了一個名叫鄭國的水利專家到秦國去遊說，讓秦國開鑿一條從涇水到洛水長達三百多里的引渠，將涇河水向東引到洛河，以灌溉田地。韓國的算盤是，以秦國一國之力難以完成這一浩大的水利工程，秦國開始這個大工程後，就無力征戰了。然而，工程進行到一半，秦王就識破了鄭國的陰謀，並想殺掉他。鄭國似乎早就準備好了應答之詞，說：「我

當初確實是奸細，但是渠修成了對秦國也有好處啊。」秦王覺得鄭國說得有道理，於是就讓他把渠修完。工程完成之後，灌溉了四萬多頃田地，*關中成為沃野，秦國也因此富強，最終吞併了六國。因此，秦國人將這條渠命名為鄭國渠。

中國歷史上最著名的水利工程，當屬戰國時期李冰父子修建的都江堰。西元前316年，秦國大將司馬錯滅了古蜀國（今四川），並且將那裡設置為秦國的一個郡。不過，那時的四川可不是後來的天府之國，不僅經濟文化落後，而且自然條件差，岷江還經常氾濫。秦昭王五十一年（西元前256年），也就是蜀國納入秦國版圖的六十年後，李冰任蜀郡太守。他和兒子設計並主持建造了成都北部的都江堰，將岷江從中間一分為二（內江和外江），這樣就實現了通航、防洪和灌溉，一舉三得。都江堰的工程技術水準當時在世界上首屈一指，不僅讓秦國有了足夠的糧食征戰四方，也成為中國歷史上澤被千秋的民生工程，使用至今。

圖3.2 都江堰的「魚嘴」分水堤壩

---

* 《河渠書》給出的數據是每畝「溉澤鹵之地四萬餘頃，收皆畝一鍾」。

鄭國渠和都江堰的修建說明了兩點。第一，當時世界上只有秦國做得到這件事。在商鞅變法之後，秦國人除了打仗，還做了一件非常重要的事情——種糧食，這讓它有足夠的能量積蓄完成這兩大工程。在秦國人修建鄭國渠將近三百年後，古羅馬人在高盧地區修建了著名的嘉德水道，將山泉水引到城市裡使用，不過該水道長度只有鄭國渠的三分之一。第二，建設鄭國渠和都江堰的收益相比投入是非常划算的，因為只需一次性（巨大的）投入，就可以獲得長時間的收益。秦國在統一中國之前的很多工程都有這個特點，這讓它可以調動比其他諸侯國更多的能量。世界上成功的工程和技術也都如此，它們創造的能量遠大於投入的能量。

有了水利工程，糧食豐收還需要革新農具和使用畜力。人類最早使用的農具是挖掘棒，其實就是一根削尖了頭的棍子。在歐洲人進入美洲之前，在墨西哥建造了日月大金字塔的阿茲特克人（Aztecs）依然在使用這種比較落後的農具（見圖3.3）。*

在挖掘棒的基礎上發展起來的真正有效的農具是木犁，人類最早使用犁的證據來自美索不達米亞，考古學家從那裡發現的六千年前（西元前4000年）的泥板上找到了犁的圖畫。在遠離古代文明中心的英國，考古學家發現了五千五百年前用犁犁過土地的痕跡，這說明犁是不同文明先後獨立發明的。而最早的犁的實物，距今已有四千年了。

犁的出現使得人類使用能量的效率大大提升，農民可以種植更多的作物，然後養活更多的人，這對文明的發展產生了正循環的作

---

* 美洲的原住民在歐洲人到來之前，一直沒有進入青銅器時代。歐洲早期殖民者記錄下了當地居民的生活情景。在義大利勞倫森圖書館保存的西班牙人所著的《佛羅倫薩手卷》（*Florentine Codex*）中，對美洲原住民的生活有詳細的描述。

用。雖然我們看到的古代耕田圖都是用牛或者馬牽引犁耕地，但是最早拉犁的應該是人。當然，人力所能提供的動力非常有限。一個成年男子勞動一天，平均只能提供不到 0.1 馬力的動力，而牛則可以長時間提供高達 0.5～0.6 馬力的動力，於是，使用畜力耕田成了豐收的保障。

圖3.3　《佛羅倫薩手卷》記載的美洲原住民用削尖的棍子耕種的情景。

　　人類使用畜力耕作的歷史很長。早在一萬零五百年前甚至更早，生活在小亞細亞的人類就馴化了牛。雖然人類馴化牛最初的目的是

為了獲得牛肉、牛奶和牛皮等生活用品，但是後來也將牛作為畜力的來源。從古埃及留下的耕田圖來看，當時古埃及人都是使用牛作為動力的（見圖3.4）。在使用人力拉犁耕田時，需要一個人在前面拉犁，一個人在後面扶著，以掌握方向和深度，兩個人產生的有效功率只有0.1馬力。在使用畜力耕作之後，兩個人可以控制兩個犁、兩頭牛，這樣有效的動力就變成了1～1.2馬力，使得農業生產效率提升了十倍左右。在長達近五千年的歷史中，牛一直是全世界農業生產主要的動力來源，這個時間比蒸汽機作為人類動力來源的歷史要長二十五倍。

圖3.4 古埃及耕田圖

　　當然，人類的文明不僅需要動力，還需要速度，在將近六千年的時間裡，馬滿足了人類在交通運輸和戰爭中對速度的需求。

　　根據對馬演化的粒線體 DNA 的研究證實，人類對馬的馴化比

牛要晚得多，[4] 即西元前 4000 年左右，發生在中亞大草原上（今哈薩克斯坦）。[5] 不過遺憾的是，那一帶的文明並不是很發達，以致沒有留下任何文字或者圖形的記錄。關於最早飼養馬的記錄，則是在西元前 2300 年的美索不達米亞。實際上，早在西元前 3000 年，蘇美人就開始使用馬的近親野驢拉車了。

在中東、伊朗高原和古埃及地區，馬車最早是被用在軍事上，而不是被用來幹體力活，因為當時被馴化的馬數量有限，非常珍貴。馬的使用讓軍隊可以遠途作戰。西元前 1458 年，古埃及在對敘利亞和迦南作戰時獲勝，並帶回了兩千多匹馬（主要是母馬）進行繁殖。兩百年後，靠著馬匹的幫助，拉美西斯二世率大軍長驅北上一千多公里進攻西台，並且打響了著名的卡迭石戰役，這說明畜力的使用對戰爭極為重要。

在人類文明的早期，美索不達米亞一直走在歷史的前端。這一方面可以歸結為當地人產生和使用能量的效率較高，另一方面是因為他們在創造信息和交流信息的效率上也領先世界，不僅發明了人類最早的書寫系統，還發明了非常廉價且易普及的書寫載體——膠泥板。

中國作為世界最東方的早期文明中心，在農業生產上也長期領先世界，其根本原因可以歸結為在能量的獲取和使用效率上處於領先地位。在農耕文明時代早期，國力最終由糧食的產量決定，也就是每一個人能夠種植的土地面積乘以單位土地面積的產量。前一個因子的大小取決於使用畜力的效率，而後一個因子的大小取決於種植技術。

在種植技術方面，中國人對世界農業最大的貢獻可能是發明了壟耕種植法。顧名思義，壟耕種植就是將莊稼成排種植在壟上，壟

與壟之間要保持一定的間距，壟要比壟之間的溝略高（高度差根據作物的不同而不同）。為什麼莊稼必須這樣種？首先，這樣能提高太陽能到生物能的轉換效率。壟耕種植保證了每株莊稼獨立成長，互不干擾，便於吸收太陽光。此外，莊稼成排種植便於通風，在成熟的時候不易腐爛。其次，壟耕種植法不僅省人力，也便於牛馬耕田，因為牛馬耕田只有走直線效率才最高。最後，由於採用壟耕種植法，壟和溝在兩季種植之間是互換的，每季莊稼收穫完畢，將田地重新耕一遍，這時壟就變成了溝，溝就變成了壟。這樣，田地雖然每季都在種莊稼，但具體到每一壟，實際上是輪流休耕，可以保證地力。

根據李約瑟在《中國科學技術史》中的描述，中國的農民在西元前6世紀甚至更早就採用了壟耕種植這種先進的技術，而歐洲農民要到17世紀才明白這個道理。也就是說，在這項最重要的農耕技術上，中國曾經領先歐洲兩千多年。

不僅在種植技術上，中國人還在工具的製造和牲畜的使用上，長期明顯領先於歐洲人。比如，中國人使用的犁可以深翻土地，而歐洲人在17世紀前後才開始使用這種犁。中國人套牛馬所用的牛具和馬具也比歐洲人先進得多。根據劍橋大學李約瑟研究所的研究，在古代中國，一匹馬拉的重量是歐洲同期馬拉的重量的三倍，這不是因為中國的馬有力氣，而是因為馬具好。中國的馬具是套在馬肩上，而歐洲人是固定在馬的脖子上，這個細小的差別導致了牲口使用效率的巨大差別。

在中國古代，幾乎歷代統治者都重農抑商。在文明的早期，這種做法有其合理性，因為農業生產可以產出能量，進而養活更多的人口，而人口的基數是創造文明的條件。

紡織、瓷器與玻璃

在進入農耕文明之後，穀物種類的改進、新工具的使用以及水利設施的建設，使得農民創造的能量達到了自己消耗量的幾倍到十幾倍，但是人們既不會生產出過多的糧食擺放著，也不會簡單地把工作時間縮減一半，而是讓一部分人脫離糧食生產，從事其他產業。這樣，人們在填飽肚子的同時，就能享受其他物質——從保暖舒適的衣服到酒水茶飲，從越來越全的傢什用品到精緻加工食物，從精美的飾物到寬敞的住所。於是作為農業革命的副產品，手工業就發展起來。早期最重要的手工業品是服裝、編織物和盛器，其次是家具和文化用品。

自從人類穿上衣服、褪去體毛之後，服裝就成為人類生活的必需品，而後來的工業革命也是從紡織業開始的，可見需求之大。2016年，全世界服裝市場的規模是一年3萬億美元，[6] 占全球 GDP 的 2%以上，這還不算在商品經濟落後地區自己縫補衣物所創造的價值。更重要的是，其中1.3萬億美元參與了全球進出口貿易。為了便於大家理解3萬億美元是什麼概念，我們可以用它來對比今天的高科技產業。2016年，全球網際網路的產值是3800億美元，電信業是3.5萬億美元。* 在沒有高科技產業的農耕時代，紡織業較今天更為重要。

雖然人類很早就穿上了衣服（見第一章），但是一年四季總穿用獸皮縫製的衣服並不舒服。人類需要享受用棉花、亞麻、羊毛甚至絲綢加工成的衣物。關於人類最早編織布料的歷史很難考證，因為它的時間點在新的考古發現後不斷被往前推移，最近已經推到了三

---

* 數據來源：statista.com，思科公司。

萬多年前,但是我看了那些印在泥巴裡的細繩照片(見圖3.5),真不覺得那能算是人類掌握紡織術的證據。

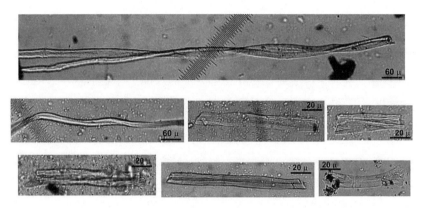

圖3.5 人類最早編織物的證據(圖片來源:《哈佛商業評論》,2009年9月10日)

　　類似地,在捷克還發現了2.7萬～2.2萬年前布料在泥巴裡印出的痕跡,其是否應該算織物,也頗有爭議。而真正保存下來的最早的織物則是在土耳其發現的,距今有一萬兩千年,當然它可能不是紡織機織出來的,而是像編竹筐和涼蓆那樣編出來的。

　　編出來的衣服和織出來的衣服有什麼區別呢?簡單地說就是織毛衣和織布之間的差別。按照今天紡織品嚴格的定義,織物是透過紡織機製作出來的縱橫交織的布料。只有出現了紡織機,才能大規模地生產布料。在西元前5000年古埃及前王朝巴達里文化(Badarian culture)所在地發現的陶器和工藝品上,有了紡織機的圖示。因此,可以斷定人類掌握織布技術的歷史不晚於那個時期。* 今天發現的最

---

* 雖然一些捷克的學者發表過論文證明更早的紡織機出現在東歐,但是讀完那篇論文,我不覺得那些作者提供的證據能證明紡織機的出現。

早的紡織機是用很多重錘（石頭或者金屬）將經線垂直掛著，然後手工將水平的緯線橫穿經線完成紡織。

紡織需要大量可以紡線的纖維。大約在西元前3500年，美索不達米亞人開始用羊毛紡線織衣裳。在大約西元前2700年，中國人開始用蠶絲織絲綢製品。* 到了西元前2500年，印度人和祕魯的印第安人開始織棉布。也就是說，在大約四千五百年前，發展比較先進的地區的人已經穿上各種紡織衣物了。無論紡織用的是羊毛、蠶絲還是棉麻，從本質上講，就是完成了一次從能量到紡織品的轉換。羊和蠶把所吃的能量變成了纖維，棉農透過耕種得到纖維，都要付出能量，而且轉換的效率極低。因此，能製造多少紡織品，也體現了一個文明的整體水準。

在工業革命以前，中國紡織業一直在世界上遙遙領先，紡織品一直是中國的外貿出口產品。從技術上講，中國人不僅發明了養蠶和絲綢紡織技術，而且是最早發明使用腳踏紡織機的國家。從能量上來講，中國因為農業比較發達，婦女一部分時間可以專門用來紡織，這使得中國的紡織產業規模很大。相比之下，歐洲中世紀的婦女要從事很多的農牧業勞動，以及製作麵包和釀酒等很多雜活，直到十字軍東征之前，都沒有規模太大的紡織業。

說到中國的紡織業，就必須提到對紡織做出巨大貢獻的發明家黃道婆（約1245-？）。她生活在南宋末年到元朝初年的松江縣（今上海市）。小時候由於家庭貧苦，她十多歲時被賣為童養媳，後不

---

* 1958年在浙江吳興錢山漾遺址，發現了西元前2700多年的蠶絲編織品。
中國人使用蠶絲的歷史更早，可以上溯到西元前3000多年仰韶文化的後期，在那裡發現了西元前3630年用來包裹幼兒遺骸的蠶絲。但是用蠶絲織成絲綢的歷史則要短得多。參見：Vainker, Shelagh（2004）.Chinese Silk:A Cultural History.Rutgers University Press。

堪夫家虐待，隨黃浦江海船逃到了崖州（今天的海南島），並且在當地從黎族人那裡學到了新的紡織技術。幾年後，她回到故鄉松江烏泥涇，製成一套扦、彈、紡、織的工具，提高了紡織效率，並且將技術教給當地婦女。從此，松江的紡織業發展起來，直到晚清那裡都是中國紡織業的中心。和中國大部分土地都用來種糧不同，松江府一些地區在明清形成了「大半植棉」「棉七稻三」的種植格局，「家家紡織，賴此營生，上完國課，下養老幼」。[7] 當地紡織業的發展，也使婦女成了支撐家庭經濟的主要力量，她們在家庭中的地位明顯提高。

直到今天，中國的製衣行業在全球依然有很強的競爭力，不僅對於高工資的歐美國家有競爭力，對於巴基斯坦和墨西哥這樣的發展中國家優勢也很明顯。相比後者，中國製衣商能做到同樣數量的布料，多做出 10% 的衣服，這其實就是將紡織業的能量轉換效率提升了 10%。

人除了穿衣服，還要吃飯。容器在人類早期的生活中扮演著重要的角色。我們在前面講過，雖然陶器在很大程度上解決了缺乏容器的問題，但是它的缺點非常多，比如不密水、容易破碎、不耐火、笨重等。而使用金屬器，比如銀器和銅器又太昂貴。人類需要廉價且方便的容器，最終，中國發明了瓷器，而中東和歐洲發明了玻璃器皿。

瓷器發明在中國有很多偶然因素，但又是必然的結果，因為燒製瓷器的三個必要因素——高嶺土、爐溫和上釉技術，在古代只有中國具備。

雖然全世界幾乎所有的文明都先後發明了陶器，但是一般燒陶的黏土是燒不出瓷器的，燒製瓷器需要特殊的黏土——高嶺土，也

被稱為瓷土。中國早在商代就開始使用高嶺土燒製白陶，但是由於爐窯的溫度不夠高，只能燒製出陶器而不是瓷器。燒製瓷器的另一個關鍵技術是上釉，這項技術其實最早也是美索不達米亞的古巴比倫人發明的，但是由於上釉不均勻，不能保證容器的密水性，因此，當地人用它來生產漂亮的建築材料——釉面磚，而不是盛器。上釉的技術後來傳到了古埃及，但是也是做裝飾使用的，著名的圖坦卡門法老面具就是用釉面裝飾在黃金上（見圖3.6）。

圖3.6　圖坦卡門法老面具

當然，燒製瓷器還需要一個條件，就是能夠將爐溫提高到攝氏1300度左右，即冶鐵的溫度，因此，瓷器是鐵器時代的產物。此外，燒製瓷器還需要大量的燃料，因為燒製瓷器的時間較長，瓷窯規模都較大，沒有充足的燃料是無法支撐這個產業的。世界上瓷土分布最多的地區是美洲，但是那裡直到哥倫布發現新大陸時，還沒

有進入青銅器時代，就更不用說生產鐵器了。最早把爐溫提高到攝氏1100～1300度的地區是美索不達米亞，但是那裡既缺乏燃料（當時沒有發現和使用石油），也不出產高嶺土，因此，雖然他們在燒陶的技術上曾經領先於世界，但是始終沒有發明出瓷器，在古希臘地區也是如此。

中國的上釉技術並不是從西方傳來的，而是自己獨立發明的。發明的過程源於一些意外的發現。西漢時期，鐵器已經在中國廣泛使用，說明那時火爐的溫度可以提升到攝氏1100度以上了。到了東漢末年，中國陶器的燒製溫度普遍達到了這個水準。在這個溫度下，奇蹟終於發生了。

在某一次燒窯過程中，熊熊的火焰將窯溫提高到攝氏1100度以上，這時，意外發生了。燒窯的柴火灰落到陶坯的表面，與炙熱的高嶺土發生化學反應，在高嶺土陶坯的表面形成了一種釉面。這種上釉方法後來被稱為自然上釉法。

自然上釉法得到的瓷器並不美觀，但是窯主和陶工們很快就發現，這種釉可以防止陶器滲水。然而，這種靠自然上釉得到彩陶的成品率實在太低。中國工匠的過人之處在於，他們很快找到了產生這種意外的原因——柴火灰濺到了高嶺土的陶坯表面。既然柴火灰可以讓陶坯包上一層釉，何不在燒製前主動將陶器浸泡在混有草木灰的石灰漿中呢？歷史上雖沒有記載哪一位陶工或者什麼地區的人最先想到這個好辦法，但是最終結果是，中國人發明了一種可控的上釉技術——草木灰上釉法。

很多人問發現和發明有什麼區別？偶然發現柴火灰能夠上釉是發現，而找到一種工藝（草木灰上釉法）保證燒出來的器皿都有一層釉面，則是發明。發明的本質不在於是否第一個發現了現象，而

是找到一套行之有效的、確定的方法，保證成功率。最初觀察到柴火灰上釉的現象固然重要，但只有創造出一種工藝流程讓它從偶然變成必然，才能真正推動社會進步。

實際上，在攝氏1100度左右的溫度下燒製出來的仍然是陶器而不是瓷器。陶器和瓷器有本質的區別，只要將兩者打碎，比較斷面就能看出：陶器的斷面還呈顆粒狀，用一個鐵釘子刮一刮會掉渣；但是瓷器就不同了，它的斷面是整齊的，而且用鐵釘根本劃不動。因此，要燒製出瓷器，爐窯的溫度還得升高。

從東漢末年到隋唐，中國人的陶器燒製技術不斷提高。當窯內的溫度達到攝氏1250～1300度時，奇蹟再次出現：高嶺土坯呈現出半固態、半液態的質態。高嶺土內部的分子結構發生了根本變化，原本的黏土顆粒完全融在了一起，形成了一種晶體式的結構，待冷卻下來後，就形成了瓷器。

燒製瓷器的幾個關鍵要素，中國都已具備了。上天不僅賜給了中國豐富的高嶺土儲備，還給了中國廣袤的森林（至少在五百年前依然如此）。因此，瓷器由中國人發明，並且壟斷近千年，似乎是老天對中國特殊的眷顧。

西方直到18世紀初都沒有能夠燒製出瓷器，不過他們因此能夠把心思集中在製作精美的玻璃器皿上。

玻璃的發明和上釉技術一樣，最初是由古巴比倫的工匠發明的，不過最初的技術可能來自往返於沙漠的商人。他們發現，將沙子和蘇打一起加熱到攝氏1000度時，就會變成半透明的糊狀物，當它冷卻下來，就可以在物體表面形成一層光滑的釉狀物，這就是玻璃。幾乎同時，古埃及的工匠也發明了類似的物質，不過發明作為材料的玻璃和發明玻璃器皿還是兩回事。在玻璃作為材料被發明之後，

工匠們並沒有掌握用玻璃製作器皿的技巧，而是將這種晶瑩剔透的物質做成了小珠子，婦女們用其做飾物。西元前1500年，古巴比倫的工匠們做出了第一個玻璃器皿。具體的做法是用沙子做成內模，將黏稠的玻璃塗在上面，放到火中燒成整體，拿出來等到玻璃冷卻後，掏出沙子，就得到了中空的容器。製作玻璃器皿的工藝被發明之後，很快傳到了古埃及和古希臘地區。中國在西周時已經出現玻璃器皿，但是後來因為有了瓷器，玻璃器皿就退出了中國的歷史舞台。

到了西元前一世紀，敘利亞人發明了吹製玻璃的技術，並且在羅馬迅速普及。很快，羅馬人發明了用模具吹製玻璃的技術，使得玻璃器皿能夠快速成批生產。這對玻璃產業形成的重要性不亞於發明玻璃本身，因為沒有吹製的工藝，玻璃就難以被製成各種形狀的產品。西元一世紀，羅馬人又發明了玻璃窗，此後，玻璃和玻璃製品成了歐洲人必不可少的生活用具。文藝復興時期，威尼斯的穆拉諾島（Murano）上遍布著玻璃廠，成了全世界玻璃工業的中心，直到今天，那裡出產的工藝玻璃製品依然聞名於世。

如果一定要將玻璃和瓷器製作的難度做一個對比，瓷器的難度較高。玻璃屬於青銅器時代文明的產物，無論是對爐溫的要求，還是對能量總量的要求都比瓷器低很多。在古代，只有在中國這樣一個整體文明程度很高、植被覆蓋豐富的地方，才有可能大量生產瓷器，玻璃則出現在幾乎每一個早期文明中心。

無論是玻璃還是陶瓷，後來的用途都已不僅僅是作為容器。陶瓷到後來成了被廣泛應用的材料，而玻璃製品在中世紀之後成了科學實驗必不可少的工具，從燒瓶、試管到光學儀器都離不開它。因此，玻璃對近代科學的發展貢獻很大。

在農耕文明早期，即從文明開始到中國秦漢時期或者歐洲古羅馬帝國時期，雖然大部分勞動力被鎖定在土地上，但是依然不斷有新的行業出現，特別是手工製造業。這主要是由於人口的繁衍、科技的應用，騰出了足夠多的勞動力從事農牧業生產之外的事情。紡織、製造器物只是手工業的一小部分。到了古羅馬時期、隨後的拜占庭時期，以及中國的隋唐時期，出現了所謂的三百六十行，而這些農牧之外的行業大部分集中在城市裡。

城市的勝利

人類從樹上走下來後，先是住在洞穴裡，這種行為並不是人類的祖先現代智人所特有的，我們的近親尼安德塔人、海德堡人都有。過去很多人認為，定居、蓋房子是在農業開始之後的事情，但是後來的考古證據顯示，房屋的建造遠遠早於農業。同樣，六十年前還過著原始生活的南美洲阿奇（Ache）人，雖然還沒有進入農耕文明，也不從事耕種，卻居住在自己搭建的簡陋茅屋裡。因此，今天的人類學家認為，早先人類搭建茅屋或者帳篷，或許只是因為他們定居的洞穴遠離狩獵採集的場所，需要在途中有擋風避雨或者臨時過夜躲避野獸的居所。無論如何，人類在開始農業文明之前先掌握了蓋房子或者窩棚的技術。而從能量的角度講，在農田附近的平原居住比每天在山洞和田地之間往返幾個小時更能節省體力，也可以有更多的時間耕種。

根據考古發現，最早期的人類居所是四萬四千年前用猛瑪象骨加獸皮搭起來的帳篷，當然也可能有更早的使用樹木搭建的窩棚，只是早已腐爛，找不到蹤跡了。不過，無論是使用象骨獸皮還是樹

木茅草，那些居所都只能暫時躲避風雨，而不能長久維持。為了讓房子堅固耐久，就需要用磚石搭建，但這並非易事。

目前發現的最早用土石搭建的牆體出現在小亞細亞地區（也稱為近東），距今大約一萬年。小亞細亞地區創造出了世界歷史上的很多第一，用土石搭建圍牆、農業、冶鐵技術、牛的馴化等，都是在那裡最先出現的，但是那裡卻沒有誕生一個像古埃及文明或者古中華文明那樣比較完整的、大型的文明。這主要是由於地理因素。那裡不是平原，無法聚集相對密集的人口，而且，史前人類並沒有動力建設一座山城。

當一個部族達不到上千人口，或者一平方公里的土地上不超過十個人時，就不要指望他們有力量改變周圍的環境。一次不大的自然災害，對這樣規模的群體都可能是滅頂之災。只有當一個地區聚居了足夠多的人，以某種社會組織形式組織起來，才能在短時間內創造出足夠多的餘糧（能量），然後利用這些餘糧調動大規模的人力和畜力，建造更大的聚居點和城市。於是，在靠近水源、適合農耕的平原地帶率先出現了大規模的村落。在那裡，能產生更細化的社會分工，出現手工業和商業，聚集財富。當然，同時也會出現劃分更細的社會階層，更大規模的管理社會的組織，一些大的村落和聚居點便發展成了城市。

在一萬年前，世界上大約有十萬個部族或者村落，六百萬人口。[8] 雖然人口的總數並不少，但是有條件發展成城市的村落並不多，它們大多集中在今天埃及的尼羅河三角洲北部和西亞的幼發拉底河沿岸。

美索不達米亞的烏魯克是迄今為止發現的最早的城市，位於幼發拉底河下游的東岸。在西元前4500年烏魯克就有人居住，並且有

了圍牆（見圖3.7）。但是烏魯克稱得上城市則是在一千年後，即便如此，距今也已經有五千五百年。*烏魯克城規模並不大，早期的面積只有一平方公里左右，人口數千人，這個人口密度比今天的北京還要高。烏魯克在它繁榮的頂峰（西元前2900年），城市面積已經擴大到6平方公里，人口多達5～8萬，[9] 可能是當時世界上最大的城市。

圖3.7　烏魯克城考古遺址

　　烏魯克的主人是發明了楔形文字的蘇美人。當時，蘇美人已經開始用黏土燒磚，並且用磚建造了大量的房屋、神廟，鋪設了街道。正是因為他們的城市是用磚建造的，而不是用土坯，所以才得以保

---

* 考古學家對城市開始的時間爭議非常大，範圍從西元前4000年到西元前2900年，前後相差一千多年。因此，通常取平均數，算作西元前3500年城市出現。

存下來。我們在前面講過，能夠燒磚，說明人類使用能量的水準達到了一定的高度。更重要的是，燒製少量生活使用的陶器並不需要太多的能量，而燒製大量的磚瓦建設一座城市，就要有能力掌控大量的能量，這足以說明當時蘇美人的文明水準領先於世界。

在烏魯克之後，沿著幼發拉底河和底格里斯河，蘇美人建立起很多獨立的城市。不過這些城市雖然相互之間有很多來往，但是並沒有形成一個統一的王國，因此，當時美索不達米亞文明不足以集中足夠的人力建造像金字塔或者新巴比倫伊什塔爾城這樣巨大的工程。

城市出現的意義很重大，因為伴隨城市出現的是社會等級的劃分，以及隨後出現的政府。烏魯克由職業官吏和神職人員組成上層社會，他們統治著整個城市。政府的雛形也已形成，它向平民徵稅，並徵用勞力修建公共工程。而在所有公共設施中，神廟是蘇美人社會活動的中心。幾乎在城市誕生的同時，最早的楔形文字也在烏魯克產生了。由此可見，技術和社會的發展是一致的。

和蘇美人同時期的古埃及人似乎並沒有掌握燒磚的技術，他們仍以石頭作為建築材料。但是石質的建築材料一來數量少，二來成本比磚高出很多，開採一塊適合建築的石料，所需要的能量比燒製同樣體積的磚多得多。因此，早期文明不可能用石頭建造完整的城市，至今我們只能找到早期文明留下的石質建築，因為平民只能住在簡陋的土木建築中。這種現象在很多文明中都可以看到，在印度和受到印度教文化影響的東南亞，流傳著這樣一句話：石頭（建築）是給神的，木頭（建築）是給人的。

沒有掌握燒磚技術的古埃及人，不可能留下完整的城市遺蹟，雖然他們留下了大量的建築傑作，比如金字塔、神廟和法老的冥宮。

由於當時生產力低下，人的壽命都不長，因此，古埃及人對死後的生活比對現世的生活更為看重。於是，古埃及人在神的居所和他們死後的居所（金字塔和冥宮）上投入的精力和錢財，遠遠超過生前居住的房屋甚至宮殿。

　　古埃及的金字塔代表了四千多年前文明的最高成就。古埃及留下了上百座大大小小的金字塔，最古老的金字塔位於今天埃及的孟菲斯附近，距今已有四千七百年的歷史，而最著名的則是吉薩地區的三座大型金字塔，其中尤以建於約四千六百年前的古夫金字塔成就最高，名氣最大（見圖3.8）。

圖3.8　古夫金字塔

　　今天，我們透過古夫金字塔，可以瞭解古埃及當時的綜合科技水準和文明程度。這座建築的工程難度之大、水準之高，不禁令人

讚歎，而且在很長時間內也讓其他文明無法企及，甚至直到今天還有人懷疑它們是外星人所建，這當然是無稽之談。概括來說，大金字塔從三個角度反映出人類當時所具有的科技水準和工程水準。[10]第一，大金字塔本身就是一本檔案，它用自己的尺寸數據記錄了當時已知的很多科學發現，比如勾股定理、圓周率、地球公轉週期等。

第二，大金字塔反映了當時古埃及的工程建設成就。建造它需要解決各種各樣的工程難題。當時沒有水泥，因此整座大金字塔是由大約230萬塊巨大的石灰岩「疊成」的。在吉薩附近並沒有採石場，這些巨石是從尼羅河對岸運來的。因此，開採、切割和運輸建造金字塔所需要的大量巨型石料，就是一個巨大的工程難題。當時並沒有鐵器，為了切割堅硬的石灰岩，古埃及人製作了青銅結合石英砂的鋸。此外，他們還知道在石頭縫裡打入木楔，然後灌上水，利用木頭的張力讓巨石裂開，這樣省時又省力。

大金字塔下大上小的結構使它非常穩固，但是這重達五百萬噸的建築怎麼做到不把開口的門壓塌，本身又是一個技術難題。古埃及人的建築結構設計得非常巧妙，他們把大門設計成由四塊巨石構成的三角形，這是唯一不可能被壓壞的大門，說明當時的人對結構力學已經有相當多的認識（見圖3.9）。

第三，強大的組織管理能力。古夫金字塔的建築規模「巨大」，在1311年高147公尺的英格蘭林肯大教堂建成之前，它一直是世界上最高的建築，這個記錄保持了3700多年。大金字塔底座呈正方形，邊長230公尺，面積相當於5～6個足球場，高146公尺（受雨水侵蝕目前只剩下139公尺），大約相當於40～50層樓高。組織和完成這樣大的工程本身需要有一個非常穩定的社會結構和極強的政府管理及工程管理能力。當然，建設大金字塔還需要非常多的專業人員、

能工巧匠以及超過十萬名農夫和奴隸。管理這麼多人，協調各個部門的工作，並且在長達十多年的建造時間裡保障後勤供應，都需要社會達到相當高的文明程度才能做到。

圖3.9 大金字塔三角形入口

　　從建造金字塔的結果來看，古埃及人大約比《萊茵德紙草書》問世早一千年就掌握了很多幾何學的知識。*大金字塔建成一千年之後，中國第一個有文字記載的朝代商朝才建立。

　　城市的建設導致新的建築材料的發明，古埃及人和克里特的希臘人發明了灰漿類的黏結劑，從而實現了從「堆房子」到「砌房子」的跨越。但是這種黏結劑的強度不夠大，不足以建造高大的宮殿房

＊　世界上現存的第一本幾何學文獻《萊茵德紙草書》成書於西元前1650年前後，比金字塔的建造時間晚了近千年。但是從金字塔的建造結果來看，在《萊茵德紙草書》出現之前，古埃及人已經具備了非常多的幾何學知識。

屋，因此，無論是大金字塔還是雅典的帕德嫩神廟，實際上都是「堆」成的或者「搭」成的，而非「砌」成的。在古希臘後期（也被稱為希臘化時期*）或者古羅馬時期，歐洲人發明了古代真正意義上的水泥，它是用石灰和火山灰混合製成的，其強度和密水性與今天的水泥相當。至於發明它的是古羅馬人，還是當時占領了古埃及地區的古希臘人，抑或是馬其頓人，今天仍存在爭議，但將水泥大規模使用在城市建設上的是古羅馬人，這一點已經是共識。水泥的發明和使用，讓大規模、相對低成本地建造城市成為可能，於是，不僅僅是「神」，人也可以享用高大的大理石建築了。今天，我們能夠看到古羅馬帝國的各個地區都保留下來大量西元前的建築遺蹟，從羅馬萬神殿和競技場，到法國的嘉德水道，再到小亞細亞的諸多圓形劇場，都要感謝水泥的發明和使用。

古羅馬人對建築的貢獻不僅僅在使用水泥上，他們還發明了很多新的建築技術，比如他們從新巴比倫的建築中學到了拱門技術，並由此進一步發明出圓頂技術，從而引發了一次建築革命。這些大理石建築，彰顯了古羅馬人所掌握的力學和幾何學知識。在歐洲，古羅馬的建築水準直到文藝復興中期才被超越，而全世界下一次建築革命則要等到第二次工業革命之後了，那一次是鋼鐵普遍用於建築行業。

城市化是文明的標誌，也是結果。只有當人類能夠獲取足夠多的能量，養活大量的非農業人口時，才能開始城市化。而當城市出現之後，科技的發展，特別是科學的發展得到加速，我們在後面會講到。

---

* 從亞歷山大去世的西元前323年到托勒密王朝被古羅馬滅亡的西元30年，古希臘文化傳播到地中海沿岸和小亞細亞地區，因此，那個時期被稱為希臘化時期。

● ● ●

　　人類在定居農耕之後，經歷了幾千年才發明了書寫系統，才有
能力冶煉金屬，建造城市，開始進入真正意義上以農業為核心的文
明社會。農業文明的絕對水準與人口的數量及密度密切相關。只有
一個國家有了足夠多的人口，才能供養得起一部分人從事非農業生
產，比如專門從事科學研究、發明創造。在農業時代，主要的科技
成就都是圍繞著提高農業生產的總量取得的，比如工具的使用、農
田設施（尤其是水利設施）的建設、農耕技術（包括畜力的使用）
等諸多方面。

　　農業文明的發展讓人類創造能量的能力從文明之初（西元前
4000年）的每人每天10000千卡達到了西元前200年（差不多是秦
始皇統一中國的時期）的27000千卡，這讓足夠多的人口能夠從事
工商業，甚至一些非生產性的、純腦力的工作。當然，如果僅僅有
一兩個知識分子分布在鄉村，科學也是無法發展起來的，因此城市
化本身對科學至關重要。農業文明的發展讓城市的規模從烏魯克建
城時的約五千人，發展到西元前200年的十萬人以上（據估計，迦
太基在西元前300年陷落時有三十萬人，西元前200年歐洲的科學
中心亞歷山大有三十萬人，而齊國的國都臨淄有十二萬人）。[11] 真
正意義上的科學就在這個環境下誕生了。

第 **4** 章 ｜ 文明復興

　　縱觀人類文明史，科學、文化的發展與信息源的豐富、傳播方式的進步息息相關。古希臘和古羅馬文明時期，以及18世紀後工業革命至今，是人類歷史上，特別是西方歷史上兩個科技蓬勃發展的時期，也是人類在利用能量和信息方面出現飛躍的時期。在這兩個高峰之間，歐洲有很長時間處於停滯甚至衰退狀態，但衰退主要集中在中世紀前期。然而，在世界的東方，同時期卻是阿拉伯世界與中華文明圈經濟、文化和科技全面繁榮的時期。可以說是從東方傳回到歐洲的科學以及生活方式幫助歐洲再次繁榮起來，才有了隨後的文藝復興，以及後來的科學大發展。在這個過程中，以造紙術和印刷術為核心的技術成就對知識的傳播以及文藝復興、宗教改革等社會變革起到了巨大的作用。這一章我們將從科學的誕生開始，講述農耕文明時期的科技成就，大家可以看到信息在科技發展中的主導作用。

古希臘人的貢獻

知識不僅要有傳播的載體，更需要創造。公平地說，在創造知識方面，古代早期的文明中，古希臘人的貢獻最為突出，因為它在科學上的成就最為體系化，而更早的文明雖然也有很多科學成就，但是都相對零散。

美索不達米亞人是希臘人的老師，在商業、書寫系統以及科學上都是如此。美索不達米亞文明相比世界其他早期文明中心，有一個顯著的不同，那就是很多民族在這塊土地上先後建立文明，而在其他地區則更多的是單一民族或少數幾個民族建立文明。按照時間的先後順序，這片土地的主人分別有蘇美人、阿卡德人、*阿摩利人（古巴比倫人）、亞述人、西台人、喀西特人和迦勒底人（新巴比倫人）。這些民族有的尚武，比如亞述人，有的則崇文，比如新巴比倫人，這造成了當地不同時期文明的差異比較大。在科學上，新巴比倫人最值得一提，他們統治美索不達米亞的時間雖然不到一百年，卻創造了高度的文明。

新巴比倫人非常重視教育和科學，並奠定了西方數學和天文學的基礎。在新巴比倫人統治美索不達米亞時期，希臘人已經登上歷史的舞台。他們同樣喜歡科學，並且從新巴比倫人那裡學到了很多東西，因此，希臘人稱（新）巴比倫人為「智慧之母」。

除了科學，在藝術和建築方面，新巴比倫人對西方世界的影響也很大。比如我們今天在西方經常看到的圓拱頂建築，就是由新巴比倫人傳給希臘人，又傳給羅馬人的。當然，在新巴比倫時期沒有水泥，因此，拱頂的規模不大。

---

* 阿卡德人活動的區域主要在美索不達米亞北部。

新巴比倫人和古希臘人相比，唯一的不足就是缺乏思辨能力和抽象的邏輯推理能力。因此，雖然他們總結出了很多知識點，卻沒有系統地發展出科學，也有人認為，他們距離建立各種科學體系僅一步之遙。作為「學生」的古希臘人則善於歸納和演繹，並把經驗提升為系統化的理論和科學。

為什麼古希臘人表現出更善於思辨的特點？人們對此眾說紛紜。有人認為與其海島文化和注重商業有關；也有人認為是優越的氣候條件，使得很多人有閒情思考大自然的道理，並且享受純粹思維的樂趣；還有人認為是因為古希臘人的物質欲望淡泊，而精神世界比較豐富，並且充滿理性的精神。他們將克制、知足、平靜視為美德（這在後來演化出斯多葛學派）。不論出於什麼原因，相比喜歡建造強大帝國以及宏偉建築的古羅馬人和中國人，古希臘人更喜歡建造精神上的大廈——完整的科學體系，因此，人類古代歷史上那些科學領域的集大成者，如泰勒斯（Thales，約前624～前547或546年）、畢達哥拉斯（Pythagoras，前570～前495年）、亞里斯多德（Aristotle，前384～前332年）、歐幾里得（Euclid，前330～前275年）、阿基米德（Archimedes，前287～前212年）和托勒密（Claudius Ptolemy，約90～168年）等，都出自古希臘。當然，這裡說的古希臘的範圍既包括希臘古典時期的各城邦，也包括後來希臘化時期受到希臘文化影響的地中海沿岸很多城市，比如北非的亞歷山大城。從某種意義上說，科學的誕生始於泰勒斯和畢達哥拉斯。

古代的各個文明，通常喜歡用玄異或者超自然因素（包括神話和英雄）來解釋自然現象。泰勒斯是第一個提出「什麼是萬物本原」這個哲學問題的人，他試圖藉助觀察和理性思維來解釋世界。泰勒斯了不起的地方在於他引入了科學命題的思想，並且提出在數學中透過邏輯

證明命題的正確性。透過各個命題之間的關係，古代數學才開始發展成嚴密的體系。正因為如此，泰勒斯被後人稱為科學哲學之父。

對科學的誕生貢獻更大的是畢達哥拉斯。他出身於古希臘一個富商家庭，從九歲開始就到處遊學，先是在腓尼基人的殖民地學習數學、音樂和文學，然後又到美索不達米亞跟隨泰勒斯等人學習各種知識。其間，畢達哥拉斯一度回到古希臘，但是很快又去古埃及的神廟（相當於中國的太學）繼續學習和做研究。中年之後，畢達哥拉斯到當時希臘文明所輻射到的各個城邦講學，廣收門徒，創立了畢達哥拉斯學派。

畢達哥拉斯在哲學、音樂和數學上都頗有建樹。在數學上，他最早將代數和幾何統一起來，並透過邏輯推演而非經驗和測量得到數學結論，這就完成了數學從具體到抽象的第一步。具體到幾何學上，畢達哥拉斯最大的貢獻在於證明了勾股定理，因此，這個定理在大多數國家被稱為畢達哥拉斯定理或畢氏定理。雖然古埃及、美索不達米亞、古代中國和印度很早就觀察到了直角三角形的三邊之間的關係，但是那裡的人們只能根據經驗總結出一個結論，並舉出一些具體的例子（如「勾三股四弦五」），而畢達哥拉斯則將它描述成「直角三角形直角邊的平方和等於斜邊的平方」這樣具有普遍意義的定理，並且根據邏輯而不是實驗證明了它。

勾股定理被證明後，卻帶來了一件畢達哥拉斯意想不到的麻煩事。只要從勾股定理出發，馬上就能得到等腰直角三角形的斜邊是直角邊的根號二倍的結論，並且很容易用純粹的邏輯推理證明根號二是一個無理數。*無理數的發現使畢達哥拉斯和整個數學界陷入一

---

* 無理數也被稱作無限不循環小數，不能寫作兩整數之比。

場危機，因為在此以前，畢達哥拉斯和所有的數學家都認為數字是完美的，不存在像無理數那樣沒完沒了又不循環的小數。於是，畢達哥拉斯只好假裝無理數不存在。據說，他的學生希帕索斯向外人透露了無理數的存在，被畢達哥拉斯下令淹死。不管這件事是真是假，畢達哥拉斯對科學的貢獻都是毋庸置疑的。

畢達哥拉斯把世界上的規律分為可感知的和可理喻的。所謂可感知的就是實驗科學得到的結果，而可理喻的則是數學中透過推理得到的結論。自然科學大多屬於前者的範疇，數學和一些物理學則屬於後者。畢達哥拉斯和以前東方學者的根本區別在於，他堅持數學論證必須從「假設」出發，然後透過演繹推導出結論，而不是透過度量和實驗得到結論，透過窮舉找到規律。畢達哥拉斯的思想不僅奠定了後世數學研究的方法論，還創造了一種為科學而科學的研究態度。也就是說，科學研究的目的是建造更大的科學大廈，而不一定要去解決實際問題。在這樣的思想指導下，古希臘科學的體系得以形成。

畢達哥拉斯的學術思想對西方的影響非常長久，畢達哥拉斯學派在他死後持續繁榮了兩個世紀之久，而且深深影響了後來古希臘的大學者柏拉圖（Plato，約前427～前347年），並透過柏拉圖又影響了亞里斯多德。再到後來，無論是主張地心說的托勒密，還是主張日心說的哥白尼（Nicolaus Copernicus, 1473-1543），都認定研究天體運動的先決「公理」是圓周的疊加，因為畢達哥拉斯認為圓是完美的。

在古希臘時期，將公理化體系發展到極致的則是歐幾里得，他最大的成就，是在總結東西方幾個世紀積累的幾何學成果的基礎上，創立了基於公理化體系的幾何學，並寫成了《幾何原本》一書。

歐幾里得對數學的發展影響深遠，以後數學的各個分支，都是建立在定義和公理基礎之上的自洽的體系。比如到了近代，法國數學家柯西（Augustin-Louis Cauchy, 1789-1857）、勒貝格（Henri Lebesgue, 1875-1941）和黎曼（Bernhard Riemann, 1826-1866）建立了公理化體系的微積分，俄羅斯數學家柯爾莫哥洛夫（Andrey Kolmogorov, 1903-1987）建立了公理化體系的概率論。

如果說畢達哥拉斯奠定了數學的基礎，亞里斯多德則奠定了基於觀察和實驗的自然科學的基礎。亞里斯多德可以說是物理學的開山鼻祖，提煉出了密度、溫度、速度等眾多概念。當然，亞里斯多德最大的貢獻還在於建立了科學乃至整個人類知識的分類體系。在亞里斯多德之前，自然科學（當時稱自然哲學）和哲學是混為一談的，而亞里斯多德超越了他的前輩，將過去廣義上的哲學分為三個大的領域：

- 理論的科學，即我們現在常說的理工科，比如數學、物理學等自然科學。
- 實用的科學，即我們現在常說的文科，比如經濟學、政治學、戰略學和修辭寫作。
- 創造的科學，即詩歌、藝術。

在古代的物理學家和數學家中，第一位集大成者應該是阿基米德，他將數學引入物理學，完成了物理學從定性研究到定量研究的飛躍。阿基米德於西元前287年出生在西西里島的敘拉古（Syracuse）。和很多古希臘學者一樣，阿基米德也到亞歷山大學習過，據說他在學習期間看到埃及的農民灌溉土地很辛苦，便發明了埃及農民使用至今的螺旋抽水機（archimedes screw）。這個故事真假難辨，但是從阿基米德後來善於利用科學原理搞發明創造來看，多

少有些可信度。從埃及回到敘拉古後，阿基米德就一直生活在那裡，直到西元前212年去世。

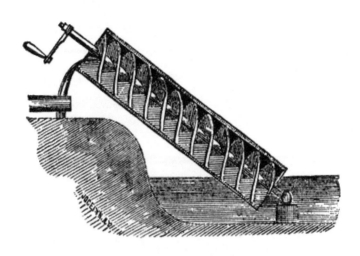

圖4.1　螺旋抽水機

阿基米德最著名的物理學發現是浮力定律和槓桿定律。

相傳敘拉古的國王請金匠打造了一個純金的王冠，或許國王覺得成色不對，懷疑金匠不老實，可能用白銀換掉了部分黃金，但又苦於找不到證據證明自己的懷疑，於是國王把這個難題交給阿基米德來解決。阿基米德苦思冥想了幾天，一直找不到好方法。有一天，他在洗澡時，發現自己坐進浴盆後，浴盆水位上升了，他的腦子裡冒出一個想法：「王冠排開的水量應該正好等於王冠的體積，所以只要把和王冠等重量的金子放到水裡，測出它的體積是否與王冠的體積相同，如果王冠體積更大，就表示其中摻了銀。」想到這裡，阿基米德不禁從浴盆中跳了出來，光著身子跑到王宮，嘴裡高喊著「尤里卡（Ericka，意思是「我發現了」）！尤里卡！」。為了紀念阿基

米德，歐洲20世紀的高科技計畫也被稱為「尤里卡計畫」。

在阿基米德之前，並非沒有人注意到浮力和排水量的關係，造船的工匠們顯然知道船造得越大，承載的重量就越多，但那些都是憑藉直覺的定性描述。阿基米德的偉大之處在於，他不僅總結出浮力定律，還給出了量化的公式，這反映出技術和科學的差異。有經驗，發明了技術，不等於能夠上升到科學理論的高度。希臘文明優於之前的一些文明之處，便在於它開創了早期的科學。

關於阿基米德的另一個故事，是他曾經說過「給我一個支點，我就能撬動地球」。這當然只是個比喻，阿基米德只是想說明槓桿足夠長時，用很小的力量就能撬動很重的東西。其實早在阿基米德出生前幾千年，古埃及和美索不達米亞的工匠們就已經使用槓桿和滑輪等簡單機械。在阿基米德時代，螺絲、滑輪、槓桿和齒輪等簡單機械在工程和生活中已經很常見，並且在亞里斯多德的著作中有所提及，但是系統研究這些簡單機械物理原理的是阿基米德。他透過很多年的研究，總結了這些機械的原理，並且提出了力矩（力乘以力臂）的物理學概念。他最早認識到「槓桿兩邊力矩相等」這一原理，並且用力矩的概念解釋了槓桿可以省力的原理。由此可以看出科學和工程技術之間的差別，後者不具有前者的純粹性。而掌握了科學之後，主動地用於工程技術，就會在短時間裡取得巨大的進步。

阿基米德生活的時代，正值羅馬和迦太基在地中海爭霸。第二次布匿戰爭（Punic Wars）中，敘拉古站在了迦太基一方，和羅馬人開戰。阿基米德積極投入到抗擊羅馬軍隊的戰爭中。憑藉對機械原理的深刻理解，阿基米德製造了許多工程機械和守城器具，用以對抗強大的羅馬兵團。他製造的最著名的「武器」就是投石機和起重

機，這應該算是利用科學指導發明的經典案例。在隨後的一千多年裡，這樣的事情沒有再發生。大部分的技術進步都是基於經驗的緩慢積累，直到伽利略和牛頓之後，這種情況才得到改觀。

關於阿基米德最神奇的傳說，是他召集敘拉古城的婦女，用多面青銅鏡聚焦陽光，燒毀了大量羅馬的帆船戰艦。不過，許多物理學家和歷史學家對這個傳說的真實性看法不一，大部分人認為這是誇大其詞。不過，從後世對阿基米德功績的推崇也間接地說明，在西方世界裡阿基米德已經成為智慧的化身。

講到古希臘的科學成就，就必須講到天文學，因為它用到了當時已知的幾何學、物理學和代數學知識，反映了早期科學的最高成就。相比其他文明的天文學，古希臘天文學的特點是一脈相承，系統性和邏輯性強。在希臘的古典時期（前5世紀～前323年），柏拉圖就總結了前人的天文學成就，然後他的學生歐多克索斯（Eudoxus，前408～前347年）在此基礎上做了三件有意義的事：

- 指出五大行星的運動是飄移的。
- 建立了一個以地球為中心的兩個球面的模型，裡面的球面代表地球，外面的球面代表日、月、星辰運動的軌跡。
- 認識到需要建立一個數學模型，使得計算出來的五大行星軌跡與觀測一致。

到了希臘化時期，古希臘的天文學又有了長足的發展，這在很大程度上歸功於天文學家和數學家喜帕恰斯（Hipparchus，約前190～前125年）發明的一種重要的數學工具——三角學。喜帕恰斯利用三角學原理，測出地球繞太陽一圈的時間是365.24667（365.25減去1/300）天，和現在的度量只差14分鐘；而月亮繞地球一週為29.53058天，也與今天估算的29.53059天十分接近，相差只有大約

一秒鐘。他還注意到，地球的公轉軌跡並不是正圓，而是橢圓形，夏至離太陽稍遠，冬至離太陽稍近。據說喜帕恰斯視力超群，透過觀察發現了很多天文現象，並且留下了很多觀測數據。這些發現和數據為後來托勒密建立地心說打下了基礎。

在喜帕恰斯去世後的兩個世紀，羅馬人統治了希臘文明所在的地區。雖然羅馬人對科學遠不如對工程和技術感興趣，但是在古羅馬範圍內，希臘人還在繼續發展科學。古代世界最偉大的天文學家克勞狄烏斯・托勒密就生活在羅馬人統治的希臘文明地區。托勒密的名字大家不陌生，他是地心說的創立者。在中國，他總是被當作錯誤理論的代表受到批評，以致大部分人不知道他在天文學上無與倫比的貢獻，正是托勒密把前人留下的零散的天文知識變成了嚴謹的天文學。

作為亞歷山大圖書館的學者，托勒密首先是數學家，因此，他畢生所做的事情就是建立天體運動的數學模型，讓它和之前的觀測數據相吻合。這時，喜帕恰斯等人留下的很多觀測數據就派上了用場。托勒密繼承了畢達哥拉斯的一些思想，也認為圓是最完美的幾何圖形，因此，所有天體均以勻度按完全圓形的軌道旋轉。事實上，後來日心說的提出者哥白尼也堅持認為天體運動的模型必須符合畢達哥拉斯的思想。

由於行星的運動軌跡是橢圓的，因此，為了讓圓周運動的基本假設和天體運動的數據相吻合，托勒密使用了三種大小圓相套的模型，即本輪、偏心圓和均輪（見圖4.2）。這樣，他就能對五大行星的軌道給出合理的描述。為了將他所知的五大行星與太陽、月亮的運動全部統一起來，托勒密的模型用了四十到六十個大小不一、相互嵌套的圓。托勒密的模型的精度之高，讓後來所有的科學家都驚

歡不已。即使在今天，在電腦的幫助下，我們也很難解出四十個圓套在一起的方程。既然托勒密的模型能和以前的數據相吻合，就能預測今後日月星辰的位置。據此，他繪製了《實用天文表》（Handy Tables），以便後人查閱日月星辰的位置。

圖4.2 托勒密的地心說模型

我們應該如何評價托勒密的地心說呢？從物理上講，它並不符合行星運動的規律，但是從數學上講，托勒密的模型和真實的物理運動模型等價，所以某種意義上它是正確的。托勒密是歷史上第一個用數字模型定量描述天體運動的人，該模型對天文學的發展至關重要。至於他為什麼不可能建立日心說的模型，主要是因為生活在地球上，思維很難擺脫直接經驗的束縛。事實上，和托勒密同時代的中國偉大的天文學家張衡（西元78～139年）所提出的渾天說（見圖4.3），也是一種地心說的模型。從這個「巧合」中可以看出，人類的認識受到時代的侷限。另外，我們還要糾正一個常見的誤解

——地球等行星是圍繞太陽旋轉的。其實，太陽系中包括太陽在內的所有星體，都是圍繞著太陽系的重心＊旋轉，只是太陽本身占據了太陽系大部分的質量，太陽系的重心和太陽的重心相距比較近而已。

圖4.3　張衡的渾天儀

托勒密在天文學和地理學上還有很多發明和貢獻，其中任何一項都足以讓他在科學史上占有一席之地。比如他發明了使用至今的地球座標，定義了包括赤道和零度經線在內的經緯線，並估算出一度經線的距離。此外，托勒密還提出了黃道的概念（雖然之前已經有人使用了），發明了弧度制。

從柏拉圖到托勒密，天文學作為一門嚴密的科學是逐漸建立起來的，從中可以看到傳承對科學發展的重要性。科學的優勢在於它

＊　這個點在太陽表層之外，距離太陽表層大約8%的太陽半徑。

天然的可繼承性，讓後人很容易在前人的基礎上把科學進一步往前推進。喜帕恰斯是古代天文學發展史上的重要人物，他離創立一個完整的天文學體系只有一步之遙。兩個世紀後，托勒密依然能在喜帕恰斯工作（和所留下的數據）的基礎上完成他未竟的工作，這就是科學的特點和魅力。

古希臘人在很多方面對世界文明的貢獻都不可估量，其中最耀眼的成就可能是創造出了科學，並且利用邏輯推理創造出了很多新知。從信息的角度講，古希臘時期是人類文明史上第一次信息爆炸。科學的突破常常需要很長時間的積累，然後才能完成這樣一次爆發。在古希臘之後，人類科學史上的第一個高速發展時期就此落幕。

繼承了希臘文化的羅馬人對於有實用價值的技術和工程，遠比對暫時用不上的科學更感興趣。因此，雖然生活在那個時期的部分希臘人依然在從事科學研究，但是羅馬作為一個國家，除了蓋倫（Claudius Galenus, 129-199）* 在醫學上的成就，以及後來的日心說，能夠拿得出手的科學成就可以說乏善可陳。

紙張與文明

人類文明進步不僅取決於科技發明本身，還取決於對這些發明的傳承和廣泛的傳播，而無論是傳承還是傳播，都有賴於對科技成就的完整記錄。人類早期總結出的知識只能口口相傳，這樣不僅傳播得慢，還經常誤傳、失傳，只好再花很多時間重複之前的發明，經常在低水平上重複，而不是獲得可疊加的發展。因此，記錄和傳

---

* 蓋倫也被稱為「帕加馬的蓋倫」，是古羅馬時期最著名、最有影響力的醫學大師。

播知識對文明的重要性可能不亞於創造知識本身。

　　人類最早永久性地記錄信息是在岩洞的牆壁上，這讓我們得以窺見人類在一萬多年前的生活。接下來，人類將信息記錄在那些能夠永久保留的石頭、陶器或者龜殼獸骨上。當然，這樣做的成本很高，而且不方便信息的記錄和傳播。在廉價而方便地記錄信息方面，美索不達米亞的蘇美人無疑是先驅，他們把膠泥拍成比巴掌略大的平板，將圖形和文字刻在上面，然後晒乾或者用火燒成陶片。膠泥隨處可取，非常廉價，在上面刻寫也不麻煩，因此，這種記錄信息和知識的方式在美索不達米亞迅速普及。今天，我們依然能找到美索不達米亞各個時期留下的大量的泥板，裡面記錄了各式各樣的內容——從合約到帳單，從教科書到學生的作業，從史詩到音樂——這讓我們能夠非常好地瞭解到當時的社會和人們的生活。

　　人類使用泥板的時間遠長於使用紙張的時間。人類使用紙張的歷史不過兩千年，但是泥板的使用可以追溯到西元前9000年，作為文字的載體也有五千多年甚至更為久遠的歷史，[1] 一直用到大約兩千年前羊皮紙成了西亞和歐洲主要的記載工具為止，前後長達三千多年。泥板雖然便宜，但有兩個致命的缺點，就是既不容易攜帶，又容易損壞。相比之下，古埃及人隨後發明的莎草紙（papyrus）就要方便得多。

　　古埃及的莎草紙雖然名字裡有一個紙字，而且鋪開來確實像一張紙，但是它和今天的紙張是兩回事。它更像中國古代編織的蘆蓆，當然它很薄，便於攜帶。古埃及人在製作莎草紙時，先將紙莎草切成薄片，接著將薄片黏成一大張，然後將兩層這樣的大張再黏成一張，最後壓緊磨光，就製成了一大張可以寫字的「紙」。這種莎草紙長可達數公尺，以卷軸的方式記錄信息和用於繪圖。

　　莎草紙極其昂貴，一般只能用於記錄重大事件和書寫經卷，以便把這些重要信息傳遞給後人。當時的物質條件不允許人們用珍貴的莎草紙記錄日常的事情，以供大眾（哪怕是僧侶和貴族）閱讀，因此古埃及人沒有像美索不達米亞人那樣留下很多生活細節。事實上，古埃及或古希臘人在使用莎草紙書寫卷軸時，都需要先打草稿，然後謄抄，以免浪費。而在美索不達米亞，因為泥板便宜，連當時的帳單、借條，甚至學生的作業本都留下來了。

　　莎草紙的歷史也可以追溯到五千多年前，[2] 並且一直使用到西元800年左右，前後時間跨度近四千年，直到阿拉伯人從中國學到了造紙術。不過在最後的一千年裡，莎草紙和羊皮紙是並存的，而羊皮紙的發明，按照老普林尼（Gaius Plinius Secundus, 23-79）在《自然史》[3] 中的描述，則是埃及一位國王對莎草紙禁運的結果（見圖4.4）。

圖4.4　羊皮紙文件

在很長的時間裡，埃及一直壟斷著莎草紙這種昂貴又必不可少的「紙張」。西元前300～前200年左右，小亞細亞的小國家帕加馬（Pergamon，也譯成佩加蒙）開始繁榮。喜愛文化的國王歐邁尼斯二世和國民建立起一個大圖書館，並試圖超越在地中海對岸的亞歷山大圖書館。當時的圖書館除了藏書，更像大學和研究所，是為了吸引人才。帕加馬當時從歐、非各地四處網羅人才，甚至跑到亞歷山大圖書館去挖人。經過幾代國王的努力，帕加馬圖書館終於成了古代世界僅次於亞歷山大圖書館的文化中心。

埃及（當時已經是托勒密王朝了）國王出於對帕加馬文化建設的嫉妒，決定釜底抽薪——禁止莎草紙出口，帕加馬人不得不尋找新的文字載體。他們發現剛出生就夭折的羊羔和牛犢的皮，經過柔化處理，拿來寫字不但字跡清晰，而且耐久耐磨，取放方便，於是就發明了羊皮紙。「羊皮紙」這三個字的中文字面意思有點誤導，容易讓人以為這種紙只是羊皮做的，其實這種紙張的原材料從一開始就是羊皮和小牛皮都有。在拉丁語中，它以當地的名字 pergamena 命名，而它的英語說法 parchment 則以製作的方式「烘烤」命名。

老普林尼在《自然史》中講述的上述情況基本上是事實，但是今天的歷史學家大多認為這只說明了羊皮紙的改進和普及，而非原始的發明。在古埃及和美索不達米亞，使用獸皮記錄的歷史其實很悠久，但是因為非常不便，而且成本太高，所以並不普及。帕加馬文化的繁榮使得該地對埃及莎草紙的需求劇增，導致短時間內對尼羅河三角洲紙莎草的過度開採，使得原材料無以為繼。在這種情況下，埃及開始禁止出口莎草紙。而同時，帕加馬人掌握了把一張小牛皮或者羊皮分得很薄並做成書寫材料的技術，這讓羊皮紙得以普及，也讓後來小亞細亞和歐洲的羊皮紙製造業發展起來。

相比比較脆弱的莎草紙，羊皮紙有不少優點，比如非常結實，可以隨意摺疊彎曲，還可以兩面寫字，這就讓圖書從卷軸發展成冊頁書，如同中國在紙張出現之後，圖書也從一卷一卷的竹簡（或木簡）書，變成了一頁一頁的紙書。

羊皮紙非常昂貴（實際上比莎草紙更貴），因此，通常不得不反覆使用。具體的做法是用小刀把以前的字跡刮去，然後重新書寫。這便出現了一張羊皮紙上有不同歷史時期文字的現象，而經過現在的技術處理，有時能從羊皮紙上讀出表面字跡下的文字。阿基米德手稿的抄本就是這樣被復原的。

無論莎草紙還是羊皮紙，都不是理想的信息傳播載體，因此，知識傳播的速度並不快。在過去的上千年裡，全世界的知識和信息能夠被記載，並得以迅速傳播、普及，要感謝中國1世紀時的發明家蔡倫（西元？～121年）。需要指出的是，蔡倫發明的並不是紙張本身，而是能夠大量生產廉價紙張的造紙術。在蔡倫之前確實有用來墊著油燈的紙，作用相當於抹布，而不是用於書寫。在歷史上發明的榮譽常常是給最後一個發明者，而不是第一個。從某種意義上說，蔡倫既是造紙術的第一個發明者，也是紙張最後的發明者，他的貢獻不僅是發明了一種通用的書寫載體，還發明了能夠大量生產這種紙張的工藝流程，後者的意義遠大於前者。

古代一種文明的繁榮，包括其科技水準的提高，總是和相應信息載體的發明和普及直接相關，如泥板讓蘇美文明能夠率先發展起來，莎草紙的發明與普及伴隨著古埃及文明，羊皮紙的發明伴隨著希臘和羅馬文明，竹簡（和木簡）的使用和普及讓春秋、戰國時期的中華文明達到頂峰。而紙張的發明，則在隨後的中華文明發展進程中起到了巨大的作用。

　　中國從東漢末年到隋唐，雖然戰亂不斷，中華文化卻在不斷發展，其中紙張的貢獻不可低估。相比之下，歐洲在古羅馬之後，因為為數不多的藏書被焚毀，很多知識和技藝都失傳了。到了文藝復興時期，歐洲人不得不從阿拉伯將失傳的著作翻譯回來。

　　8世紀，阿拉伯人學會了中國的造紙術（一般認為他們是在打敗了唐朝軍隊後，俘獲了一批工匠），[4] 造紙術傳到了大馬士革和巴格達（正值阿拉伯帝國的崛起），然後進入摩洛哥，在11世紀和12世紀經過西班牙和義大利傳入歐洲。造紙術每到一處，當地文化就得到很大的發展。

　　1150年，歐洲的第一個造紙作坊出現在西班牙。一百多年後，義大利出現了第一個造紙廠，當時正是但丁生活的年代，很快文藝復興就開始了。又過了一個世紀，法國成立了第一個造紙廠，然後歐洲各國（其實當時國家的概念還不強）逐漸有了自己的造紙業（恰好又在宗教改革之前）。1575年，西班牙殖民者將造紙術傳到了美洲，在墨西哥建立了一家造紙廠。而美國（北美殖民地）的第一家造紙廠於1690年才在費城附近誕生（早於美國獨立戰爭）。

　　造紙業的發展，與西方國家的文明進程（和經濟發展）有著很強的相關性，因為它們都「恰好」先於重大的歷史事件。這其實並不奇怪，文明的進程常常和知識的啟蒙、普及有關，而知識的普及離不開廉價的載體——紙張。

　　信息載體，特別是紙張的發明和普及，對於文明進程的影響巨大。但是有了紙張，怎樣將信息和知識透過紙張傳播出去，依然是需要解決的問題，這就要靠另一項推動世界文明的技術——印刷術了。

從雕版印刷到活字印刷

　　從人類最早的文字——楔形文字被發明至今，在80%的時間裡，人們都只能靠「抄書」傳播知識。這種信息傳播被理解為是線性的，一本書被手工複製成兩本、三本、四本……因此傳播的速度非常慢。更糟糕的是，手工抄寫出錯的概率非常大，一本書被複製到第一百本時，和原著就產生了相當大的差別。今天的《紅樓夢》有很多版本，其實就是抄書抄錯了導致的。雖然在歷史上有一些民族，比如猶太人，發明了有效的校對抄寫錯誤的方法，*但依然難以杜絕書籍複製過程中不斷出現的錯誤。而解決這個問題最根本的方法就是發明一種印刷術來大量生產圖書，複製信息。

　　中國是最早發明印刷術的國家，真正有實用價值的印刷術是中國人在唐朝甚至更早的隋朝發明的雕版印刷術。所謂雕版印刷，是將文稿反轉過來攤在平整的大木板上，固定好後，讓工匠在木板上雕刻，繪上文字，然後再在木板上刷上墨，將紙張壓在雕版上，形成印刷品。一套雕版一般可以印幾百張，這樣書籍就能大量生產了。在此之前，是否有更原始的印刷術呢？或許有，但是對知識的傳播意義不大。比如一些學者把中國秦漢時期的石碑拓片技術說成是印刷術，這種考證其實沒有什麼意義。按照這個邏輯，伊拉克人就可以把西元前3000年當地人發明的滾筒印章印刷稱為更早的印刷術。但是這些原始的拓片或者印章技術，並沒有產生推動知識傳播的效果。

---

* 希伯來文的字母都對應著數字。古代猶太人在抄寫《聖經》時要核對每一行字母對應的數字之和，如果這個數字之和錯了，就說明抄寫過程中一定產生了錯誤。

今天發現的最早的雕版印刷圖書出現在唐代武則天時期，即1906年在新疆吐魯番出土的西元690～699年印刷的《妙法蓮華經》，現藏於日本。不過，一些歷史學家推測，或許在更早一些時間中國已經出現了雕版印刷。除《妙法蓮華經》外，在韓國也發現了武則天時期的中國雕版印刷佛經。而大家可以看到實物的早期雕版印製的圖書是收藏於大英博物館的唐代末年《金剛經》（見圖4.5）。[5]

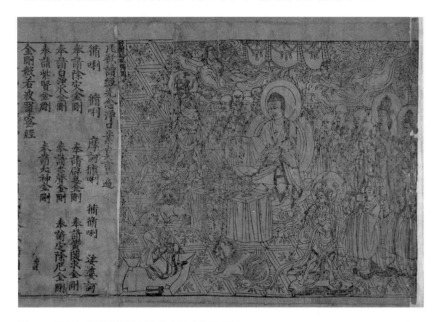

圖4.5　保存在大英博物館的唐代末年《金剛經》

雕版印刷術出現在唐代或者更早的隋代，恰好和科舉制度的誕生時間相吻合。雖然沒有任何證據表明，上層社會和知識階層讀書的需求催生出了印刷術，但是雕版印刷術的出現，卻使知識得以在中國開始普及。從南北朝到隋朝，總是不斷湧現出一些詩人和文人，但是他們在當時的社會裡並沒有受到其他人的關注。然而從隋唐開

始，中國文化出現了空前的繁榮，並且在很長的時間裡都走在世界前列。

到了宋朝，印刷業已經非常發達，「官辦」（被稱為官刻）和「民辦」（被稱為坊刻）的印刷書坊到處可見。比如在福建的建陽，出現了當時的書商一條街，著名理學家朱熹對此有很詳細的記載，建陽書坊為朱熹及其師友印刷了很多圖書。在宋代，全社會能形成讀書、考科舉的風氣，整個國家文化繁榮，和低成本的信息傳播關係很大。

中國的雕版印刷歷經十五個世紀的時間，是迄今為止使用時間最長的印刷術。不過，雕版印刷的模板不耐用，在使用過程中很快就損壞了，需要不斷更換，這就限制了大量印刷的可能性。同時，由於雕版的刻製比較困難，刻錯一個字，整版就要重新刻製，因此成本很高。大多數時候，刻製需要由有經驗的工匠完成，只有使用比較便宜的木頭或雕刻不太重要的部分時，才交給經驗較少的工匠完成。最終活字印刷術取代雕版印刷術，並被列入中國的四大發明之一。

北宋時期的工匠畢昇（約971～1051年）發明了活字印刷術。中國在歷史上能夠留下姓名的發明家並不多，畢昇是個例外，這要感謝北宋文人沈括（1031～1095年）在《夢溪筆談》裡面記載了畢昇的事蹟。應該說，畢昇所發明的膠泥活字印刷術在當時是相當先進的，甚至有些超越時代。遺憾的是，他發明的技術一直沒有成為中國印刷業的主流，因為要想用活字印刷術代替雕版印刷，需要解決很多配套的技術問題。

比如，燒製的膠泥活字其實大小有細微差別，難以排列整齊，印出來的書不如雕版印刷的好看。同時，燒製出的類似陶器的活字，受到壓力後容易損毀，排一次版印不了多少張就有損毀的活字需要

替換。另外，畢昇使用的活字是用手工雕刻，並非大量生產，因此，除非需要印刷很多種不同的書，否則活字術對印刷效率的提升有限。這些問題沒有得到解決，使得活字印刷術雖然被發明出來，卻沒有在中國普及。不過，幾百年後，一位歐洲人也發明了活字印刷術，卻改變了歐洲的歷史，這個人就是約翰尼斯・谷騰堡（Johannes Gutenberg, ？-1468）。

我們對谷騰堡早年的生活了解甚少，甚至谷騰堡也不是這個家族原來的姓氏，而應該是他們祖先的居住地。我們只知道谷騰堡出生於德國美因茲地區的一個製作金銀器的商人家庭，時間可能是1398年左右。

不過，雖然谷騰堡的生平不明，但是後世對他的評價極高。2005年，德國評出歷史上最有影響力的德國人，谷騰堡排第8位，在巴赫（巴哈）和歌德之後、俾斯麥和愛因斯坦之前。其他國家也經常把谷騰堡排在對世界貢獻最大的發明家之列。

為什麼大家對谷騰堡的評價如此之高呢？首先，他最大的貢獻並不是發明（或者說再發明）活字本身，而是一整套印刷設備，以及可以低成本快速大量印刷圖書的生產工藝流程。其次，谷騰堡發明了一種大量鑄造一模一樣的鉛錫合金活字的技術，這不僅使得排出來的版非常整潔美觀，也比畢昇手工雕刻膠泥活字的做法效率提高了很多。

此外，谷騰堡還帶出了一大批徒弟，他們作為印書商將印刷術推廣到了全歐洲，這不僅讓圖書的數量迅速增加，而且開啟了歐洲重新走向文明的道路，並最終摧毀了一個在文化上封閉、技術上停滯不前的舊世界（見圖4.6）。隨後而來的宗教改革和啟蒙運動，都和印刷術有關。

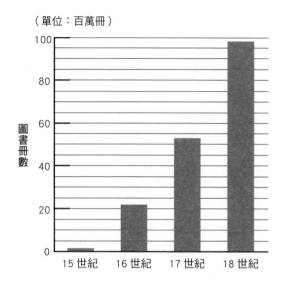

圖4.6　在谷騰堡發明印刷術後，歐洲的圖書數量劇增。[6]

　　在印刷術的故鄉中國，活字印刷取代雕版印刷是在歐洲的鉛活字印刷傳到中國之後，和畢昇反而沒有太大的關係。對中國近代印刷業貢獻最大的有兩個人。第一位是英國傳教士羅伯特・馬禮遜（Robert Morrison, 1782-1834），他編寫了一套大型字典《中國語文詞典》（*A Dictionary of the Chinese Language*，也有人譯為《華英字典》），並且為了印刷這套六大卷、近五千頁的巨型圖書，採用了鉛活字排版印刷技術，從此開創了中國鉛活字印刷的歷史（見圖4.7）。[7] 今天，在香港依然有很多以他的名字命名的場所（有些取名為摩利臣）。第二位是美國傳教士威廉・姜別利（William Gamble, 1830-1886）。他於1858年奉派來華，在美華書館工作（1860年由寧波遷至上海），1859年發明了用電鍍法製造漢字鉛活字銅模的方法。他製

作的鉛字被稱為「美華字」，有一到七號大小的七種宋體，奠定了今天中文排版字體大小的規範。此外，他還發明了元寶式排字架，將漢字鉛字按使用頻率分類，並按照《康熙字典》中的部首排列，由此提高了排版取字的效率，成為此後百餘年間中文字架的雛形。

　　鉛活字印刷進入中國後，催生出了中國近代的出版業。到了清末民初，著名的商務印書館、中華書局、世界書局等出版機構先後誕生，《申報》等近代報紙也出現了。這些文化機構的出現，促進了中國新文化在社會各階層的傳播，對中國迅速走向近代化產生了巨大的作用。

圖4.7　最早採用鉛活字印刷的中文圖書《中國語文詞典》。

如果我們用今天信息理論的理論來審視印刷術的作用，主要有這樣兩點：

第一，它拓展了信息傳播的頻寬，一次抄一本書和印一百本頻寬明顯不同。根據夏農（Claude Shannon, 1916-2001）的理論（具體來說是夏農第二定律），頻寬決定了信息傳播的速度。

第二，它更容易避免在傳播信息過程中出現有意或無意的錯誤，也就是信息理論中所說的噪聲。比如谷騰堡發明印刷術對馬丁・路德*宗教改革就發揮了特別顯著的作用。在路德之前，德意志地區的教民其實讀不到《聖經》，他們對基督教的理解來自牧師的表述，而牧師的理解來自主教，主教的理解又來自教區紅衣主教（也被稱為樞機主教），當然，最後均來自梵蒂岡教皇的解釋。而教皇的解釋在每一個傳播的節點都會被各級神職人員根據自己的利益進一步曲解。路德將《聖經》翻譯成德語白話文，並透過印刷術傳播，讓德意志地區的農民也可以讀到，這樣教皇和各級神職人員再也無法控制和曲解信息，這最終動搖了梵蒂岡教會對歐洲的控制，幫助歐洲走向理性的時代。

阿拉伯文明的黃金時代

歐洲文明的第一個高峰是羅馬帝國（西方學者也稱之為第一帝國），對應著中華文明的第一個高峰大漢王朝，它們可謂東西方的雙雄。在西元2世紀左右，無論是西方的霸主古羅馬，還是東方的

---

* 馬丁・路德（Martin Luther, 1483-1546）是16世紀歐洲宗教改革運動的發起者，基督教新教路德宗創始人。

漢王朝都進入風雨飄搖的時代，並且最終都走向滅亡。歐洲從此進入長達近千年的中世紀黑暗時代，而中國則進入長達近四個世紀的分裂和戰亂。在此期間，東西方各自都有一些能夠寫進科技史的發明。比如，歐洲發明了窗用玻璃和眼鏡，中國發明了馬鐙和許多先進的農具，但是總體來說，文明的發展非常緩慢。然而，文明不會消失，從8世紀到13世紀，阿拉伯帝國是世界上真正的科技中心，即以阿拉伯地區為中心，包括波斯、北非和東歐信仰伊斯蘭教的地區，或者叫作伊斯蘭世界。由於波斯人和伊斯蘭世界裡其他一些民族並非阿拉伯人，因此歷史學家更傾向於將這個時期準確地稱為「伊斯蘭黃金時代」，不過我們通常喜歡把它稱為「阿拉伯文明」。

如同西方近代的科學成就和基督教密不可分一樣，阿拉伯文明的科學成就與伊斯蘭教同樣密不可分。在歷史上的絕大部分時間裡，伊斯蘭教是比較寬容的，並且提倡兼收並蓄，只要異教徒繳納了人頭稅，就不會遭到嚴重的宗教迫害。正是在這樣的環境中，在歐洲停滯的科學，在阿拉伯帝國卻得到發展。據說，伊斯蘭教先知穆罕默德曾經說過，「學問雖遠在中國，亦當往求之」，體現了他對學術的重視。我曾經向阿拉伯學者求證這句話的真偽，他們告訴我，穆罕默德表達過類似的意思。在《艾爾・提勒米吉聖訓》*第74段中記載著「尋求知識是每一個穆斯林的義務」（The seeking of knowledge is obligatory for every Muslim）。在當時，阿拉伯人所知道的世界，中國是最遙遠的地方，因此中國可能只是一個比喻，穆罕默德的本意是：不管獲得學問多麼困難，也應該去做。

---

* 《艾爾・提勒米吉聖訓》是先知穆罕默德的戒律或言行的記錄，在伊斯蘭教中的重要性僅次於《古蘭經》。

　　阿拉伯帝國早期的發展靠的是軍事擴張，與此同時，它也從周邊國家不斷地學習文化和技術。阿拉伯帝國的學者把其他文明的典籍，從亞里斯多德到托勒密等希臘學者的著作，再到古代印度學者的著作，都翻譯成了阿拉伯文。不過，伊斯蘭文明只對科技感興趣，對外部世界的政治學和文學並不感興趣，因此，他們沒有翻譯亞里斯多德的《政治學》《修辭學》等著作。西元751年，極盛時期的阿拉伯帝國和唐朝就瓜分中亞的勢力範圍進行了一場決戰，史稱怛羅斯戰役，戰役以阿拉伯帝國的勝利告終。在這次戰役中，阿拉伯帝國俘獲了大批中國工匠，學到了造紙術和其他技術。當然，也有一些學者認為，造紙術在怛羅斯戰役之前就已經傳到了阿拉伯地區。

　　透過不斷向其他文明學習，阿拉伯帝國在科技上繁榮起來。不過，它主導世界科技的發展，則是在阿拉伯帝國建國一個世紀之後。從西元8世紀末9世紀初開始，伊斯蘭世界出現了很多了不起的大學問家。

　　波斯的花剌子米*是阿拉伯鼎盛時期科學的集大成者，甚至可能是古希臘之後、文藝復興之前全世界最重要的科學家，因此，他也被稱為「巴格達智慧之家」。花剌子米是少有的全才型學者，在伊斯蘭文明中的地位相當於亞里斯多德在古希臘的地位、牛頓在英國的地位，他在數學、地理學、天文學及地圖學等方面都有傑出的貢獻。

　　如果說歐幾里得確立了幾何學作為數學一個獨立分支的地位，那麼確立代數作為數學獨立分支地位的人就是花剌子米。花剌子米在數學上的代表作是《代數學》，他在這本經典的數學著作中給出了一元二次方程 $ax^2+bx+c=0$（$a \neq 0$）的通用解法：

---

* 花剌子米的全名是阿布阿卜杜拉穆罕默德・伊本・穆薩・花剌子米（al-Khwārizmī，約780～850年）。

$$x = \frac{-b \pm \sqrt{b^2 - 4ac}}{2a}$$

今天，「代數」一詞的英語寫法是 algebra，也是來自阿拉伯語的拉丁拼寫「al」和「jabr」兩個詞，它們連在一起「al-jabr」是一種一元二次方程的解法。而英語中的算法一詞 algorithm，則乾脆用了花剌子米的拉丁文譯名，由此可見他在數學領域的地位和貢獻。花剌子米在他的著作中使用了印度數字，這些著作在 12 世紀被翻譯成拉丁文傳到歐洲時，歐洲人以為印度數字是由阿拉伯人發明的，因此稱它們為阿拉伯數字。

花剌子米的第二大貢獻在天文學上，他拓展了托勒密奠定的經典天文學範疇。花剌子米研究天文學的動機也很有意思，是為了準確測量星象、方位和時間，以便使伊斯蘭教徒能夠在準確時間對著準確的方向朝拜。花剌子米發明了最早的象限儀，這種古老的天文儀器後來被歐洲人稱為「古象限儀」或者「第一象限儀」。花剌子米在三角學上的成就，則是研究天文學的副產品。他為了方便天文學中的計算，制定了包括正弦函數和餘弦函數的三角函數表。後來在 13 世紀，波斯的數學家納西爾丁‧圖西（Nasir Din Tusi, 1201-1274）將三角學從天文學中分離出來，變成了數學的獨立分支。

花剌子米的第三大貢獻在地理學上，他完善了托勒密的《地理學》，修正了世界上主要城市的位置，並且給出了對地球地形地貌的描述，這些地理概念成了現在地理學的基礎。

花剌子米是伊斯蘭科學家的傑出代表，但是阿拉伯帝國全盛時期一流的科學家遠不止他一人。那個時代，阿拉伯半島和波斯大地上可謂群星璀璨。天文學家阿爾比魯尼（Al-Biruni, 973-1048）提出了地球自轉以及地球繞太陽公轉的理論（對於後者，阿爾比魯尼不

是非常確信，但他傾向於相信地球圍繞太陽運轉而不是相反），這比哥白尼提出日心說早了五個世紀。阿拉伯的天文學家還修正了托勒密地心說中不準確的細節，制定出了比儒略曆（Julian calender）*更準確的曆法。

和古代中國人一樣，伊斯蘭人也熱中於鍊金術。不過，中國道士們煉丹對科學的發展沒有什麼幫助，阿拉伯人和波斯人的鍊金術卻對後來化學的誕生產生了巨大作用。阿拉伯人發明和改良了許多實驗設備（比如蒸餾設備）和實驗方法，蒸餾、昇華、過濾和結晶等方法都是他們發明的。此外，阿拉伯科學家還成功地提煉出了純酒精、蘇打（碳酸鈉）、硝酸、硫酸、鹽酸、硝酸銀和硝酸鉀等化學物質。在諸多的鍊金術士中，非常值得一提的是被稱為賈比爾（和穆罕默德的弟子同名）的阿布·穆薩·賈比爾·伊本·哈揚，他被譽為化學的奠基人。賈比爾不僅透過科學實驗發現了很多化學物質，還記錄了它們的製作方法以及金屬的冶煉方法。14世紀，賈比爾的著作被翻譯成拉丁文傳入歐洲，成了後來歐洲鍊金術士和早期化學家重要的參考書。今天，大量的化學名稱和術語都來自阿拉伯語，這和賈比爾等人的貢獻有關。另外，阿拉伯人還發明了用蒸餾法提煉植物中的香精，然後將香精溶解在酒精中，從而造出了早期的香水。

阿拉伯科學家在醫學和物理學上也做出了巨大的貢獻。基於阿拉伯人早期對醫學的分類，現在我們把醫學分為外科、內科、骨科、眼科、神經科、婦科等。阿拉伯人在醫學的很多領域都曾經領先於歐洲上百年，比如他們當時已經瞭解眼睛的結構，發明了眼科手術

---

* 儒略曆是從西元前45年1月1日起開始執行的取代舊羅馬曆法的一種曆法，後被格里曆取代。

的方法。在物理學上，阿拉伯科學家繼承了古希臘的物理學成果，並且將它們進一步發展。比如，阿拉伯科學家認識到空氣有重量，並且因此提出了空氣浮力的理論。此外，他們在光學上的成就也很高，如發現了透鏡曲率和放大倍數的關係。值得一提的是，阿拉伯在光學上的集大成者阿勒·哈增（Ibn al-Haytham, 965-1040）總結了當時人類在光學上的成就，寫成了《光學全書》一書。這本書後來被歐洲人翻譯成拉丁文，促進了現代光學的誕生。

要想了解為什麼伊斯蘭世界能夠在科技上領先於世界長達五個世紀，不妨從信息的流動入手。

地處歐、亞、非交界處的伊斯蘭世界，從歐、亞、非三個地區獲取知識和信息都比較便利。希臘化時期和古羅馬時期的科技成就，大部分並非誕生於希臘和羅馬本土，而是在其統治的東部地區，即今天古埃及的亞歷山大和小亞細亞的敘利亞等地。因此，後來阿拉伯地區在很長的時間裡科技水準和古希臘、古羅馬處於同等地位，並且翻譯保留了古希臘、古羅馬的科學著作。之後，阿拉伯地區也受到印度文明的影響，特別是吸收了印度在數學上的成就。當歐洲陷入中世紀黑暗時代時，阿拉伯地區保留了文明的火種，在相對寬容的政策下，其科技得到了迅速發展。

伊斯蘭學者和專業人士在治學方法上比先前的文明也有所進步。和中世紀之後的歐洲實驗科學家一樣，伊斯蘭學者非常注重基於量化實驗的科學研究，因此，他們修正了過去很多根據主觀經驗得到的不準確的科學結論。阿拉伯也是世界上最早對學者們進行同行評議，並制定專業人士工作規範的地區。世界上最早的同行評審制度始於阿拉伯地區，比如當時醫生給病人治病，無論是康復還是死亡，醫生的記錄都會被當地由其他醫生組成的評議會審核，判斷

該醫生的工作是否符合醫療規範。同行審查制度使得失敗的做法在日後能夠避免，成功的經驗可以推廣，從而加快了科技進步的速度。

阿拉伯帝國在10世紀到12世紀達到鼎盛，之後由於蒙古人的入侵，阿拉伯帝國滅亡。除了少數工匠，所有阿拉伯菁英悉數被殺，從此，它的科技發展一蹶不振。不過，阿拉伯人在科技上的成就為後來中世紀末期的歐洲人提供了豐富的理論、資料和研究方法，有力地推動了全世界科技的進步和歐洲科學的復興。

大學的誕生

中世紀時歐洲的王權非常脆弱，地方的治安完全由大大小小的貴族和騎士們把持，他們既沒有精力，也沒有能力，更沒有動力進行科學研究或者發展技術，這些人甚至自己就是不讀書的文盲。於是，中世紀研究科學的使命只能交給教士，因為只有他們不僅有時間，而且能夠看到僅存的數量不多的書。當然，教士研究科學的目的並不是為了破除迷信，反而是試圖搞清楚上帝創造世界的奧祕，維護神的榮耀。即便如此，這些人也時常被正統而保守的宗教人士視為異端。

不過，人類對未知的好奇並未因為其他人的愚昧而消失，總是有人希望瞭解從物質世界到精神世界的各種奧祕，並且喜歡聚在一起研究學問。某種意義上，大學就這樣產生了。

大學（university）一詞，起源於拉丁語 universities，意思是一種包括老師和學生在內的團體。而早期的老師都是教士，學生則是想成為教士的年輕人，或者家裡有些財產且自身充滿好奇心的年輕人。這些人並沒有中國古代學子那種學而優則仕的想法，因為學術

不能幫助他們走上仕途。為了讓辦學不受愚昧的封建主和地方宗教人士的干擾，大學需要得到神權或者王權的支持，最好的辦法就是從教會或者國王那裡獲得一張特許狀，讓大學的管理獨立於所在地的地方政權。

1158年（也有人認為是1155年），神聖羅馬帝國的皇帝腓特烈一世（Frederick I, 1122-1190）簽署了被稱為「學術特權」（英語：privilegium scholasticum，拉丁語：*authentica habita*）的法律文件。這個法律文件後來也被教皇亞歷山大三世（Pope Alexander III, 1100-1181）認可。在這個文件中，大學被賦予四項特權：

- 大學人員有類似於神職人員才有的自由和豁免權。
- 大學人員有為了學習的目的自由旅行和遷徙的權利。
- 大學人員有免於因學術觀點和政見不同而受報復的權利。
- 大學人員有權要求由學校和教會而不是地方法庭進行裁決的權利。

學術特權將當時的學者和大學生的社會地位提高到了神職人員的水準。要知道，在歐洲資產階級革命之前，神職人員是社會的第一階層，貴族不過是第二階層，其他人，包括富有的商人，都是第三階層。

世界上最早的現代意義上的大學是義大利的波隆那大學（University of Bologna），它成立於1088年，並且在1158年成為第一個獲得學術特權法令的大學（見圖4.8）。

繼波隆那大學之後，中歐和西歐相繼出現了很多類似的大學，它們的規模都不大，一般只有幾名教授和幾十名學生，這有點像中國古代的書院。不過和中國的書院不同的是，這些大學傳授的大多是神學知識、拉丁文寫作技巧，以便學生今後傳教布道，以及為諸

侯和貴族服務。中世紀的大學也教授少量的自然科學知識，並且做一些研究。發給大學特權法令的教會肯定沒有想到，允許大學自由地研究學問，反而會產生出動搖基督教教義的新知識。

圖4.8 波隆那大學的教授在傳授學問。

1170年，巴黎大學成立，它不僅是當時歐洲最著名的大學，後來還被譽為歐洲「大學之母」，因為享譽世界的牛津大學和劍橋大學都是由它派生出來的。

西元12世紀時，英國雖然有人辦學，但並沒有好的大學，因此，學者和年輕的學子們要穿過英吉利海峽到巴黎大學去讀書。1167年，英法關係開始惡化，巴黎開始驅趕英國人，巴黎大學也把很多英國學者和學生趕回了英國。當時的英國國王亨利二世針鋒相對地下令禁止英國學生到巴黎求學，於是這些學者和學生都跑到了倫敦郊外的一個小城牛津繼續辦學。牛津地區早就有學校，但還算不上真正

意義上的大學，直到這批從巴黎大學返回的教授和學生到來，才建立起了真正意義上的牛津大學。1209年，牛津的一名大學生和當地一名婦女通姦，導致大學生和當地居民發生衝突，一部分學生和教授只好離開牛津跑到劍橋，創辦了後來的劍橋大學。最終，在教會的調停下，牛津師生和當地居民的衝突得以平息，這所世界名校便在那裡扎下了根。[8]

英國大學的崛起要感謝兩個人——牛津大學的第一任校長、神學家羅伯特・格羅斯泰斯特（Robert Grosseteste，約1175～1253）和他的學生、教士羅傑・培根（Roger Bacon，約1214～1293）。

格羅斯泰斯特在牛津大學確立了教學和做學問的原則，簡單地說，就是學習要系統地進行，也就是我們今天所說的科班訓練。早期大學的教學方式都是師傅帶徒弟式的，學生收穫的多少，完全取決於老師的水準以及教學方法，這就有很大的隨意性。格羅斯泰斯特確立了一整套標準的教學大綱，讓教授按照大綱進行教學，這樣學生學習的系統性就增強了。後世認為，格羅斯泰斯特不但是中世紀牛津的傳統科學論的開創者，而且是現代英國智慧論的真正創始人。

歐洲中世紀最有影響力的科學家當屬方濟各會的教士羅傑・培根。培根出生於英國的一個貴族家庭，大約十六歲時進入牛津大學學習數學、幾何、音樂和天文學，並且在那裡閱讀了亞里斯多德等人的著作，而當時在歐洲大部分國家和地區，除了《聖經》之外就找不到其他圖書了。畢業後，培根留在牛津教授自然哲學和數學，後來他還自己出錢建立了英國第一個科學實驗室，並且開始系統地研究數學、光學，尤其是鍊金術。培根被認為是英國實驗科學的開山鼻祖，因為在他之前，學者做學問全靠查資料（其實也沒有什麼資料可查）和主觀的演繹推理。培根認為，經院哲學只是對已有知

識的詮釋，而只有實驗科學才能獲得新知識。培根做研究不為名利，純粹是為了探求真理。直到今天，牛津大學依然秉持這一理念。

培根學識淵博，但他的很多思想在當時被認為是異端，這導致他多次入獄。由於他所研究的科學其他人搞不懂，因此，他一度被人們認為是鬼神不可測的人物，甚至在他去世的時候有人認為他是假死，以為他已經獲得了長生不老之術。培根不是中世紀唯一戴有神祕面紗的科學家，當時，很多科學家做研究都要悄悄進行，因此，這群人在外人看來頗為神祕。

漫長的中世紀

按照過去的說法，從410年（或455年）*羅馬城的陷落算起，到14世紀文藝復興開始，在長達近九個世紀的時間裡，整個歐洲發展都非常緩慢。這種緩慢是全方位的，從政治、經濟到科學技術，再到文化和社會生活，都是如此。在過去，人們普遍認為基督教是制約歐洲發展的原因，但是從近代開始，更多的研究表明，真正的黑暗時期只是從410年到754年的三個半世紀。754年，整個歐洲歸化到了基督教的統治之下，** 從此，相對穩定的歐洲恢復了發展，只是發展速度沒有文藝復興之後那麼快。至於為什麼中世紀前期歐洲發展緩慢，啟蒙時代***的思想家將它歸結於教會的統治，這也難怪伏爾泰（Voltaire, 1694-1778）、狄德羅（Denis Diderot, 1713-

---

* 這一年，非洲的汪達爾王國攻陷並徹底摧毀了羅馬城。
** 其指標性事件為教皇斯蒂芬二世給法蘭克王國的國王丕平三世加冕。
*** 啟蒙時代或啟蒙運動，是指在17～18世紀歐洲地區發生的一場知識及文化運動，是文藝復興之後人類的第二次思想解放。

1784）和盧梭（JeanJacques Rousseau, 1712-1778）等人都反對教會。但是，客觀地說，導致歐洲陷入長達幾個世紀發展停滯的原因非常多。除了教會要負一些責任外，蠻族入侵徹底毀滅了古羅馬的文明，以及隨後而來的割據導致戰爭不斷，則是更重要的原因。同時，缺乏強有力的王權使得重大的工程建設無法開展，社會經濟秩序無法恢復，這些都是當時歐洲衰退和發展停滯的重要原因。從中國到歐洲的科技發展歷程其實都顯示出，統一比分裂更適合科技的進步。

　　到了14世紀，漫長的中世紀終於結束了。中世紀結束的原因有很多，過去認為最主要的原因有兩個，即十字軍東征帶來了東方文明，以及肆虐歐洲的黑死病。它們帶來了同一個結果：對現實生活的珍愛。

　　中世紀時，歐洲的基督徒認為現世的生活不過是為了贖罪，死後會接受末日審判，至於經過審判後是上天堂還是下地獄，沒有人知道，因此，人從一生下來就生活在恐懼中。當時，歐洲人的生活品質低下，加上早期的教會要求百姓（當然也包括他們自己）過苦行僧式的簡樸生活，於是大部分人都是平平淡淡地度過一生。十字軍東征雖然在軍事上以失敗告終，卻給歐洲人帶回了東方享樂型的生活方式。貴族的妻女們更喜歡閃亮柔軟的絲綢，而不是她們過去穿的亞麻和棉布，教會也逐漸認識到了絲綢的價值，並且用絲綢來裝飾冷冰冰的大理石或花崗岩建成的教堂。對物質生活的需求，引發了佛羅倫斯、米蘭和熱那亞地區資本主義的萌芽。在這些義大利城市裡，商人逐漸控制了城市的政治權力，並且逐漸開始和教會及封建主分庭抗禮。中世紀後期，歐洲有一句諺語，「城市的空氣是自由的」，這反映出當時的城市已經成為反封建的中心。

　　爆發於14世紀中期的歐洲黑死病，雖然和十字軍東征風馬牛不

相及，但是對歐洲產生的影響卻是相同的。這場瘟疫使得歐洲人口減少了30%～60%，並因此改變了歐洲的社會結構，讓支配歐洲的羅馬天主教的地位開始動搖。更重要的是，當每天直面死亡時，人們才倍感生命的可貴，於是普遍產生了一種活在當下，而不是寄託於來世的想法。薄伽丘（Giovanni Boccaccio, 1313-1375）在《十日談》（The Decameron）中生動地描繪了人們的這種想法。

近年來，關於中世紀結束的原因又多了一種，很多學者認為是時間到了，它該結束了。人類似乎從一誕生就被賦予一種進步的力量，在冥冥之中推動它不斷往前發展，即便遇到了近千年的衰退和停滯，這種進步的力量最終也會讓人類走出發展的低谷，迎來一個長達幾百年的高峰，這個高峰便是文藝復興和隨後的啟蒙時代。

梅迪奇與佛羅倫斯的穹頂

文藝復興（14～17世紀）始於佛羅倫斯，這主要是由它特殊的地理位置——處在通往羅馬的必經之路上決定的。儘管在中世紀時，歐洲名城羅馬早已沒有了往日的輝煌，而且充斥著貧窮和犯罪，但在當時歐洲人的精神世界裡，羅馬依然是歐洲的中心，因為教皇在那裡。歐洲人依然絡繹不絕地趕往羅馬，請求羅馬教廷的幫助，位於托斯卡尼地區阿爾諾河畔的佛羅倫斯小鎮因此發展起來。從中世紀後期直到文藝復興結束，佛羅倫斯都是義大利文明乃至整個歐洲文明的標誌。

佛羅倫斯所在的托斯卡尼地區氣候溫和，適合農業生產，而且交通便利。中世紀後期，這裡的紡織業開始興起，生產歐洲特有的呢絨。十字軍東征後，佛羅倫斯人又從穆斯林那裡學到了中國的抽

絲和紡織技術，開始生產絲綢，於是佛羅倫斯漸漸富裕起來，影響力越來越大，成了一個強大的城市共和國。佛羅倫斯的商人有了大量的金錢撐腰，不再是走街串巷的小販，而是富甲一方、出入皆寶馬香車的社會名流。他們的社會地位提高之後，開始關注政治，提出自己的政治主張，在社會生活中發揮重要的作用，並最終成為城市的管理者。在佛羅倫斯，當時一個大家族異軍突起，他們最初從手工業起家，繼而成為金融家並且開始為教皇管理錢財，並最終成為佛羅倫斯的大公。這個家族叫作梅迪奇（Medici），是它催生了佛羅倫斯的文藝復興。

我們在說到文藝復興時，通常想到的是藝術，但它其實也是科技的復興，這裡面就有梅迪奇家族的直接貢獻。雖然梅迪奇家族的人在開始的幾個世紀裡都非常低調，始終保持著平民身分，但是到了科西莫·梅迪奇（Cosimo di Giovanni de'Medici, 1389-1464）這一輩，這個家族開始走向前台，施展自己的政治抱負。科西莫希望為佛羅倫斯做一件了不起的大事來增加他在民眾中的影響力。早在幼年時期，他就在距家不遠處一個一直沒有完工的大教堂裡玩耍。當時佛羅倫斯恐怕沒有一個老人說得清這座教堂是從什麼時候開始修建的，因為自這些老人的父輩甚至祖輩記事時起，它就在那裡。事實上，這座大教堂在科西莫出生前大約一百年就開始修建了，但是一直沒有完工。當時的佛羅倫斯人都是虔誠的天主教徒，他們要為上帝建一座空前雄偉的教堂，因此，建得規模特別大（完工時整個建築長達150多公尺，主體建築高達110多公尺）。但是修建這麼大的教堂不僅超出了佛羅倫斯人的財力水準，而且超出了他們當時所掌握的工程技術水準。等到當地人用了八十多年才修建好教堂四周的牆壁之後，他們才意識到，沒有工匠知道如何修建它那巨大的屋

頂。於是，這棟沒有屋頂的巨型建築就留在了那裡。

科西莫長大後，希望能把這個大教堂的頂給裝上，讓這座有史以來最大的教堂成為榮耀其家族的紀念碑。可這談何容易。雖然早在一千多年前古羅馬人就掌握了修建大型圓拱屋頂的技術，並且修建了直徑40多公尺、高60公尺的萬神殿，但是這項技術在中世紀時失傳了。所幸，一個偶然的機緣，科西莫從堆滿屍體的教堂裡找到了一些古希臘、古羅馬時代留下的經卷和手稿，裡面有很多機械和工程方面的圖紙，以及各種文字描述。之後，科西莫不斷收集類似手稿。[9]

接下來，他需要找到一個人，用古羅馬人已經掌握的工程技術來設計和建造大教堂的屋頂。最終，科西莫發現了這樣一個天才，他叫布魯內萊斯基（Filippo Brunelleschi, 1377-1446）。當布魯內萊斯基跑到市政廳，聲稱他可以解決教堂屋頂的工程難題時，大家都覺得他是一個瘋子，但是科西莫相信他，因為科西莫知道「古人」曾經實現過布魯內萊斯基所設計的建築。在科西莫的資助下，布魯內萊斯基開始採用古羅馬萬神殿的拱頂技術建造大教堂的頂部。這個過程也是一波三折，中間科西莫還被政敵逮捕，並且被驅逐出佛羅倫斯，大教堂拱頂的建設也因此停了下來。但是最終科西莫回到了佛羅倫斯，經過他和布魯內萊斯基的共同努力，大教堂的拱頂終於完工了，前後花了長達十六年的時間。從1296年鋪設這座大教堂的第一塊基石開始算起，到1436年整個教堂完工，前後歷時一百四十年。在教堂落成的那一天，佛羅倫斯的市民潮水般湧向市政廣場，向站在廣場旁邊的烏菲茲宮*頂樓的科西莫祝賀。這座教堂不僅是

---

* 烏菲茲宮即今天的烏菲茲博物館（Uffizi Museum）。

當時最大的教堂，也是文藝復興時期的第一個標誌性建築，教皇歐金尼烏斯四世親自主持了落成典禮。這座教堂以聖母的名字命名，現在中文把它譯作「聖母百花大教堂」（Cattedrale di Santa Maria del Fiore）。但是，在佛羅倫斯，它有一個更通俗的名字：Duomo，意思是圓屋頂（見圖4.9）。科西莫和布魯內萊斯基用「復興」這個詞來形容這座大教堂，因為它標誌著復興了古希臘、古羅馬時代的文明。

圖4.9　聖母百花大教堂

　　布魯內萊斯基是西方近代建築學的鼻祖，他發明（和再發明）了很多建築技術。幾十年後，米開朗基羅為梵蒂岡的聖彼得大教堂設計了和聖母百花大教堂類似的拱頂，這樣的大圓頂建築後來遍布全歐洲。布魯內萊斯基還發明了在二維平面上表現三維立體的透視

畫法，今天的西洋繪畫和繪製建築草圖都採用這種畫法。

從科西莫開始，梅迪奇家族的歷代成員都出巨資供養學者、建築師和藝術家。他的孫子羅倫佐‧梅迪奇後來資助了米開朗基羅和達文西（Leonardo di ser Piero da Vinci, 1452-1519），而羅倫佐‧梅迪奇的後代則資助並保護了伽利略（Galileo Galilei, 1564-1642）。如果沒有這個家族，不僅佛羅倫斯在世界歷史上不會留下痕跡，就連歐洲的文藝復興也要晚很多年，而且形態和歷史上的文藝復興也會不一樣。

1464年，七十四歲的科西莫‧梅迪奇走完了他傳奇的一生，市民給了他一個非常榮耀的稱號：「祖國之父」。科西莫開創了一個新時代，科學、文化和藝術從此在義大利乃至歐洲開始復興，同時，人文主義的曙光開始出現。

日心說：衝破教會束縛

文藝復興之後，出現了科學史上第一個震驚世界的成果——日心說。

以托勒密地心說為基礎的儒略曆經過了1300多年的誤差累計，已經和地球圍繞太陽運動的實際情況差了10天左右，用它指導農時經常會誤事。因此，制定新的曆法迫在眉睫。1543年，波蘭教士哥白尼發表的《天體運行論》提出了日心說。雖然早在西元前300多年，古希臘哲學家阿利斯塔克（Aristarchus，約前315～前230年）就已經提到日心說的猜想，但是建立起完整的日心說數學模型的是哥白尼。

身為神職人員，哥白尼非常清楚他的學說對當時已經認定地球

是宇宙中心的天主教來說無疑是一顆重磅炸彈，因此，他直到去世前才將自己的著作發表。不過，哥白尼的擔心在一開始時似乎顯得多餘，因為在接下來的半個世紀裡，日心說其實很少受到知識階層的關注，教會和學術界（當時微弱得可憐）既沒有贊同這種新學說，也沒有刻意反對它，而只是將它作為描述天體運動的一個數學模型。有時候最可悲的事情並非到處是反對的聲音，而是一種可怕的寂靜。日心說剛被提出來的時候，就面臨著這樣一種尷尬的處境。

為什麼我們今天認為的具有革命性的日心說在當時並不受重視呢？這主要有兩個原因。首先，日心說和當時人們的常識相違背，因此，人們只是把它當作不同於地心說的數學模型，而非描繪星球運動規律的學說。其次，哥白尼的日心說模型雖然比托勒密的地心說模型簡單，但是沒有托勒密的模型準確，因此，大家也不覺得它有什麼用。1582 年，教皇格里高利十三世（又譯作額我略十三世）頒布了新的曆法（格里曆），完全是出於經驗把曆法調整得更準確，*與哥白尼的新理論並無關係。既然不重要，自然就沒有多少人關注它，支持日心說的人也就更少了。

不過，半個多世紀之後，哥白尼所擔心的驚濤駭浪終於到來，因為一位義大利神父迫使教會不得不在日心說和地心說之間做出二擇一的選擇，他就是焦爾達諾·布魯諾（Giordano Bruno, 1548-1600）。在中國，布魯諾因為多次出現在中學課本裡而家喻戶曉，他在過去一直被宣傳為因支持日心說而被教會處以火刑，並且成了堅持真理的化身。事實上，雖然上述都是事實，並且在布魯諾之後的

---

* 格里高利十三世將多出來的十天直接從日曆中刪掉，並且在未來每四百年減掉三個閏年，這就是我們今天的西曆。

很長時間裡，教會也是反對日心說的，但是這幾件事加在一起並不足以說明「因為教會反動，反對日心說，於是處死了堅持日心說的布魯諾」。真相是，布魯諾因為泛神論觸犯了教會，同時到處揭露教會的醜聞，最終被作為異端處死。而布魯諾宣揚泛神論的工具則是哥白尼的日心說，這樣，日心說也就連帶被禁止了。

應該說，布魯諾是一個很好的講演者，否則教會不會那麼懼怕他。但是，科學理論的確立靠的不是口才，而是事實，因此，布魯諾對日心說的確立事實上沒有產生多大作用。第一個拿事實說話支持日心說的科學家是伽利略。1609年，伽利略自己製作了天文望遠鏡，發現了一系列可以支持日心說的新的天文現象，包括木星的衛星體系、金星的滿盈現象等，這些現象只能用日心說才解釋得通，地心說則根本解釋不通。這樣一來，日心說才開始被科學家接受，而被科學家接受是被世人接受的第一步。

1611年，伽利略訪問羅馬，受到了英雄般的歡迎。由於有梅迪奇家族在財力和政治上的支持，伽利略的研究工作進展得非常順利。同年，他準確地計算出木星衛星（四顆）的運行週期。出於對梅迪奇家族的感激，伽利略將這四顆衛星以梅迪奇家族成員的名字命名*。

正當伽利略在天文學和物理學上不斷做出成就時，當時的政治環境已經對他的研究非常不利了。從文藝復興開始直到16世紀末，羅馬的教皇都是一些懂得藝術、行事溫和的人，其中有四位本身就來自梅迪奇家族。1605年，來自梅迪奇家族的利奧十一世教皇去世了，這標誌著這個影響了歐洲幾百年的家族對政治的影響力開始式

---

* 今天這四顆衛星被稱為伽利略衛星，而不是梅迪奇衛星。

微。17世紀初，羅馬教廷的權威由於受到來自北方新教（宗教改革後的路德派和喀爾文派）的挑戰，開始變得保守，並開始打擊迫害持異端思想的人。在這個背景下，1616年，教會裁定日心說和《聖經》相悖，伽利略也因此受到指控。不過，教會並沒有禁止將日心說作為數學工具教授。1623年，伽利略的朋友烏爾巴諾八世（Pope Urban VIII, 1568-1644）當選為教皇，新教皇對這位大科學家十分敬重，反對1616年對他的指控，至此，事情似乎要出現轉機。烏爾巴諾八世希望伽利略寫篇文章，從正反兩個方面對日心說進行論述，這樣既宣傳了科學家的思想，也維護了教會的權威。伽利略答應了，但是等他把論文寫完，卻惹了大禍。伽利略在他的這篇大作《關於托勒密和哥白尼兩大世界體系的對話》中，讓一個叫辛普利西奧（Simplicio，即頭腦簡單到白痴的意思）的人為地心說辯護，所說的話也是漏洞百出，伽利略甚至把烏爾巴諾八世的話放到了辛普利西奧的嘴裡。這樣一來，他徹底得罪了教會。[10]

當時，梅迪奇家族的家長費爾南多二世（Ferdinando II de' Medici, 1610-1670）是伽利略的保護人，雖然他多方周旋試圖保護伽利略，但是仍無濟於事。伽利略在生命最後的十年回到佛羅倫斯的家中，著書立說，於1642年走完了他傳奇的一生。

幾乎與伽利略同時代，北歐的科學家第谷·布拉赫（Tycho Brahe, 1546-1601）和他的學生克卜勒（Johannes Kepler, 1571-1630）也開始研究天體運行的模型。最終，克卜勒在他的老師第谷幾十年觀察數據的基礎上，提出了著名的克卜勒三定律，將日心說的模型從哥白尼的很多圓相互嵌套改成了橢圓軌道模型，這樣他就用一根曲線將行星圍繞恆星運動的軌跡描述清楚了。克卜勒的模型如此簡單易懂，而且完美地吻合了布拉赫的觀測數據，這才讓大家普遍接

受了日心說。

當然，克卜勒在天文學家中並不是特別聰明的，可以說他的一生是一個錯誤接著一個錯誤，但是他的運氣特別好，最終找到了正確的模型。從這件事可以看出，信息（天文觀測數據）對科學的重要性，一方面是因為科學的假設都需要信息來驗證，另一方面提出新的模型也離不開掌握前人所沒有的信息。無論是托勒密提出大小圓嵌套的地心說模型，還是克卜勒提出橢圓的日心說模型，都得益於數據。

不過，以克卜勒的理論水準，並無法解釋行星圍繞太陽運動的原因，更無法解釋為什麼行星圍繞太陽運行的軌跡是橢圓的。這些問題要等偉大的科學家牛頓去解決。

● ● ●

科學對於技術發展的作用是非常明顯的。如果沒有純粹的、抽象的科學，我們學習不同的技藝就需要花很長時間，而改進技藝就更加困難了。比如我們設計一個槓桿，如果不知道它的物理學原理，可能需要很多次試錯，下次條件變了還需要重新做實驗。但是當這個原理被總結出來後，我們花一個小時就能學會，然後就可以靈活地使用一輩子。我們可以從技術進步的過程總結出，科學對文明程度的要求很高，這也是東西方直到西元前500年左右才達到第一次科學和文化繁榮頂點的原因。這個時間也被稱為世界文明的軸心時代。

信息對科學發展的作用是巨大的，這從天文學發展的全過程就能看出。直到今天，各國還在建造越來越強大的望遠鏡和射電裝置，

以收集來自宇宙的信息。當然,與信息相關的技術也就必然在科技發展和文明進程中起到巨大的作用。從信息理論角度講,與信息相關的最重要的因素有兩個:信息的產生和傳播。當一個文明能夠產生大量新的知識時,它就會領先於其他文明。當一個文明能夠迅速傳播知識,並且能夠很容易獲得其他文明的成就時,它也會比其他文明發展得更快。這一點在中華文明、古希臘與古羅馬文明、伊斯蘭文明以及後來的文藝復興中都得到了體現。布魯內萊斯基和科西莫·梅迪奇能夠將工程技術提高到一個全新的高度,在很大程度上也受益於古希臘、古羅馬和伊斯蘭文明的傳承。

　　人類在走出中世紀的停滯,經歷了文藝復興之後,將迎來創造知識和信息的另一個高峰期。

第三篇

近 代 科 技

方法論及工業革命

用系統眼光觀察世界，用科學方法推動世界

文藝復興之後，世界科技的中心從阿拉伯又回到了歐洲。大部分學者認為，那是歐洲近代文明的開始。從但丁和薄伽丘生活的年代算起，至今大約七百年，這七百年又可以分為時間大致相等的兩個階段，即工業革命之前和工業革命之後。在工業革命之前，技術的發展並不算快，卻是人類歷史上科學發展最重要的時期，大部分近代的學科都是在那個時代誕生的。我們在中學學到的大部分科學知識，包括數學、物理學中的力學和光學、化學、一部分生理學和天文學等，都是那個時期科學家們的發現以及對經驗的總結，因此，那是人類歷史上的科學啟蒙時代。至於為什麼科學在那個時代開始突飛猛進地發展，有很多原因，其中一個原因就是人類掌握了一整套有效且系統地發展科學的方法，其中具有代表性的方法論就是笛卡兒總結的科學方法。可以說，方法論的改進對科研效率的提升厥功至偉。如果我們用信息這把標尺來衡量當時的文明程度，就會發現在信息源這邊，信息量是呈爆發式增加的，因此，那個時代是科學史上的第二個高峰。但是在科學的傳播和普及上，那個時代與古希臘、古羅馬時期相比，並沒有明顯加快，知識菁英階層和民眾在掌握信息方面的差距仍然巨大。

科學在啟蒙時代聚集了一個多世紀的勢能，到18世紀末終於迸發出巨大的能量，整個世界為之一變。正如前言中所說，人類歷史上迄今為止最偉大的事件就是工業革命。從歷史的維度看，歐美在工業革命之後兩個世紀的發展速度遠遠超過前面的兩千多年，而在中國，自全面開始工業化並進入商業文明之後，四十年也辦成了歷史上近兩千年辦不成的事情。從今天人們對未來的信心來看，幾乎所有的人都相信明天會比今天更好，這種自信是因為工業革命之後，世界的財富、人類的生活質量和科技的水準在

不斷上升。事實上，在工業革命前，人們並沒有這種自信。

　　工業革命何以對世界產生如此大的影響？從表面上來看，由於機器的使用，使得人類能夠控制和利用的能量呈數量級增加，以致能夠創造出我們根本用不完的物質財富。因此馬克思和恩格斯才會講：「資產階級在它不到一百年的階級統治中所創造的生產力，比過去一切世代創造的全部生產力還要多，還要大。」從更深層的原因看，工業革命及其之後，人類的發明創造從一種自發狀態進入一種自覺狀態。在工業革命之前，人類的發明幾乎無一例外是靠長期的經驗積累，這個過程非常緩慢，有時需要經歷幾代人的時間。在科學啟蒙時代之後，以瓦特（James Watt, 1736-1819）為代表的發明家主動利用科學原理進行發明，從此改變人類生活的發明在短時間內不斷湧現。此後，科學和發明的關係常常表現為科學先於發明幾十年。我們可以把它理解成信息的劇增帶動了能量利用水準的飛躍。

第 **5** 章 ｜ 科學啟蒙

　　如果說17世紀之前歐洲的科學家還是鳳毛麟角，碩果也僅僅是日心說，那麼到了17世紀之後，歐洲開始迎來科學成就大爆發的時代。接下來的一個世紀，可以說是整個歐洲的啟蒙時代。是什麼原因促使了科學的大爆發？除了政治、經濟的因素外，從信息通道和信息源來看，至少還有兩個因素不能忽視，即印刷術的發明使得信息流通的頻寬迅速拓展，以及系統且有效的科學研究方法的誕生，而後者在很大程度上要感謝法國的數學家、哲學家笛卡兒。牛頓說他自己是站在巨人的肩膀上，這個巨人就是笛卡兒。

科學方法論

　　在中國，人們通常首先把笛卡兒當作偉大的數學家，因為他發明了解析幾何，而牛頓和萊布尼茲所發明的微積分就是建立在解析幾何基礎之上的。的確，解析幾何的發明是一件了不起的事情，它

將代數和幾何結合在一起，也是連接初等數學和高等數學的橋梁。今天，這門課在美國一些高中或者大學裡有另一個名稱——微積分先修課（PreCalculus），這也說明了它的橋梁作用。不過，牛頓說他站在笛卡兒的肩膀上，除了肯定後者在數學上的貢獻外，還有更深一層的含義，那就是他自己和同時代的很多科學家之所以能非常高效地發現宇宙的各種規律，也得益於笛卡兒所提出的科學方法論。笛卡兒是一個承前啟後的人，在他之前有伽利略和克卜勒，在他後面有虎克（Robert Hooke, 1635-1703）、牛頓、哈雷（Edmond Halley, 1656-1742）和波以耳（Robert Boyle, 1627-1691）等人。笛卡兒從前人的工作中總結出科學研究的方法論，對後來自然科學的發展影響深遠，直到今天對科研仍有指導意義。我們常說，在科學上要「大膽假設，小心求證」，「懷疑是智慧的源頭」，這些論點都出自笛卡兒。

笛卡兒的方法論講述的是科學研究從感知到新知所應該遵循的過程。他認為，這個過程的起點是感知，透過感知得到抽象的認識，並總結出抽象的概念，這些是科學的基礎。笛卡兒舉過這樣一個例子：一塊蜂蠟，你能感覺到它的形狀、大小和顏色，能夠聞到它的蜜的甜味和花的香氣，你必須透過感知認識它，然後將它點燃（蜂蠟過去常被用作蠟燭），你能看到性質上的變化——它開始發光、融化。把這些全都聯繫起來，才能上升到對蜂蠟的抽象認識，而不是對一塊塊具體的蜂蠟的認識。

這些抽象的認識，不是靠想像力來虛構，而是靠感知來獲得。感知，其實就是用手工的方式收集信息。今天我們說透過各種感測器收集來的大數據可以幫助我們改進產品和服務，其實就是利用先進的工具更好地感知世界。從認識論角度講，它和笛卡兒所說的感知是相通的。

接下來，笛卡兒在他著名的《方法論》（*Discourse on the method*）一書中揭示了科學研究和發明創造的普適方法，並把它概括成四個步驟。

第一，不盲從，不接受任何自己不清楚的真理。對一個命題要根據自己的判斷，確定有無可疑之處，只有那些沒有任何可疑之處的命題才是真理。這就是笛卡兒著名的「懷疑一切」觀點的含義。不管什麼權威的結論，只要沒有經過自己的研究，都可以懷疑。例如亞里斯多德曾說，重的物體比輕的物體下落速度快，但事實並非如此。

第二，對於複雜的問題，儘量分解為多個簡單的小問題來研究，一個一個地分開解決。這就是我們常說的分析，或者說化繁為簡、化整為零。

第三，解決這些小問題時，應該按照先易後難的次序，逐步解決。

第四，解決每個小問題之後，再綜合起來，看看是否徹底解決了原來的問題。

如今，不論是在科學研究中，還是在解決複雜的工程問題時，我們都會採用以上四個步驟。信息產業從業人員可能有這樣的體會：做一款新產品，不能被原有的工作限制想法，對新的問題先要分解成模塊，然後從易到難完成每一個模塊，並對模塊進行單元測試，之後將各個模塊拼成產品，再對產品進行集成測試，確認是否實現了預想的功能。按照這個方法有條不紊地工作，再難的問題也能解決。

在上述四個步驟中，笛卡兒特別強調「批判的懷疑」在科學研究中的重要性。他認為，在任何研究中都可以大膽假設。其實他的

「懷疑一切」的主張就是大膽的假設。但是，求證的過程要非常小心，除了要有站得住腳的證據，求證過程中的任何一步推理，都必須遵循邏輯，這樣才能得出正確的結論。

在整個研究過程中，笛卡兒十分講究邏輯的重要性。雖然不同的人對同一事物的感知不同，但是對於同一個前提，運用邏輯得出的結論必須是相同的。因此，從實驗結果得到解釋，以及將結論推廣和普遍化都離不開邏輯。實驗加邏輯，成為實驗科學的基礎。

笛卡兒將科學發展的規律總結為：一、提出問題；二、進行實驗；三、從實驗中得到結論並解釋；四、將結論推廣並且普遍化；五、在實踐中找出新的問題。如此循環往復。

笛卡兒之前的科學家並非不懂研究的方法，只是他們瞭解的研究方法大多是自發形成的，方法的好壞取決於自身的先天條件、悟性或者特殊機遇。古希臘著名天文學家喜帕恰斯能發現一些別人看不見的星系，原因之一就是他的視力超常；克卜勒發現行星運動三定律是因為從他的老師第谷手裡繼承了大量寶貴的數據；亞里斯多德能成為最早的博物學家，在很大程度上也仰仗於他的學生亞歷山大大帝帶著他到達世界各地。這些條件常常難以複製，以致科學的進步難以持續。

笛卡兒改變了這種情況，他總結出了完整的科學方法，即科學的研究是透過正確的論據（和前提條件），進行正確的推理，得到正確的結論的過程。後來的科學家自覺遵循這個方法，大大地提高了科研的效率。因此，笛卡兒稱得上是開創科學時代的祖師爺。受到他影響的學科，不僅僅是他所研究的數學和光學，還包括很多其他自然科學，比如生理學和醫學。

近代科學和古希臘科學有一定的繼承性，這主要體現在理性的一面。但是近代科學和古希臘科學又有著巨大的不同，這體現在近代科學強調實驗的重要性，特別是進行精確可重複性實驗，從「大約」地觀察世界進化到「精確」地觀察自然現象和實驗結果，這是之前各個文明都不曾有過的研究技能。

近代醫學的誕生

很多人喜歡把醫學分為西醫和中醫，其實這種分法不是很準確，更準確的分類應該是現代醫學和傳統醫學。今天，如果到西班牙馬德里皇宮的醫務室看一看，就會發現它幾乎就是一個中藥鋪子，只不過一格格的抽屜換成了一個個玻璃儲藥罐，裡面盡是草藥和礦物質，熬湯藥的瓦罐換成了玻璃燒瓶。實際上在大航海時代的歐洲，醫療方法和中國傳統的醫學沒有太大區別。

近代醫學的革命始於哈維（William Harvey, 1578-1657），他生活的年代比中國的名醫李時珍（1518～1593）僅僅晚了半個世紀。哈維對醫學的主要貢獻在於透過實驗證實了動物體內的血液循環現象，並且系統地提出了血液循環論。他在1628年發表的醫學鉅著《關於動物心臟與血液運動的解剖研究》（*Exercitatio Anatomica de Motu Cordis et Sanguinis in Animalibus*，簡稱《心血運動論》）中指出，血液受心臟推動，沿著動脈血管流向全身各處，再沿著靜脈血管返回心臟，環流不息。在書中，哈維還給出了他所測定過的心臟每搏的輸出量。

哈維的《心血運動論》和哥白尼的《天體運行論》、牛頓的《自然哲學的數學原理》以及達爾文（Charles Robert Darwin, 1809-1882）

的《物種起源》，並稱為改變歷史的科技鉅著。其中，哈維《心血運動論》的影響不僅在於提出了一種理論，更在於找到了一種醫學研究的方法，使得後來歐洲的醫學得以迅猛發展，這也再次說明科學方法對於科學發展的重要性。

在哈維之前，歐洲一直沿用古羅馬的醫學理論家蓋倫建立起來的醫學理論。雖然蓋倫也做解剖研究，並且發現了神經的作用以及脊椎的作用，但是他並沒有搞清楚絕大多數人體器官的功能。蓋倫的理論和中國古代的中醫非常像，比如認為生命來源於「氣」。後來的醫學家在此基礎上進一步發展，認為腦中有「精氣」（pneuma psychicon），決定運動、感知和感覺；心中有「活氣」（pneuma zoticon），控制體內的血液和體溫；肝臟中有「動氣」（pneuma physicon），控制營養和新陳代謝；等等。對於血液的流動，蓋倫認為是從心臟輸出到身體各個部分，而不是循環的。[1] 也正因為如此，蓋倫並不認為人體的血液量是有限的，從而發明了針對病人的放血療法，這種謬誤要了很多人的命。

要給人治病，就要了解人的生理特點，這就是笛卡兒所說的感知。但是，從中世紀開始，在很長的時間裡，教會反對解剖屍體，以致在文藝復興時期，達文西等人還需要盜竊屍體才能進行解剖研究。由於缺乏一手信息，醫生對人類器官功能的研究沒有什麼進展。從這一點也可以看出，如果沒有信息，科學是很難進步的。但是在文藝復興之後，儘管十分艱難，解剖學還是發展起來了。哈維的老師法布里克斯其實透過解剖發現了靜脈瓣膜的存在，但他沒有思考這個瓣膜有什麼功能。因為他和其他醫生一樣，忠於蓋倫的教條，總是想著用舊的理論解釋新的發現。在哈維之前，西班牙醫生塞爾維特（Michael Servetus, 1511-1553）其實已經發現了肺循環，但是他

也因為反對三位一體的說法得罪了教會，被處以火刑。*此後，直到哈維的年代，歐洲的醫學研究並沒有重大突破。

哈維發現血液循環的原理其實是從邏輯推理出發的，他徹底摒棄了蓋倫的理論，提出了新的理論去契合實驗結果。哈維透過解剖學得知心臟的大小，並且大致推算出心臟每次搏動泵出的血量，然後根據正常人的心跳速率，進一步推算出人的心臟一小時要泵出將近500磅血液。如果血液不是循環的，人體內怎麼可能有這麼多的血液。鑑於這個推理，哈維提出了血液循環的猜想，然後透過長達九年的實驗驗證了他的理論。[2]

1651年，哈維又發表了他的另一篇大作《論動物的生殖》，對生理學和胚胎學的發展產生了很大作用。在這本著作中，哈維否定了過去占主導地位的先成說**：胚胎具有與成年動物相同的結構，只是縮小的版本。他認為，胚胎最終的結構是一步步發育出來的。

這兩大發現確立了哈維在近代醫學史上開山鼻祖的地位。他首先告訴大家，血液循環這個人和動物在生理上的一大功能的背後機理為：一種特殊的物理運動，而不是蓋倫所謂的虛無縹緲的「氣」；其次，他糾正了當時醫學界對動物胚胎的錯誤認識。當然，更重要的是，哈維為生理學和醫學開創了近代的研究方法，他的發現不是

---

* 過去的說法是塞爾維特因為發現了肺循環而被判處火刑，但實際上真正原因是其反對教會。在被日內瓦政府逮捕後，最初日內瓦的小議會想採用比較溫和的判決，但是當各個教區都開始譴責塞爾維特時，日內瓦的小議會就判處了他火刑。當時宗教改革的領袖喀爾文是日內瓦的「教皇」，因此，這筆帳就永遠地算在了喀爾文的頭上，儘管他並沒有下令逮捕塞爾維特。幾百年後，在塞爾維特行刑的山坡上，喀爾文派的教徒們立了塊石碑，上面寫道：我們是宗教改革者喀爾文的忠實感恩之後裔，特批判他的這一錯誤，這是那個時代的錯誤，但是我們根據宗教改革運動與福音的真正教義，相信良心的自由超乎一切，特立此碑以示和好之意。

** 先成說（也稱預成說）是關於胚胎發育的一種假說。

靠研究和解釋經典,而是靠邏輯、觀察和實驗。哈維的研究方法為後來笛卡兒提出方法論提供了啟發。哈維在他的書中寫道:「無論是教解剖學還是學解剖學,都應以實驗為依據,而不應以書籍為依據,都應以自然為師,而不應以哲學為師。」

哈維的成就一開始在天主教勢力強大的法國遭到反對,後來由於笛卡兒的支持,才被大眾接受。笛卡兒比哈維小十幾歲,一直對這位近代科學的先驅敬重有加。

現代醫學的發展也得益於工具的發明和改進。在古代,醫學研究的一個巨大障礙在於無法直接觀測人體內部的生理活動,只能透過病人的表述、醫生號脈、看臉色、感受體溫等間接的方法,從側面瞭解病人在生理活動上的變化,這樣得到的信息常常很不準確,更不用說量化度量了。從17世紀開始,隨著物理學的發展,各種診測儀器被發明出來,它們幫助醫生了解病人的病情,進行正確的診斷,並提供比以前更好的治療方法。這些儀器大致可以分為兩類:第一類是直接用於人體指標的測量和生理活動觀測的儀器,包括溫度計、血壓計、聽診器、心電圖儀等;第二類則是瞭解生命運動微觀特性的儀器,主要是顯微鏡。兩者的本質都是人眼睛、耳朵和手的延伸,以幫助人類獲取更多的關於病情的信息。

早在伽利略時期,科學家就發明了溫度計,* 但是那種溫度計並不能準確測量病人的體溫。直到大約半個世紀後,法國人布利奧發明了水銀體溫計,醫生才能準確判斷病人是否發燒,體溫上升了多少。但是,人們對溫度變化沒有統一的度量方法,在實際應用時很不方便。直到18世紀初,荷蘭的科學家華倫海特(Gabriel

---

* 這種早期的溫度計雖然被稱為伽利略溫度計,但並不是伽利略發明的。

Daniel Fahrenheit, 1686-1736）才提出了一種被廣泛接受的溫度度量標準和相應的溫度度量單位，它被英國皇家學會確定為「華氏溫標」（Fahrenheit temperature scale），成為當時測量溫度的標準。[3]

到了18世紀中期，1742年，瑞典天文學家安德斯·攝爾修斯（Anders Celsius, 1701-1744）提出了另一種溫度度量標準：「攝氏溫標」（Celsius temperature scare）。今天華氏溫標與攝氏溫標共同成為國際主流的計量溫度的標準。

刻有溫標的水銀溫度計可以說是人類最早使用的量化測定病情的科學儀器。

19世紀初，聽診器和血壓計被發明出來。聽診器的原理並不複雜，它是透過聲音感知人體器官的運動，以瞭解它們的生理狀況。在聽診器發明之前，醫生有時會趴在病人胸口直接聽心跳和肺部運動，但是裸耳的聲音分辨率其實是很差的。聽診器最初的發明者是法國醫生雷奈克（René Laennec, 1781-1826）。[4] 1816年，他因為要給一位年輕的貴婦聽胸部跳動，但不便直接趴到對方胸部去聽，無意中發明了聽診器，並且經過三年的改進，製造出了比用耳朵直接聽效果更好的聽診器。20世紀後出現了聲學顯微鏡，其實也是利用聲波信息探測物質內部結構的缺陷，其原理和聽診器有相似之處。21世紀，人類測量到宇宙中的重力波，從此可以透過「聽」宇宙的聲音瞭解宇宙遠方的演變情況。從原理上講，它們都是透過波動獲取信息。

測量血壓對診斷疾病的意義早在哈維時代就被認識到了，但是早期測量血壓需要打開人（和動物）的動脈血管，這種方法顯然無法用於診斷疾病。19世紀初，法國著名物理學家和醫生泊肅葉（Jean Léonard Marie Poiseuille, 1797-1869）在研究血液循環的壓力時，提

出了早期流體力學中重要的泊肅葉定律，＊並且受到水銀氣壓計發明原理的啟發，發明了利用水銀壓力計測量血壓的原型儀器。今天用的動力黏度單位「泊」（Poise）就源於他的名字。1835年，哈里森（Jules Harrison）發明了透過脈搏變化測量血壓的血壓計，我們對哈里森的生平了解甚少，只是透過他在1835年發表的論文了解了他的工作。[5] 但是，由於人的脈搏搏動比較弱，這種血壓計測量的結果很不精確，於是醫生又絞盡腦汁地來改進它。1896年，義大利內科醫生里瓦羅西（Scipione Riva-Rocci, 1863-1937）發明了今天使用的水銀血壓計。血壓計的使用，不僅使醫生能夠更方便地診斷病人的病情，而且能夠定量地評估病人的病情變化和治療效果。從本質上講，各種血壓計就是透過間接測量一種容易獲取的信息，來推斷另一種隱含的信息。而它們之間彼此的聯繫是透過信息理論中一個被稱為相互信息＊＊的概念建立起來的。只是在19世紀還沒有信息理論，人們需要透過大量的實驗找到容易測量的相關信息，因此測量儀器發明的週期就特別長。今天，由於有了信息理論做指導，新儀器發明的週期就縮短了很多。

進入20世紀後，利用X射線技術發明的各種透視設備，可以讓醫生直接看到人體內的生理變化，疾病的診斷水準有了大幅度提高。所有這些診斷儀器的作用從本質上講，就是幫助人類獲取自身感官無法獲得的信息。

＊ 泊肅葉定律（Poiseuilles law），是描述流體流經細管（人的血管和導尿管等）所產生的壓力損失，壓力損失和體積流率、動黏度和管長的乘積成正比，和管徑的4次方成反比。

＊＊ 相互信息（mutual information）是信息理論裡一種有用的信息度量，它可以看成是一個隨機變量中包含的關於另一個隨機變量的信息量，或者說是一個隨機變量由於已知另一個隨機變量而減少的不肯定性。

　　人類的很多疾病，是由外界微生物進入人體引起感染造成的。那些微生物非常小，不但肉眼看不見，而且在很長的時間裡，人類甚至不知道它們的存在。在瞭解疾病原因以及尋找救治方法上，對醫學和生物學發展貢獻最大的一項發明就是顯微鏡了。有趣的是，顯微鏡的發明者雷文霍克（Antony van Leeuwenhoek, 1632-1723）並不是醫生，也不是物理學家，而是一位荷蘭亞麻織品商人，磨製透鏡和裝配顯微鏡是他的業餘愛好。透過顯微鏡，他第一次看到了許多肉眼看不見的微小植物、微生物以及動物的精子和肌肉纖維。[6] 1673年，他在英國皇家學會發表了論文，介紹了他在顯微鏡下的發現，並且在後來成為皇家學會的會員。

　　顯微鏡之於醫學的重要性，如同望遠鏡之於天文學。它們有一個共同的特點，就是讓人類可以獲得肉眼觀察不到的信息。後來，顯微鏡對細胞學說的確立以及病原說的建立產生了關鍵作用。沒有顯微鏡，法國著名科學家路易・巴斯德（Louis Pasteur, 1822-1895）和英國的名醫約瑟夫・李斯特（Joseph Lister, 1827-1912）是不可能發現細菌致病的。[7] [8]

　　最初認識到細菌能夠致病的其實不是巴斯德，而是奧匈帝國的醫生伊格納茲・塞麥爾維斯（Ignaz Philipp Semmel-Weiss, 1818-1865）。直到19世紀中期，歐洲死於產褥熱的產婦比例依然非常高。塞麥爾維斯是維也納總醫院的婦產科醫生，但是，就是在這所當時歐洲頂級醫院裡，產婦發高燒死亡的比例特別高，有些病房甚至高達15%以上。1847年，在一次外出時，塞麥爾維斯發現他所負責的病房，在只有護士替他照顧產婦時，產婦的死亡率居然下降了很多。之前，大家已經注意到，有醫生照料的病房裡的產婦的死亡率，比只有護士（沒有醫生）照料的病房裡的產婦死亡率要高。塞麥爾維

斯想，會不會是經常要解剖屍體做研究的醫生把「病毒」帶給了病人？於是，塞麥爾維斯開始要求執行嚴格的洗手制度，這麼做之後，產婦的死亡率果然直線下降到5%以下，有些病房甚至到了1%以下。[9] 不過，塞麥爾維斯並不知道「病毒」是什麼，更沒有將生病和微生物感染聯繫起來。可以說，如果沒有顯微鏡，醫生對「病毒」的猜測肯定五花八門。但是有了顯微鏡，可以看見那些病毒，情況就不一樣了。

圖5.1　《路易・巴斯德在他的實驗室》，收藏於奧賽博物館。

1862年，巴斯德提出了生物的原生論，即非生物不可能自行產生生物。1864年，他進行了大量的實驗，透過顯微鏡發現了微生物（細菌）的存在，最終將細菌感染與諸多疾病聯繫在一起。

與此同時，李斯特也提出了外部入侵造成感染的設想。李斯特

的父親是一位醫生兼光學儀器專家，發明了顯微鏡使用的消色差透鏡。李斯特本人一直依靠顯微鏡做研究。1865年，在得到巴斯德理論的支持後，李斯特提出，缺乏消毒環節是發生手術感染的主要原因，並且發明和推廣了外科手術消毒技術。今天巴斯德被譽為微生物學之父，而李斯特則被譽為現代外科之父。

接下來，德國著名醫生柯霍（Robert Koch, 1843-1910）在顯微鏡的幫助下，找到了很多長期困擾人類的疾病，尤其是傳染病（比如炭疽病、霍亂和肺結核）的根源，並且發展出了一整套判斷疾病病原體的方法——柯霍法則。柯霍後來被譽為細菌學之父，並且在1905年因對結核病的研究而獲得諾貝爾生理學或醫學獎。

從哈維開始，經過眾多醫學家和醫生近三個世紀的共同努力，人類終於搞清楚了自身的結構、各個組織器官的主要功能，以及很多疾病的成因，並且找到了大部分疾病的治療方法。今天，世界人均壽命比17世紀時幾乎延長了一倍，除了食品供應越來越充足外，這主要得益於近代和現代醫學的進步。在這些進步中，一部分來自醫學理論的發展，另一部分則來自診療手段的進步。前者受益於科學方法的使用，後者則是靠人類獲取信息手段的提升。

開啟大航海時代

為什麼在中世紀之後的科學復興是從天文學、力學以及為它們服務的數學領域開始的呢？一個重要的原因是當時航海的需要，這就如同早期天文學和幾何學是出於農業生產的需要一樣。

人類的遷徙迄今為止有三次飛躍——現代智人走出非洲、大航海和地理大發現，以及太空探索。這三件事雖然在今天看來難度不

同，但它們的意義同樣偉大。從走出非洲到大航海開始，這中間有幾萬年的時間，而從大航海到人類登月，只經過了幾百年的時間。可見，人類的科技是加速進步的。

整個大航海時代，如果從1405年鄭和（1371～1433）第一次下西洋開始算起，到1606年荷蘭和西班牙人登陸澳大利亞，發現了地球上所有已知的大陸，正好是兩個世紀的時間。如果從1969年人類登月開始算起，再往後數兩個世紀，按照現在不斷加速的科技進步速度，人類或許還真能走遍太陽系。關於航太的事情我們以後再講，在這一節裡讓我們來看看技術的進步是如何幫助人類實現航海夢的。

人類最早的航海先驅當屬澳大利亞的蒙哥人，*他們在四萬年前的冰期跨過了印度尼西亞與澳大利亞北部之間的海域，到達澳大利亞。至於他們是如何跨海到達澳大利亞的，是使用人力划槳，還是用簡易的風帆藉助風能，由於沒有任何文物留下來，依然是一個謎。不過可以肯定的是，那不是一件容易的事，從中我們也能夠看到人類祖先的冒險精神。

有比較詳細歷史記載的早期航海者是腓尼基人和古希臘人，他們在三千多年前就在地中海自由航行了，足跡遍布整個地中海沿岸。特別是腓尼基人，他們從中東地區出發，在地中海兩岸建立了很多殖民點，一直延伸到直布羅陀海峽。腓尼基人在航海中利用的能量應該是由船帆所提供的風能，而不是人划船的動能。

在蒸汽船發明之前，風能是人類唯一掌握的能夠在遠洋航行時使用的能量，誰善於掌控這種能量，誰就能在海洋上航行得遠。當然，為了在茫茫大海中不迷失方向，安全航行，就要準確瞭解自己

---

* 蒙哥人今天已經滅絕，他們和今天居住在澳洲的原住民沒有什麼關係。

當前的位置信息和目標的方位信息。中世紀時期，世界航海能手是阿拉伯人和波斯人，他們能在當時已知的大洋上自由航行，這和他們掌握了上述信息並且善用風能有關。

我們先從信息的角度說說伊斯蘭文明在航海方面的貢獻。為了能準確地測定時間和方位，以便能夠在準確的時間朝著麥加的方向祈禱，伊斯蘭學者發明了很多測量時間和方位的儀器。8世紀時，阿爾－法扎里（Muhammad Ibn Ibrahim Al-Fazari，？～796或806）*改進了古希臘人發明的星盤。星盤由一個圓盤及鏤空的轉盤組成，標有太陽和其他恆星的位置，能確定時間和自己所在的位置。到了9世紀，阿拉伯人發明了幾種可以更準確地測定方位的象限儀。雖然象限儀最初被用於測定祈禱的方位，但是很快被用於航海。波斯人在13世紀時開始使用能夠準確尋找方向的旱羅盤。旱羅盤不同於中國更早發明的水羅盤，它是一種比較精確的儀器，中間是一根可以轉動的磁針，四周是刻有準確方位的錶盤刻度。至於他們是從中國人那裡學會了使用指南針的技術，還是受到更早發明旱羅盤的義大利人的啟發，抑或是自己獨立發明的，現在找不出確鑿的證據，但有一點是肯定的，阿拉伯人和波斯人把象限儀和旱羅盤充分利用於航海。此外，伊斯蘭文明從印度學會了三角函數的計算方法，並且發展了三角學。在西元9世紀早期，波斯著名學者花剌子米制定了準確的三角函數表，大大降低了在海上測量距離的難度。直到歐洲大航海時代開始之前，阿拉伯人和波斯人一直在航海技術上領先於世界，就連鄭和的船隊中，都有大量的阿拉伯人。

---

* 阿爾－法扎里可能是阿拉伯人，也可能是波斯人，父親也是著名的天文學家和數學家。

　　確定方位後，還需要有動力才能完成航海。在蒸汽船出現之前，季風幾乎是唯一能夠用來進行遠洋航行的能量來源。雖然蘇美人很早就發明了船帆，但是過去的船帆更像是一個兜風的口袋，只能在順風時獲得動力，逆風時航行就很困難了。西元9世紀，阿拉伯人發明了三角帆，從此，船帆不再是一個兜風的口袋，而是如同一個豎直的機翼，風在帆的前緣被劈開，再流到後緣去會合。由於帆的迎風面凹陷，背風面凸起，便像機翼一樣形成了一定的曲度，使得空氣在背風面的流速大於迎風面的流速而形成低壓區，從而產生逆風而行的動力（這在物理學上被稱為白努利原理）。這時的船帆就成為帆船前進的引擎。阿拉伯人除了發明各種航海的儀器和風帆外，還收集了大量的季風和水文數據，在已知海域，他們的航行可以用順風順水來形容。從能量的角度來講，阿拉伯人透過改進技術和收集信息，為各種條件下的航海找到了能量來源。

　　不過，儘管有了阿拉伯人發明的各種航海儀器，在海上大致定位並且找到航海的方向沒有問題，但是定位的準確度對規避礁石和暗礁還是遠遠不夠的。即便是在近海航行，有燈塔幫助導航，但因為辨不清方位而觸礁的悲劇也是經常發生，更不用說跨洋遠航了。因此，在哥倫布時代，遠洋航行是一件玩命的事情，以致除了要贖罪換取自由的犯人，沒有人願意當開拓遠洋貿易和殖民地的水手，甚至是囚犯，在航海中也多次出現造反或者逃跑的情況。在大航海時代，義大利人、西班牙人和葡萄牙人都先後試圖解決準確定位的問題，但是都不得要領。

　　準確定位在今天看來並不複雜，在地球上定位，其實只需要準確地知道經度和緯度這兩個數據就可以了。緯度比較好度量一些，因為在地球不同的緯度看到的天空是不一樣的，只要使用四分儀或

星盤測量太陽或者某顆特定的恆星在海平面上的高度即可推算出。但是測量經度就要複雜許多，因為地球是自轉的，天空中太陽或者星辰的某個景象，幾分鐘後就會出現在一百公里以外同緯度的地方。因此，從大航海一開始，圍繞經度測量技術的研究就沒有中斷過。在歷史上，無論是著名的航海家亞美利哥・韋斯普奇（Amerigo Vespucci，1454～1512，美洲大陸就是以他的名字命名的），還是大科學家伽利略，都花了很大的精力試圖解決經度測量的難題。雖然他們提出了一些具有啟發性的測量方法，但是都不實用。

1714年，一次海難讓英國政府認識到經度測量的重要性，包括牛頓、哈雷在內的大批著名科學家都參與到這項研究當中。哈雷甚至為了翻譯阿拉伯人留下的一些科學著作而學會了阿拉伯語。這一年，英國正式通過了《經度法案》，設重獎（兩萬英鎊）給第一個解決經度測量問題的人，這吸引了很多人研究準確測量經度的方法。

比較容易想到的解決辦法是能夠同時測量出出發地的時間，以及當前所在地的時間，然後根據出發地的經度、時間差以及地球自轉的速度，算出船當前位置的經度。18世紀初，牛頓等英國的科學家發明了六分儀。這種手持的輕便儀器可以測量天體的高度角和水平角，將所得結果和天文台編制的星表對照，就可以測定船舶所在地的當地時間。如果船上有鐘錶能夠準確記錄出發地的時間，就可以根據地球自轉的速度推算出經度了。然而，準確記錄出發地的時間，並不是一件容易的事情，因為船在海上非常顛簸，當時沒有鐘錶能夠在那種情況下準確計時。如果裝在船上的鐘錶有一秒誤差，測定的距離就會差出五百公尺左右。

最終解決這個難題的並非科學家，而是英國一位自學成才的鐘錶匠約翰・哈里森（John Harrison, 1693-1776）和他的兒子。他們花

了近三十年時間發明了航海鐘，做到了在海上準確計時。1773年，經度委員會將獎勵授予了哈里森。今天，在英國格林威治天文台博物館內，有關於哈里森的工作的詳細介紹，並且保存著當時他製作的幾代航海鐘，供人們瞭解經緯度測量的歷史（見圖5.2）。不過哈里森的航海鐘在當時非常昂貴，無法普及。又經過了幾十年，在歐洲很多鐘錶工程師的共同努力下，到了19世紀初才讓航海鐘的成本下降到船長們能夠裝備得起的水準，此後航海鐘在遠洋輪船上迅速普及。有了六分儀和航海鐘，海上遠距離航行變得安全了許多。

　　航海的安全使得海運成本大大下降，這在客觀上促進了隨之而來的全球化。1600～1800年，英國跨洋貿易在國民生產總值中的比重增速遠遠高於歐洲其他強國，並且在1800年前後開始主導全球貿易，這和它領先的航海技術是分不開的。1800年之後，蒸汽船的普及使得海洋運輸陡然加速。英國全球貿易量在國民生產總值中的占比增加了兩倍左右，從3%（下限估計）～8%（上限估計）增加到18%～25%。[10]

圖5.2　哈里森的航海鐘

航海技術的關鍵在於能量的利用與準確測定方位和位置，後者的本質是準確獲得信息。能量和信息不僅對航海非常重要，對航太也同樣重要。我們在後面還會看到，在阿波羅登月中，最重要的就是火箭技術和控制技術的使用，前者代表能量，後者則依靠信息技術。

在任何一個科技快速發展的時代，都需要在思維方式和方法論上比先前的年代有巨大的飛躍。那些新的思維方式，會用那個時代最明顯的特徵命名。從牛頓開始的兩百多年間，最先進、最重要的思維方式就是機械方法論了。

神說，讓牛頓去吧！

牛頓在西方社會的地位非常崇高，有些人認為他在世界歷史最有影響力的人中可以排第二，僅次於穆罕默德，甚至排在耶穌和孔子之前。在中國，人們通常只是將牛頓看成一個傑出的科學家，而在西方，人們認為他是開啟近代社會的思想家。詩人亞歷山大・波普在拜謁牛頓墓時寫下了這樣的詩句：

自然和自然律隱沒在黑暗中；

神說，讓牛頓去吧！

萬物遂成光明。

這被西方人看成是對牛頓一生最簡潔而準確的評價。

在牛頓的時代，科學家（當時叫作自然哲學家）大多是教士、貴族或者富商子弟，因為讀書是很花錢的，而做研究更是如此。與

牛頓同時代的科學家波以耳出身貴族，而哈雷也出生於富商家庭。牛頓來自一個自耕農家庭，如果早出生一百年，可能就要一輩子務農了。好在當時英國經過伊麗莎白一世時期的發展，教育已經開始普及，因此，牛頓小時候被送到公學讀書。雖然中途他的母親一度想讓他回家務農，但當時牛頓所在中學的校長亨利・斯托克看中了牛頓的才華，說服了他的母親，讓他重新回到學校讀書，從而改變了牛頓的一生。

1661 年，牛頓進入劍橋大學三一學院（Trinity College, Cambridge），跟隨數學家和自然哲學家伊薩克・巴羅（Isaac Barrow, 1630-1677）學習。巴羅教授是第一任「盧卡斯教授」，但是他覺得牛頓青出於藍，很快便將這個位子讓給了牛頓。盧卡斯數學教授席位*是全世界學術界最為榮耀的教職，在歷史上，著名科學家巴貝奇（Charles Babbage, 1791-1871）、** 狄拉克（Paul Dirac, 1902-1984）和霍金（Stephen William Hawking, 1942-2018）等人都擔任過這個位置的教授。

在劍橋大學，牛頓由於成績出色，獲得了公費生的待遇（相當於今天的獎學金），這樣就保證了他無須為生計發愁，可以潛心進行科學研究。於是，在短短幾年裡，牛頓便在科學研究上碩果累累。1664 年，牛頓提出了太陽光譜理論，即太陽光是由七色光*** 構成的，這一年牛頓只有二十二歲。1665 年夏天，劍橋流行瘟疫，牛頓

---

* 盧卡斯數學教授席位（Lucasian Chair of mathematics）是英國劍橋大學的榮譽職位，授予對象為數學及物理相關的研究者，同一時間只授予一人，此教席的擁有者稱為「盧卡斯教授」（Lucasian Professor）。

** 巴貝奇是計算機的先驅。

*** 牛頓一開始認為是五色光，後來擴展到今天的七色光。

回到家鄉伍爾斯索普，在那裡度過了近兩年的時間，這也是他思想最活躍的時期，做出了近代科技史上很多重要的發現和研究成果，其中包括：發現離心力定律，完成牛頓力學三定律的雛形，明確了力的定義，定義了物體碰撞的動量，等等；在數學上，牛頓發明了二項式定理並給出了係數關係表；在研究運動速度的問題時，提出了「流數」的概念，這是微積分的雛形。

這些成果，任何一項放到今天都可以獲得諾貝爾獎。因此，後世把1666年稱為科學史上的第一個奇蹟年。

牛頓是歷史上罕見的能夠建立起龐大學科體系的科學家。1669年，二十六歲的牛頓從他的老師巴羅手裡接過了劍橋大學「盧卡斯教授」的職務，隨後在這個職位上坐了三十三年。牛頓的研究領域非常廣泛，除了數學，還包括天文學、力學、光學和鍊金術等。他構建了近代三個大科學體系，即以微積分為核心的近代數學、牛頓三定律為基礎的經典物理學，以及以萬有引力定律為基礎的天文學。牛頓將這些內容寫成《自然哲學的數學原理》（簡稱《原理》）一書，成為歷史上最有影響力的科技鉅著。歷史上能夠建立起一套完整的理論體系的科學家非常少，比如在數學方面，除了牛頓之外，只有歐幾里得、笛卡兒和後來的柯西等少數幾個人做到了這一點，高斯（Johann Carl Friedrich Gauss, 1777-1855）、歐拉（Leonhard Euler, 1707-1783）等人的貢獻雖然大，但是並沒有創建出完整的學科體系。在物理學方面，只有愛因斯坦、波耳（Niels Henrik David Bohr, 1885-1962）等人做到了這一點。而牛頓則同時在很多不同的領域完成了體系的構建，這在科學史上可能是獨一無二的。

牛頓對當時和後世更大、更深遠的影響是在思想上，他透過科學成就，改變了人們對世界的認識。

在數學方面，牛頓最大的貢獻是發明了微積分，這是今天高等數學的基礎。但是在微積分的背後，這個發明的意義更大。在微積分出現之前，數學家研究的對象和解決的問題都是靜態的，而牛頓關注到了精確而瞬時的動態計算問題，以及對一個變量長期變化的累積效應的追蹤問題。微積分便是解決這兩個動態問題的數學工具。此外，牛頓還看到了追求瞬間動態和長期累積效應之間的關係，從而將微分和積分的理論統一起來。從靜態到動態，從孤立到統一，數學從微積分開始，由初等數學進入高等數學階段，這也標誌著人類在認識上的一個飛躍。

在物理學方面，牛頓是經典力學的奠基人，他的力學三定律是整個力學的基礎。在牛頓之前，科學家發現了很多物理學現象和定律，但是這些知識點是支離破碎的，就如同在歐幾里得之前幾何學的知識不成體系一樣。牛頓是建立起嚴密的物理學體系的人。而建立一個學科體系，首要的任務是定義清楚各種基本概念。在牛頓之前，那些最基本的物理學概念，包括質量和力，都沒有清晰的定義，甚至是相互混淆的。比如人們搞不清楚力、慣性和動能的區別，質量和重量的區別，速度和加速度的區別。今天我們很難想像這一點，但這確實是當時的實際情況。牛頓定義了經典物理學中的這些最基本的概念，比如質量、力、慣性、動能等，然後在此基礎上，提出了力學三定律，進而搭建起了經典力學的大廈，再次向世人展示了建構一個學科體系的方法。在牛頓之後，各門自然科學都從知識點向體系化發展。

在光學方面，牛頓提出了完整的粒子說。雖然人類對於光、顏色和視覺的研究可謂歷史悠久，比如古希臘的畢達哥拉斯和古原子論的奠基者德謨克利特（約前460～前370年）等人認為光由物體表

面的粒子組成，阿拉伯人和古代中國人*都發現了光的很多特性，但只是零星的描述，缺乏定量、系統的分析。在牛頓之前或者牛頓同時代，也有不少科學家做過三稜鏡實驗，觀察到光的色散現象，並且考慮了顏色的問題，不過他們的解釋都很混亂，發現的知識也不成體系。牛頓超越前人之處在於，他透過大量的實驗，建立起完整的光學體系，用各種實驗證實了他的理論，並且用理論解釋了光學的各種現象。有了完整並可以重複驗證的學說體系，人類對規律的認識才可能從自發狀態進入自覺狀態，並且主動運用理論解決實際問題。比如，牛頓完整的光學理論讓他得以自由地將已有的顏色混合產生新的顏色，這也是彩色顯示器（電視機）、彩色底片和彩色數位攝影背後的光學原理。甚至在藝術上，19世紀繪畫藝術中印象派的興起，也和人類對光學的認識直接相關。

在天文學方面，牛頓透過萬有引力定律闡釋了宇宙中日月星辰運行的規律，也從理論上解釋了他的前輩克卜勒的行星運動三定律，這對人類的認知意義很大。因為從此之後，宇宙中星體的運行和各種天文現象都變得可預測了，人類從此有了非凡的自信心。與牛頓同時代的科學家哈雷，利用牛頓的理論，準確地預測出一顆彗星回歸的時間。雖然他本人沒有能夠等到它的歸來，但是七十三年後，這顆彗星真的回來了。這顆彗星也因此以哈雷的名字命名。在牛頓之前，幾乎所有的科學發現都需要先觀察到現象，才能發現規律。在牛頓之後，很多發明則是先透過理論的推導，預測可能觀察到的

---

* 中國明末的科學家方以智（1611～1671）在《物理小識》中綜合前人研究的成果，對色散現象做了總結。他用自然晶體（或者人工燒製）的三稜鏡將白光分成五色。由此認識到，雨後彩虹、日照下瀑布產生的五色現象，以及日月之暈、五色之雲等自然現象，都是白光的色散（他的原話就是：皆同此理）。

結果，然後再透過實驗證實。後來，海王星的發現、廣義相對論、希格斯玻色子的理論，以及重力場、暗物質、暗能量的理論，都是先由理論推導，然後逐漸被證實的。

需要指出的是，牛頓偉大的發現有著歷史的必然性。很多人在講述科學發明的故事時，總愛強調靈感和有準備的頭腦的重要性，其實很多發明和發現都是水到渠成的結果。以萬有引力定律的發現為例，大家都喜歡談論從樹上落下的蘋果給牛頓帶來的靈感，但這個傳奇的說法實際上是法國思想家伏爾泰杜撰出來的。牛頓發現萬有引力定律是一個很長的過程，並非靈機一動想出來的。更重要的是，與牛頓同時代的很多科學家，包括虎克、哈雷等人，都注意到了行星圍繞太陽運動需要一種向心力，即來自太陽的引力，只是這些人沒有能力完成理論的建立，[11] 而牛頓顯然比他們高明一些。不過，即使沒有牛頓，可能用不了多久，也會有其他科學家發現萬有引力定律。事實上，哈雷參與了牛頓《原理》一書的出版，並且是該書第一版的出資人。這些事實說明了科技發展的必然性。

牛頓在思想領域最大的貢獻在於將數學、物理學和天文學三個原本孤立的知識體系，透過物質的機械運動統一起來，這就是哲學上所說的機械方法論（簡稱機械論）。在牛頓和後來機械論的繼承者看來，一切運動都是機械運動。

今天我們談起機械論的時候，可能會覺得那是過時的、僵化的思想，但是在啟蒙時代，這種思維方式非常具有革命性。機械論這個詞本身，是牛頓的朋友、著名物理學家波以耳提出來的。牛頓、波以耳等人用簡單而優美的數學公式揭示了自然界的規律，他們告訴世人：世界萬物是運動的，那些運動遵循著特定的規律，而那些規律又是可以被發現的。只要利用那些定律和定理，就能製造出想

要的機械,合成想得到的光,並且瞭解未來。

在牛頓之前,人類對自然的認識充斥著迷信和恐懼,蘋果為什麼會落地,日月星辰為什麼會升起,天上為什麼會出現彩虹,這些在今天看似無須解釋的現象,在當時的人們看來都是謎。人類只能把一切現象的根源歸結為上帝。直到牛頓等人出現,人類才開始擺脫這種在大自然面前的被動狀態。從此,人類開始用理性的眼光看待一切的已知和未知。

由於牛頓用機械運動解釋萬物變化的規律顯得如此成功,在牛頓之後的兩個多世紀裡,發明家們認為,一切都可以透過機械運動來實現。從瓦特的蒸汽機和史蒂文生(George Stephenson, 1781-1848)的火車,到瑞士準確計時的鐘錶和德國、奧地利優質的鋼琴,再到巴貝奇的計算機和二戰時德國人發明的恩尼格瑪密碼機(Enigma machine),無不是採用機械思維解決現實難題的範例。

機械思維的一個直接結果是知識的高度濃縮和傳遞的有效性。幾個簡單的公式就能講清楚宇宙運行的規律,這種知識表達和傳播的效率超出了之前的任何文明。牛頓將幾乎所有到他為止人類所掌握的自然科學知識,用他的兩本書《原理》和《光學》就概括了。法國啟蒙學者伏爾泰去了一趟英國,就將牛頓的理論帶回法國,並且由法國著名女數學家愛米麗‧布瑞杜爾(沙特萊侯爵夫人,Emilie de Breteuil,1706~1749)翻譯成法語,這種知識傳播的過程要比過去快得多。

在歷史上,除了阿基米德等少數人的發明是直接依據科學理論指導外,絕大多數發明是靠長期經驗的累積並逐步改進的結果,而這種方式的發明進步速度非常緩慢。

在早期文明中,科學發現和技術發明並沒有太直接的關係,直

到今天，科學家和發明家還通常是兩類人。因此，在歷史上很多文明對短期看不到結果的科學研究並不是很重視。科學和技術的緊密結合是從牛頓的時代開始的，牛頓本人兼有科學家和發明家雙重身分，他在非常年輕的時候就成了英國皇家學會會員，而這並非靠他在數學或者力學上的成就，而是因為他發明了一種望遠鏡。由於不同顏色的光具有不同的折射率，所以完全靠透鏡折射製造的望遠鏡一旦增加放大倍數，物體就模糊不清。為了避免玻璃透鏡的這個先天不足，牛頓採用曲面反射鏡取代凸透鏡發明了反射式望遠鏡，它比伽利略的折射式望遠鏡清晰而且小巧，後來這種反射式望遠鏡以牛頓的名字命名。

今天世界上最大的太空望遠鏡詹姆斯・韋伯太空望遠鏡（James Webb Space Telescope，簡稱 JWST），就是應用牛頓望遠鏡的原理製造的（見圖5.3）。而且，在牛頓之後，人類有意識地利用科學知識指導實踐，這才使得自近代以來科技進步不斷加速。西方科技史學家通常把牛頓視為人類科技史上的標誌性人物，因為他開啟了近代社會和科學的時代。

當然，在牛頓的年代，科學轉化為技術的週期還很長，有時需要半個世紀甚至更長時間，今天，這個週期被大大縮短到二十年左右。當然，很多人會覺得二十年依然很長，但是一項真正能夠改變世界的重大發明，從重要的相關理論發表，到做出產品，再到被市場接受，過程極為複雜，二十年一點兒也不長。我們在後面會透過一些例子來告訴大家，這樣的全過程是如何完成的。

笛卡兒、牛頓等人生活的時代，是人類歷史上的科學啟蒙時代，再往後要經過半個多世紀，工業革命才真正開始。在半個多世紀裡，另一門重要的科學——化學誕生了。

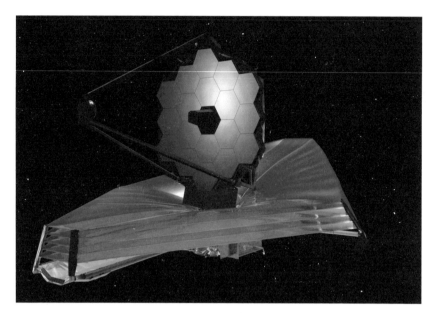

圖5.3　詹姆斯・韋伯太空望遠鏡效果圖

鍊金術士還是化學家

　　相比有上千年歷史的數學、物理學和天文學，化學的歷史非常短，它的產生與另一種歷史非常悠久的知識體系——鍊金術緊密相關。鍊金術在今天的口碑不是很好，因為它被確認為是偽科學，它的很多做法完全不符合科學規範。不過，早期的物理學、醫學和天文學（包含占星術）其實比鍊金術也強不到哪裡去，只是後來它們依靠科學的方法脫胎換骨，而鍊金術在採用科學方法之後換了一個名字——化學。

　　幾乎人類各個文明都發展了自己的鍊金術，但是在東方和西方，鍊金術的定位並不相同。在中國，鍊金術是以製造萬靈藥和長生不

老藥為目的，因此也叫煉丹術。而在西方，錬金術的目的是將廉價的金屬變成貴重的黃金。無論是為了長生不老，還是為了錢財，錬金術背後都有巨大的利益驅動。因此，雖然從來沒有成功過，但術士們仍為此前仆後繼，樂此不疲。

雖然勞民傷財且不斷失敗，但錬金術也並非一無是處。在中國，它催生了火藥的發明；而在西方，透過錬金術，人們找到了各種各樣的礦物質，提煉出了一些元素，並且在這個過程中積累了化學實驗的經驗和實驗方法，從而發明了許多實驗設備。

最早從錬金術士轉變為化學家的，要算德國商人布蘭德（Henning Brand，約1630～1710）了。1669年，他試圖從人體的尿液中提取黃金（可能因為它們都是黃色的緣故），於是抱著發財的目的，用尿液做了大量實驗，意外地發現了白磷。這種物質在空氣中會迅速燃燒，發出光亮，因此布蘭德給它起名Phosphorum，意思是光亮。其他的錬金術士聽到這個消息後百般打探，但是布蘭德的保密工作做得很好，在接下來的好幾年裡，大家對提煉磷的過程毫無所知。後來，德國科學家孔克爾探知這種發光的物質是從尿液中提取出來的，於是也開始做類似的實驗，並且在1678年成功地提取出了白磷。幾乎同時，英國的科學家波以耳也用相近的方法獲得了磷。後來，波以耳的學生漢克維茨（Codfrey Hanckwitz）將其商品化，製得大量的磷並運到歐洲其他國家出售，獲利頗豐。磷的發現，可以說是從錬金術到化學的一個重要轉折點，因為不同的人用類似的方法得到了同樣的結果，這個過程是可以驗證的。

到了18世紀初，德國的錬金術士伯特格爾（Johann Friedrich Böttger, 1682-1719）發明了歐洲的瓷器，可以算是當時西方錬金術所取得的一個重大成就。伯特格爾最初的目的是給薩克森國王奧古

斯特二世（August II Fryderyk Moncny, 1670-1733）鍊黃金，但伯特格爾很快發現這件事根本做不到。而當時在歐洲，瓷器的價格和等重量的白銀相當，於是，伯特格爾轉而開始研製瓷器，因為這同樣可以讓國王賺錢。伯特格爾前後一共進行了三萬多次實驗，嘗試了瓷土中各種成分的配比，以及不同的燒製條件，最終製作出了完美的瓷器，這就是享譽世界的梅森瓷器（Meissen）。

伯特格爾的成功讓薩克森國王奧古斯特二世獲利頗豐，而在科學上，這件事的意義也很重大。以伯特格爾為代表的17、18世紀的歐洲鍊金術士在研究方法上已經和他們的前輩有所不同。他們有意無意地採用了科學的方法，不僅詳細記錄了實驗過程和結果，而且透過使用量杯、天平、比重計和各種簡單的測量工具對實驗進行定量分析。有了這些記錄和分析，後人便可以重複前人的實驗結果。伯特格爾當年的實驗記錄都保存在德國德勒斯登檔案館裡。伯特格爾不僅記錄了成功的經驗，還記錄了失敗的教訓，這讓後人可以在前人實驗的基礎上發展科學，獲得疊加式的進步。對比之下，早期文明的很多發明缺乏完整的記錄，因此免不了「發明，失傳，再發明，再失傳」的輪迴，比如現在已經無法獲知宋代的汝瓷是如何燒製的。過去的發明，即便有一些記錄留下來，也只有成功的經驗，沒有失敗的教訓。因此，後人想改進工藝非常困難，比如今天的中藥廠，也不敢保證炮製的丸藥就比明清宮廷裡製作的更好。而如果想進行改進，又要重複前人的失敗，難以獲得疊加式的進步。

當然，從鍊金術過渡到化學是一個漫長的過程。在這個過程中，扮演重要角色的，就是化學的奠基人、著名科學家安托萬·拉瓦節（Antoine Lavoisier, 1743-1794），他在化學界的地位堪比牛頓在物理學界的地位。

　　由於早期的科學研究並非有利可圖的事情，因此從事研究科學的人，要麼是對科學抱有極大興趣的人，比如培根或者牛頓，要麼是不愁生計的有錢人。拉瓦節就屬於後一類。他是法國末代王朝的貴族，從來不缺錢，他做化學實驗只是為了探索自然的奧祕，而不是為了賺錢。拉瓦節一生的貢獻很多，比如發現了空氣中的氧氣，並且提出了氧氣助燃的學說；證實並確立了質量守恆定律；制定了化學物質的命名原則；制定了今天廣泛使用的公制度量衡。這裡面任何一項都足以讓人名垂青史。我們先從他的第一項貢獻說起。

　　在拉瓦節之前，學術界流行著「燃素說」，即物質能夠燃燒，是因為其中有所謂的「燃素」，燃燒的過程就是物質釋放燃素的過程。但是，如果這樣，很多現象就無法解釋，比如給爐子鼓風火就能燒得更旺，把油燈的罩子蓋嚴燈就會滅。當時的人們不知道空氣中的氧氣不僅能助燃，還是燃燒所必需的。最終發現氧氣能夠助燃的其實是英國科學家約瑟夫・卜利士力（Joseph Priestley, 1733-1804）。1774年，他在加熱氧化汞時，發現了一種氣體，這種氣體不僅能使火焰燃燒得更旺，還能幫助呼吸。遺憾的是，燃素說在卜利士力腦子裡根深柢固，因此，他始終在化學的大門外徘徊，沒有邁進去。後來卜利士力到了法國，向拉瓦節介紹了自己的實驗，拉瓦節重複了卜利士力的實驗，得到了相同的結果。但是拉瓦節不相信燃素說的解釋，因為他透過定量分析和邏輯推理發現了燃素說的邏輯破綻：如果燃燒是由物質中的燃素造成的，那麼燃燒之後，灰燼的質量應該減少，然而事實上，燃燒的生成物質量是增加的，這說明一定有新的東西加入了燃燒的產物中。拉瓦節在實驗中有一個信條：必須用天平進行精確測定來檢驗真理。正是依靠嚴格測量反應物前後的質量，他才確認了在燃燒的過程中，空氣中的一種氣體加了進來，

而不是所謂燃素分解掉了。

1777年，拉瓦節正式把這種氣體命名為氧氣（oxygen）。隨後，拉瓦節向巴黎科學院提交了一篇題為《燃燒概論》（Mémoire sur la combustion en général）的報告，用「氧化說」闡明了燃燒的原理。他在報告裡闡述了氧氣的作用，即首先必須有氧氣參與，物質才會燃燒。*拉瓦節還指出，空氣中除了含有氧氣，還有另一種氣體，因為燃燒時空氣中的氣體沒有用光。「氧化說」合理地解釋了燃燒生成物質量增加的原因，因為增加部分就是它所吸收的氧氣的質量。在研究燃燒的過程中，拉瓦節確定了精確的定量實驗和分析在自然科學研究中的重要性。

圖5.4　拉瓦節實驗室

---

* 今天人們依然對誰最先發現氧氣有爭議，從時間來講應該是卜利士力，但是從認識到氧氣是一種有自己屬性的物質來講則是拉瓦節。科技史學家托馬斯庫恩（Thomas Kuhn）在他的《科學革命的結構》一書中專門用這個例子說明準確定義一種發明的時間和地點是非常困難的。

在研究燃燒等一系列化學反應的過程中，拉瓦節透過定量實驗證實了極其重要的質量守恆定律。這個定律並不是他的獨創，在拉瓦節之前，很多自然哲學家與化學家都有過類似觀點，但是由於對實驗前後的質量測定不準確，這一觀點無法讓人信服，因此只是一種假說。拉瓦節透過精確的定量實驗，證明物質雖然在一系列化學反應中改變了狀態，但參與反應物質的總量在反應前後是相同的。由於有了量化度量的基礎，拉瓦節用準確的語言闡明了這個原理及其在化學中的運用。質量守恆定律奠定了化學發展的基礎，今天學習化學的人都知道化學反應的方程式兩邊需要平衡，這一切都來自質量守恆定律。

拉瓦節所有的研究工作，都遵循了笛卡兒的科學方法。科學從近代到現代，就是科學家靠科學方法，透過實踐不斷確立起來的。

正如牛頓建立了經典物理學的體系一樣，拉瓦節建立起了化學的體系。一個科學體系的建立，首先要將各種概念定義清楚。1787年，拉瓦節和幾位科學家*一起編寫並發表了《化學命名法》（*Méthode de nomenclature chimique*）。在這本書中，他們制定了化學物質的命名原則和分類體系。在拉瓦節之前，化學家對同一種物質叫法不一。拉瓦節等人指出，每種物質必須有一個固定名稱，而且該名稱要盡可能地反映出物質的組成成分和特性。比如我們說食鹽，雖然大家知道它是什麼東西，但是從名稱中無法知道它的成分和特性。在化學上，它被稱為氯化鈉，這樣，我們就知道它有兩種元素，氯和鈉，而且是一種氯化物（鹽類）。今天化學課本中使用的各種化學物質的名稱，都遵循拉瓦節等人給出的命名原則。為了科學地描

---

* 這幾位科學家包括戴莫維（L.B.Guyton de Morveau, 1737-1816）、貝托雷（Claude-Louis Berthollet, 1748-1822）和佛克羅伊（Antoine Francois, comte de Fourcroy, 1755-1809）。

述化學反應，拉瓦節發明了化學方程式。如果沒有化學方程式，我們今天描述化學反應就會既不簡潔也不清晰。

　　建立一個科學體系，還需要把那門科學基本的原理和方法確定下來。1789年，拉瓦節發表了《化學基礎論》（*Traité élémentaire de chimie*）。在這本學術專著中，拉瓦節定義了化學「元素」的概念，總結出當時已知的三十三種基本元素*和由它們組成的常見化合物，以及各種化學反應的方法和結果。這樣，以前各種零碎混亂的化學知識點就組成了系統的學科。至此，化學作為一門獨立的學科被確立下來。從鍊金術發展到化學，從根本上說，定量實驗和定量分析非常關鍵，這使得對於各種化學反應的研究由感性上升到理性。這種研究方式，可以被看成是準確收集信息的過程。當然，要做到這一點，也為了便於所有的化學家（和物理學家）能夠在同一個基礎上做研究，需要有統一的度量單位。因此拉瓦節領導了法蘭西科學院組織委員會，統一了法國的度量衡，並最終形成了今天全世界通用的公制。這是他對世界最重要的貢獻之一，也是他最後一項重大貢獻。

　　拉瓦節最後的結局非常悲慘。雖然他在法國大革命中支持革命，並且主管當時的法蘭西科學院，但是在1793年，激進的雅各賓派掌權之後，拉瓦節的厄運也就開始了，而對他的迫害恰恰來自被譽為「革命驍將」的馬拉（Jean-Paul Marat, 1743-1793）。馬拉雖然是政治家，但是也想獲得科學家的榮譽而名垂青史，於是他寫了《火焰論》——一本偽科學的大雜燴。馬拉把自己的大作提交到了法蘭西科學院，希望發表。身為院長的拉瓦節當然不會理會這種毫無科學價值的著作，這樣他就和當時炙手可熱的馬拉結下了私怨，最終拉瓦節

---

* 儘管一些實際上是化合物而不是真正的單質元素。

被判處了極刑。由於拉瓦節在歐洲學術界具有極大的影響力，歐洲各國學會紛紛向國會請求赦免拉瓦節，但是當時的領導人羅伯斯庇爾（Maximilien Robespierre, 1758-1794）不僅無動於衷，反而迅速處死拉瓦節等一批科學家，他給法國各界的回答是：「法國不需要學者，只需要為國家而採取的正義行動！」[12]

1794年5月8日，也就是革命法庭做出判決的第二天，拉瓦節被送上了斷頭台。他泰然受刑而死，據說行刑前他和劊子手約定自己被砍頭後儘可能多眨眼，以此來確定頭砍下後是否還有知覺。後來拉瓦節的眼睛一共眨了十五次，這是他的最後一次科學研究。不過這一說法不見於正史。在那個動亂的年代，法國很多知識菁英被送上了斷頭台，或者被逼死，比如著名的科學家孔多塞（Marquis de Condorcet, 1743-1794）等人。而就在拉瓦節遇害幾個月之後，暴君羅伯斯庇爾也被送上了斷頭台，在他的頭顱被砍下的那一刻，觀看的群眾鼓掌長達十五分鐘，以表示喜悅之情。

對於拉瓦節之死，著名的數學家拉格朗日（Joseph Louis Lagrange, 1736-1831）痛心地說：「他們可以一眨眼就把他的頭砍下來，但他那樣的頭腦再過一百年也長不出一個來了。」在羅伯斯庇爾被處決後，法國為拉瓦節舉行了莊重而盛大的國葬。

拉瓦節不僅在化學發展史上建立了不朽功績，還確立了實驗在自然科學研究中的重要地位。拉瓦節說，「不靠猜想，而要根據事實」，「沒有充分的實驗根據，決不推導嚴格的定律」。他在研究中大量地重複前人的實驗，一旦發現矛盾和問題，就將它們作為自己研究的突破點，這種研究方法一直沿用至今。無論是在學術上的成就，還是在方法論上的貢獻，拉瓦節都無愧於「化學界的牛頓」和「現代化學之父」的美名。

● ● ●

在人類科技發展史上，科學和技術的發展通常是一致的，但是在不同地區、不同歷史階段，它們會有嚴重的錯位。在東方大部分時期，技術的發展優先於科學，這或許和東方的實用主義有關。在西方的古希臘、古羅馬時期，二者的發展基本上是一致的，到了中世紀早期，二者則同時停滯了。在隨後長達上千年的時間裡，中國在技術上明顯領先於歐洲。不過，歐洲自中世紀後期和文藝復興以來，一系列的歷史事件導致了它在科學上的積累和進步，其中包括大學的誕生、文藝復興、印刷術的出現、宗教改革等。這些和信息的產生、傳播直接關聯，並且在知識和信息積攢到一個臨界點時，激發了科學的大繁榮。這個時期就是歐洲近代的科學啟蒙時期，從笛卡兒開始一直延續到法國大革命之前。

即便在科學快速發展的啟蒙時期，科學的進步也不是勻速的。在科技史上有幾個關鍵性的拐點，牛頓的奇蹟年（1666年）便是其中一個。在這之後的兩個世紀裡，很多自然科學學科一一建立起來，包括現代醫學和生理學、物理學和天文學、高等數學，以及化學。

不過，歐洲在技術上的進步要比科學上有所延遲。在牛頓那個年代，歐洲人雖然在產生新的知識上已經明顯領先於東方人，但是在航海之外的其他地方，在能量的利用上並不比東方人領先。直到17世紀，經過英國農業革命，歐洲在農耕技術上才趕上中國。歐洲經濟的落後情況直到英國工業革命開始之後才得到改變。從那時起，技術終於跟上了科學前進的步伐，一場影響人類歷史的技術革命開始了。

第 **6** 章 ｜ 工業革命

　　在歐洲科學啟蒙時代之後，人類迎來了技術的大爆發，從而引發了工業革命，世界文明的進程瞬間加速，整個世界為之一變。今天，我們所有人都在享受工業革命的成果。

　　中國在農耕文明時期，人均收入在長達兩千年的時間裡沒有本質的變化。中國在1978年改革開放之前還是一個農業國，按照世界銀行的統計指標，當時的人均GDP只有156美元，低於歷史上大部分和平時期，甚至只有撒哈拉以南非洲國家的三分之一，這也是鄧小平講再不努力就要被開除球籍的原因。但是到了2016年，中國的人均GDP已經高達8100美元。其根本原因就是在工業革命中，起主導作用的是科學技術，而在農耕文明社會，經濟總量很大程度上取決於人口的數量，技術的作用相對次要，甚至氣候的作用都比科技的作用要大。

　　工業革命不僅帶來了財富的劇增，而且讓人們的整體生活水準有了大幅度的提高。圖6.1描述了全世界各大洲進入工業時代之後

人均壽命的增長情況。在農業時代，人類的平均壽命只有30～35歲，而工業革命開始以後，逐漸增加到了65～70歲，大致翻了一番。可以毫不誇張地說，相比工業革命，任何王侯將相的豐功偉績都顯得微不足道。因此，在世界歷史中，最有意義的其實就是科技進步史。

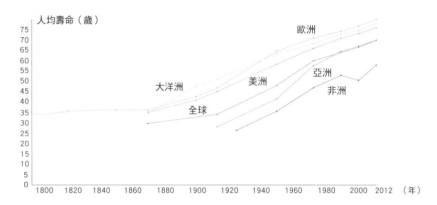

圖6.1　工業革命後全世界各大洲（不含南極洲）人均壽命的增長情況。

　　工業革命（或者更準確地說，源於英國的第一次工業革命）的本質是一次動力的革命，採用機械動力取代人力和畜力製造商品。在工業革命之前，手工業發展的瓶頸就是動力不足，要多製造商品，就需要多雇人，而人能夠提供的動力是有限的，從土地中解脫的人數也是有限的。因此，工業發展非常緩慢，工業商品總是供不應求。工業革命解決了動力問題，工人所提供的不再是簡單的勞力，而是技能，在機器的幫助下，一個人能夠抵得上過去幾個人甚至幾十個人。這就使得生產效率劇增，同時也在人類歷史上第一次出現了商品供大於求的情況。

　　工業革命為什麼會始於18世紀中後期？為什麼會出現在英國？這有歷史的必然性，比如英國長期以來的民主傳統，透過全球貿易

已經積累了一個世紀的財富，重商主義的國策使得它有動力提高勞動生產率，牛頓等人的貢獻也幫助英國人在思想上完成了變革的準備，等等。還有一條非常重要的原因，就是人的因素，即需要有一批人開啟工業革命的大門。這批人恰巧在18世紀末聚集在英國的伯明罕，逐漸形成了後來改變世界的菁英團體——月光社（Lunar Society，見圖6.2）。

圖6.2　月光社在伯明罕的舊址

月光社與工業革命

對於大多數中國讀者來說，「月光社」這個名稱非常陌生，但是在18世紀英國和美國很多名人的傳記中都會提到這個組織，因為它聚集了當時西方世界的技術菁英，而且對歐美的工業革命產生了巨

大的影響。有的人可能會覺得它像是一個神祕組織，其實它既神祕也不神祕。說它神祕是因為這群人會在月圓的晚上相聚在伯明罕某個人的家裡，而且聚會者是經過嚴格挑選的。說它不神祕，是因為這只是一個民間的科學團體，其成員並不做什麼神祕的事情，只是討論科學和技術而已。之所以選擇月圓之夜聚會，是因為當時沒有路燈，要靠月光照明，故取名月光社。

月光社並沒有明確的成立時間，它的歷史可以追溯到1757年或者1758年。當時伯明罕的工廠主馬修‧博爾頓（Matthew Boulton, 1728-1809）和他家的私人醫生老達爾文（Erasmus Darwin, 1731-1802）經常在一起討論一些科學問題。老達爾文是一名醫生，也是科學家。事實上，演化論早期的一些想法就來自老達爾文，而寫《物種起源》的查爾斯‧達爾文是他的孫子。後來，博爾頓和老達爾文又聚集了伯明罕地區其他的技術菁英，辦起了月光社。

1758年，正在英國出差的美國科學家班傑明‧富蘭克林（Benjamin Franklin, 1706-1790）應邀加入了月光社，並且在回到美國之後，還和英國的月光社會員一直保持通信往來。幾年後，又有幾位重量級的科學家和發明家加入進來，其中包括瓦特、地質學家威治伍德（Josiah Wedgwood, 1730-1795），以及前面講到的卜利士力等人。此外，現代化學之父拉瓦節以及美國《獨立宣言》的起草人、科學家傑佛遜（Thomas Jefferson, 1743-1826）也相繼加入。當然，在這群人中，直接開啟工業革命大門的是瓦特，他和博爾頓為第一次工業革命提供了動力來源──蒸汽機。

其實講瓦特發明蒸汽機的說法並不準確。蒸汽機在瓦特之前就有了，瓦特是改進了蒸汽機，或者說他發明了一種萬用蒸汽機，讓蒸汽機被廣泛應用。

最早發明蒸汽機的是英國工匠湯姆士·紐科門（Thomas Newcomen, 1664-1729）。1710年，他發明了一種固定的、單向做功的蒸汽機，用於解決煤礦的抽水問題，[1] 這是人類第一次能夠利用生物能和自然能（風能、水能）以外的動力。但是，紐科門發明的蒸汽機非常笨拙，而且適用性差，效率低下，因此，從來沒有能走出英國，其意義更多是象徵性的。在隨後的半個多世紀裡，沒有人能夠改進它——這不是因為工匠們不想改進，而是他們根本就不知道如何改進。在牛頓和瓦特之前，一項技術的進步需要非常長的時間來累積經驗，或者說獲得信息和知識的過程非常漫長，常常要持續幾代人。

瓦特和他之前的工匠都不同，他是透過科學原理直接改進蒸汽機，而沒有靠長期經驗的積累。雖然各種勵志讀物把他描寫成沒有上過大學，僅靠自己的努力實現成功逆襲的人物，但這其實是對瓦特生平的誤解。瓦特生長在一個中上層家庭，學習成績優異，從小就愛擺弄各種機械，只是因為後來父親破產，他才失去了上大學的機會。由於他天資聰穎，善於修理各種機械，因而得以進入蘇格蘭的格拉斯哥大學，並當上了修理儀器的技師。在格拉斯哥大學，他利用工作之便，系統地學習了力學、數學和物理學的課程，並與教授討論理論和技術問題。因而，瓦特後來改進蒸汽機的想法不是來自經驗，而是來自理論，這和當年牛頓發明反射式望遠鏡的過程很相似。

1763年，格拉斯哥大學的一台紐科門蒸汽機壞了，正在倫敦修理，瓦特得知後請求學校取回了這台蒸汽機，並親自修理。很快，瓦特就把這台蒸汽機修好了，但是它的效率實在太低。瓦特仔細分析了原因，發現這種蒸汽機的活塞每推動一次，氣缸裡的蒸汽都

要經歷先冷凝然後再加熱的過程，使得百分之八十的熱量耗費在維持氣缸的溫度上。此外，這種蒸汽機只能做直線運動，不能做圓周運動。瓦特決定改進蒸汽機，他將冷凝器與氣缸分離開來，並且在1765年製造了一個可以運轉的模型，然後他就離開了大學，專心研製新的蒸汽機。

不過，設計出模型和造出蒸汽機是兩回事。首先，資金就是一個大問題。所幸的是，當時一位名叫約翰‧羅巴克（John Roebuck）的工廠主給了瓦特資金上的支持。但是，由於當時金屬加工的水準不高，因此活塞和氣缸一直做不好，這樣八年很快就過去了。到了1773年，羅巴克破產，瓦特依然沒有造出蒸汽機。這一段時間正是瓦特一生最不走運的時期，他的太太也撒手人寰，留下五個孩子要撫養。瓦特一度想到俄國去碰碰運氣，因為那裡正在高薪招聘像他這樣有經驗的技師。這時，瓦特所在的月光社的一位朋友將他挽留了下來，這個人就是後來瓦特終生的合作夥伴馬修‧博爾頓。

在博爾頓的幫助下，瓦特得以度過難關。1773年，博爾頓賣掉了自己大部分的生意，全力支持瓦特的研究工作。博爾頓在寫給瓦特的信中表明了自己的決心：「我將為蒸汽機的誕生創造一切條件，我們將向全世界提供各種規格的發動機，你需要一位助產士來減輕負擔，並且把你的孩子介紹給全世界。」最後，博爾頓花了一大筆錢（1200英鎊）買到了羅巴克手中的那部分專利份額，[2] 從此，他和瓦特開始了他們改變世界的合作。

博爾頓的參與，使瓦特得到了更多的資金、更好的設備和技術上的支持。特別是在製造工藝方面，他們使用了當時英國的工程師約翰‧威爾金森（John Wilkinson）製造加農炮的技術，解決了活塞與大型氣缸之間的密合難題。終於在1776年，第一批新型蒸汽機製

造成功並投入工業生產。博爾頓和瓦特隨後贏得了大量訂單，以致在接下來的五年裡，瓦特常常奔波於各個礦場之間，安裝新型蒸汽機。這些生意給博爾頓和瓦特的公司帶來了巨大的利潤。在賺錢的同時，瓦特依然沒有忘記繼續改進蒸汽機，除了提高蒸汽機的通用性和效率，瓦特等人還讓蒸汽機能夠做圓周運動，這樣一來，蒸汽機的應用範圍就大大地拓寬了。此後，瓦特和他的同事所發明的蒸汽機被稱為「萬用蒸汽機」。

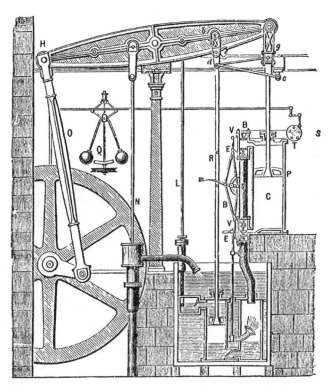

圖6.3　瓦特設計的蒸汽機原理圖

在隨後的六年裡，瓦特又對蒸汽機做了一系列改進，發明了雙向氣缸，極大地提高了蒸汽機的效率，並且使用至今。瓦特還透過使用高壓蒸汽閥，提升了蒸汽機的工作壓力。所有這些發明結合在一起，使得瓦特的新型蒸汽機的效率達到了紐科門蒸汽機的五倍。當英國國王參觀博爾頓和瓦特的工廠時曾經問博爾頓，你們在製造什麼機器？博爾頓回答道：「陛下，我們在為全英國提供動力。」事實也是如此，他和瓦特所做的事情是為工業提供動力，而不單純是一種機器。

蒸汽機的迅速普及與月光社的另一個成員有關，他就是地質學家威治伍德。當時，威治伍德在英國發現了製造瓷器所必需的高嶺土礦，於是轉而製造瓷器。在威治伍德之前，德國、奧地利和法國都有自己的瓷器製造業，中國和日本的瓷器也大量賣到歐洲，市場上的競爭已經開始逐漸激烈起來。作為後來者，威治伍德原本毫無競爭優勢，但他很快後來居上，成了全世界有名的瓷器大王（編按，威治伍德即英國著名的「瑋緻活」陶瓷公司創辦人）。

威治伍德手中有一個祕密武器，那就是他的朋友瓦特發明的蒸汽機。威治伍德將蒸汽機引入瓷器製造，開製造業中首次大規模使用蒸汽機之先河。威治伍德將黏土的研磨和陶坯的製造等非常費人力的工序用機器取代，把工匠集中在更需要技藝的工序中。工匠的職責分得很細，這使得每個工種的技能都達到了很高的水準。這樣，瓷器製造便第一次做到了質量和數量同時提高。而在此之前，增加數量總是以犧牲質量為代價。在隨後各個採用蒸汽機的產業中，不僅效率大大提高，而且不同批次的產品在品質上都是一致的，這為後來形成統一定價、統一市場的現代商業奠定了基礎。威治伍德的後人繼承了家族的瓷器業，1812年，他們將牛骨粉加到高嶺土中，

這樣燒製出來的瓷器更加潔白，由此發明了我們今天使用的骨質瓷器。* 骨質瓷器比單純用高嶺土燒製的瓷器更結實，抗撞擊力更強，因此可以做得更薄，甚至做到半透明的狀態。憑藉威治伍德等人的貢獻，英國人只要花一個先令就能買到一件高品質的瓷器。而在一百年前，高品質的瓷器還只是王室和貴族的專用品。

瓷器的普及改變了歐洲人的飲食習慣，老百姓的分盤用餐便是從那個時候開始的，因為每個家庭都買得起多套瓷器。從威治伍德的時代開始，瓷器首次在世界上出現了供大於求的情況。市場競爭日益激烈，一個瓷器廠如果無法持續創新產品的樣式、提升產品的品質，產品就會滯銷。

瓦特後來可謂名利雙收。1785年，他當選為英國皇家學會會員。後來他和博爾頓將蒸汽機賣到了全世界，加上專利轉讓的收入，瓦特晚年非常富有。瓦特的成功為英國的發明家樹立了榜樣──透過自己的發明創造，在改變世界的同時，也改變了自己的命運。後世評價道，牛頓找到了開啟工業革命的鑰匙，而瓦特則拿著這把鑰匙開啟了工業革命的大門。

瓦特的成功不僅是技術的勝利，也為人類帶來了一種新的動力來源，更重要的是，他掌握了新的方法論──機械思維。在瓦特之後，機械思維在歐洲開始普及，工匠們發明了解決各種問題的機械，從此，世界進入了以蒸汽為動力的機械時代。

至於月光社，它發揮了催生工業革命的媒介作用。正是靠這個民間的技術團體，蒸汽機才得以從理論變成產品，並且發揮出改變

---

* 雖然骨質瓷器在此之前已經有了，但是那些早期的骨質瓷器和今天我們使用的沒有什麼繼承關係。今天的各種骨質瓷器均源於威治伍德的發明。

世界的作用。* 從卜利士力、拉瓦節到瓦特、博爾頓，再到威治伍德，技術和商業的發展脈絡是一脈相承的。在那個時期前後，各種科學和技術社團（協會）的出現，對信息的流通厥功至偉。在月光社之前，英國於1660年成立了皇家學會，法國於1666年成立了皇家科學院，即今天的法蘭西科學院。在英國，牛頓、虎克、哈雷、波以耳和惠更斯等人的科學成就，在很大程度上受益於皇家學會裡經常性的交流；而在法國，皇家科學院也發揮了同樣的作用。

蒸汽船與火車

如果世界上大部分問題都能變成機械問題，那麼，只要製造出各種機械動力的機器，就能讓它們替代人從事各種工作。在這種思想的指導下，從18世紀末開始，世界上各種機械的發明層出不窮。在這些發明中，很多是蒸汽機的直接應用，例如蒸汽船和火車，而它們都以各自的方式改變了世界。

蒸汽船的發明人羅伯特‧富爾頓（Robert Fulton, 1765-1815）是一位充滿傳奇的人物。1786年，這位年僅二十歲的美國畫家來到英國倫敦，試圖以繪畫謀生。但意想不到的是，在那裡他遇到了改變他命運的貴人──瓦特。雖然富爾頓和瓦特年齡相差很大，而且聲望也不可同日而語，但是富爾頓依然和這位開啟工業革命的巨匠結成了忘年交。受到瓦特的影響，富爾頓從此迷上了蒸汽機和各種機械。在繪畫之餘，他學習了數學和化學，這讓他有了後來成為發明家的理論基礎。在英國期間，富爾頓還遇到了著名的烏托邦社會主

---

* 值得指出的是，卜利士力的一位身為工匠的親戚也參加了蒸汽機的製造。

義理論家、工廠主羅伯特・歐文（Robert Owen, 1771-1858），並且開始為他設計和發明各種機械。

　　富爾頓在歐洲瞭解到一些發明家試圖利用蒸汽機製造能夠自動划槳的船隻，包括發明家詹姆斯・拉姆齊（James Rumsey, 1743-1792）和他的競爭對手約翰・菲奇（John Fitch, 1743-1798），菲奇還因為這種奇怪的發明獲得了專利。但是這樣設計的蒸汽船效率很低，並沒有什麼實用價值，卻給了富爾頓啟發，即利用機械可以推動輪船行駛。

圖6.4　菲奇發明的划槳蒸汽船

　　早在1793年，富爾頓就向美國和英國政府提出造蒸汽船的計畫，但並沒有如願達成。1797年，富爾頓來到了法國。當時法國已經開始和英國處於敵對狀態了，一些發明家正在研製潛水艇和水雷，但是潛水艇的研究一直沒有進展。此時的富爾頓在整個歐洲已經是小有名氣的發明家，主持研製了世界上第一艘真正可以工作的潛艇

（但是還無法用於軍事目的）。

在法國期間，富爾頓見到了美國駐法國公使、簽署了《獨立宣言》的利文斯頓（Robert Livingston），並且透過他結識了法國的上層官員。當時，拿破崙正要和英國開戰，卻苦於在英吉利海峽逆風逆流的情況下，無法和強大的英國海軍對抗。於是，富爾頓建議使用可以逆風逆流航行的蒸汽船，並獲得了法國政府的批准。

富爾頓要比詹姆斯和菲奇聰明得多，他沒有讓機械簡單地模仿人的動作，而是理解了划槳的後座力可以產生向前的動力這一原理。利用這個原理，他在1798年發明了利用螺旋槳驅動的蒸汽船，並且向美國和英國申請了專利。

不過可惜的是，1803年富爾頓的蒸汽船在塞納河做實驗時沉沒了，法國徹底放棄了使用蒸汽船的想法，並嘲笑他的蒸汽船是「富爾頓的蠢物」（Fulton's folly）。[3] 富爾頓帶著遺憾離開了法國。

富爾頓的行為有點像中國戰國時代的縱橫家，在一個國家不得志，就跑到對手那邊。當時，面對在歐洲大陸百戰百勝的拿破崙，英國也感受到空前巨大的壓力，因此急需富爾頓這樣的發明家的幫助。在英國，富爾頓發明了真正實用的水雷，但是富爾頓的理想不是造武器，而是造蒸汽船，這件事他在英國一直沒能辦成。1805年，英國在海戰中打敗法國，英國的危機感消失，富爾頓看到蒸汽船的理想無法在英國實現，只好結束了長達十多年的歐洲之旅，於1806年回到美國。

回到美國後，富爾頓再次遇到了利文斯頓，並且成了他的侄女婿。利文斯頓不僅是政治家，對科學也感興趣，並且是紐約有名的富商。有了利文斯頓在資金上和政府關係上的支持，富爾頓研製蒸汽船的進展非常順利。

　　1807年，富爾頓發明的機械動力蒸汽船克萊蒙特號成功地行駛在哈德遜河上。人們從來沒有見過這樣一種怪物，不用風帆，沒有人划槳，僅靠豎起一根高高的煙囪，就能轟鳴著在水上行駛。經過32個小時的逆水航行，克萊蒙特號從紐約抵達位於上游240公里遠的奧爾巴尼。過去要走完這段水路，最好的帆船一路順風也要48個小時。富爾頓從此揭開了蒸汽輪船時代的帷幕。不久，富爾頓在利文斯頓家族的幫助下，取得了在哈德遜河航行的獨享權，並開辦了船運公司。1812年，富爾頓製造出了全世界第一艘蒸汽驅動的戰艦，這艘戰艦參加了美國對英國的戰爭。三十年後，蒸汽船完全取代了大帆船。從此，運輸業開始邁進蒸汽動力時代，同時，也為全球自由貿易時代的到來做好了準備。

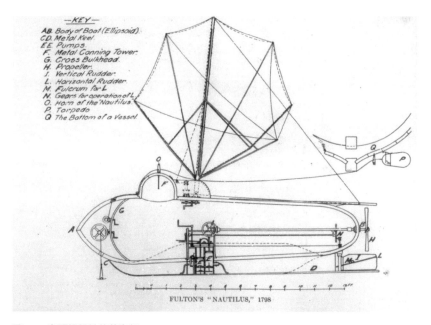

圖6.5　富爾頓設計的蒸汽船

　　就在富爾頓為製造蒸汽船忙碌時，英國工匠喬治·史蒂文生於1810年開始研製蒸汽動力的機車，也就是今天我們說的火車。1825年，由史蒂文生設計的火車載著450名旅客在他鋪設的鐵路上以每小時39公里的時速從達靈頓開往斯托克，沿途很多圍觀的群眾紛紛扒上火車，到達終點時，旅客人數達到了近600人。火車在沿途遇到一個騎馬的人，他試圖和火車賽跑，但是很快被火車超越並遠遠地落在了後面。史蒂文生後來還和他的兒子羅伯特·史蒂文生（Robert Stephenson, 1803-1859）一起修建了連接利物浦和曼徹斯特兩個英國主要工業城市的鐵路。英國隨後出現了鐵路熱，從此開始了鐵路運輸的歷史。

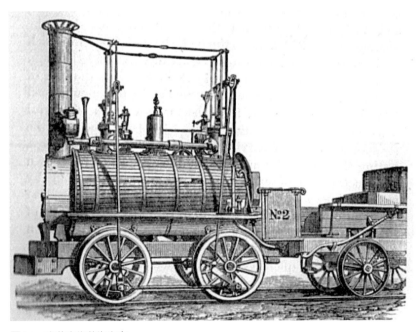

圖6.6　史蒂文生蒸汽火車

美國雖然是一個後起的工業化國家，但是由於土地廣袤，在鐵路發展方面很快超越了英國。鐵路的發展給美國社會帶來了巨大的變化。它把原本相互獨立的美國各州，特別是兩個工業中心——五大湖地區和東北部沿海地區連接了起來，在全國形成了統一的大市場，這是美國在19世紀末高速發展的基礎，也為美國開發西部創造了條件。運輸的發展也產生了一些意想不到的結果，比如它迅速摧毀了美國東北部新英格蘭地區的農業，因為從南方運來的便宜農產品在市場上更具競爭力。

機械思維的勝利

機械的作用不僅僅體現在運輸上，更重要的是提高了各行各業的效率，並且因此帶來了社會的變革。1793年，和富爾頓同歲的耶魯機械學畢業生伊萊·惠特尼（Eli Whitney, 1765-1825），在美國利用物理學知識和機械原理發明了軋棉機，把用手工摘除棉籽的工作交給機器來完成。軋棉機使得摘棉籽的效率提高了五十倍以上，並因此徹底改變了美國南方種植園的經濟結構。軋棉機發明一年後（1794），美國的棉花產量從550萬磅增加到800萬磅，1800年達到3500萬磅，1820年更是達到16000萬磅。到惠特尼去世的1825年，棉花產量已達到22500萬磅。美國南方的棉花開始為新英格蘭快速增長的紡織業供應原料，從而大大推動了美國的工業革命。

軋棉機的發明不僅改變了美國南方的經濟狀況，而且給南方搖搖欲墜的奴隸制度帶來了轉機。在此之前，南方的莊園經濟已經到了山窮水盡的地步，很多奴隸主開始懷疑奴隸勞動的經濟價值和奴隸制度的前途。但是軋棉機的發明和棉花產量的劇增使得南方的奴

隸制度不僅維持了下去，而且得到了進一步發展，這讓林肯總統最後不得不透過戰爭解決奴隸制度的問題。

圖6.7　伊萊·惠特尼的軋棉機

　　惠特尼後來還發明了銑床，並在為美國軍隊批量製作槍支時提出了後來被全世界工業界普遍採用的「可互換零件」的概念。[4] 現在中國的南方成了世界製造業的中心，最重要的原因是那裡逐漸形成了工業成品的零件供應鏈，以致世界其他人力成本更低的地方很難與之競爭。而供應鏈本身的有效性，則來自可互換零件。從生產的效率來說，這種方式使用的能耗和人工更少，卻可以生產更多的產品。由於在機械發明上的貢獻，惠特尼和富爾頓、薩繆爾·摩斯（Samuel Morse, 1791-1872）、愛迪生（Thomas Alva Edison, 1847-1931）被譽為美國19世紀最偉大的四個發明家。

　　到了19世紀，機械思維已經在歐洲和美國深入人心，人們相信任何問題都可以透過機械的方式解決。各式各樣和生活、生產相關的機械發明層出不窮。

　　19世紀初，歐洲大陸的鐘錶匠發明了八音盒（也稱為音樂盒），它的動力來自發條。當一排滾動的小錘掃過事先標識好音高的一排簧片時，就能奏出清脆的音樂。後來，瑞士的鐘錶匠還將音樂盒加進了豪華的機械錶中。

　　1843年，英國發明家查爾斯・瑟伯（Charles Thurber, 1803-1886）發明了替代手寫字的轉輪打字機，並獲得了美國專利。[5] 雖然這種打字機並沒有真正商品化，但是它意味著幾千年來人類透過書寫來記錄文明的方式，有可能被一種機械運動取代。1870年，丹麥牧師馬林－漢森（Rasmus Malling-Hansen, 1835-1890）發明了實用的球狀打字機，每一個字母對應一個鍵。1873年，美國發明家克里斯多福・萊瑟姆・肖爾斯（Christopher Latham Sholes, 1819-1890）發明了今天鍵盤式的機械打字機，並且在第二年銷售出第一批四百台。

圖6.8　懷錶中的音樂盒

　　由於機械的廣泛使用，鋼材的製造成了瓶頸。1856年，英國發明家亨利・貝塞麥（Henry Bessemer, 1813-1898）發明了革命性的轉爐鍊鋼法（貝塞麥稱之為「不加燃料的鍊鋼法」），極大地降低了鍊鋼的能耗和成本，使得鋼鐵代替了其他便宜但不結實的工業材料，從此人類進入了鋼鐵時代。在此之前，人類使用鐵器已經有幾千年的歷史，但是鐵器是作為工具存在的，而在工業革命之後，鋼鐵更多的是作為原料用於最終的成品，包括建築的結構。

　　從瓦特開始到隨後的半個多世紀裡，大部分工業領域的發明都來自英國，這讓它不僅成了工業革命的中心，也成了全球性的帝國。英國利用自身首屈一指的工業優勢，積極推行自由貿易政策。它率先取消貿易限制，透過開放自己的市場來換取國外市場，從而建立起了全球自由主義的經濟體系，「英國製造」走向了全世界。

　　1851年，英國為了展示其工業革命的成功，在倫敦市中心舉辦了第一屆世界博覽會（當時叫 Great Exhibition，今天叫 EXPO）。和歷屆博覽會都會修建一些標誌性建築一樣，這次博覽會的標誌性建築是著名的水晶宮。它長達560多公尺，高20多公尺，全部用玻璃和鋼架搭成，占地37000多平方公尺，裡面陳列著七千多家英國廠商的產品和大約同樣數目的外國商家展品。英國的展品幾乎全部是工業品，包括大量以蒸汽為動力的機械，而外國商家的展品則幾乎全都是農產品和手工產品。當時，英國維多利亞女王參加了開幕典禮，看到琳琅滿目的展品後，只是不斷地重複一個詞——「榮光」（glory）。就連英國的幽默雜誌《笨拙》（Punch）也評論說，「這是人類歷史上最隆重和喜悅、最美麗和輝煌的展覽」。[6]

　　始於英國的工業革命從本質上說是人類使用動力的一次大飛躍。機械作為新的動力來源不僅取代了人力和畜力，為生產和生活

提供了更多更強大的動能，而且作為人類手和腳的延伸，它讓人類做到了過去做不到的事情，比如製造需要精密加工的工業品，或者將人和物迅速送達遠方。

圖6.9　在倫敦水晶宮舉行的第一屆世界博覽會。

永動機不存在

機械革命，特別是蒸汽機的廣泛使用，讓人類第一次對能量格外關注。在農耕文明時代，社會需要人力和畜力，而在工業時代，人類需要能量，社會發展水準的高低可以直接用人均產生和消耗的能量來衡量。

然而能量都有哪些來源？它們都具有什麼形式？不同形式的能量能否相互轉化？如果能，它們是按照什麼樣的規律轉化？在工業革命之前，沒有太多科學家對這些問題做認真的研究，也不知道

能量和機械做功的關係，以致很多人試圖製造不需要使用能量也能工作的永動機。當然，這些努力無不以失敗告終。全世界最早深入研究熱力學問題的，並非大學教授或者職業科學家，而是英國的一位啤酒商。這個人就是我們中學物理課本中提到的大名鼎鼎的詹姆斯‧焦耳（James Joule, 1818-1889），能量的單位就是以他的名字命名的。

　　焦耳出生在一個富有的家庭，但他幼時並未被送到最好的小學，然後進入名牌中學和名牌大學。由於身體不好，父母只是將他送到一個家庭學校讀書。在十六歲那年，焦耳和他的哥哥在著名科學家道爾頓的門下學習數學，後來道爾頓因為年老多病無力繼續授課，便推薦焦耳進入曼徹斯特大學學習。畢業後，焦耳開始參與自家啤酒廠的經營，並且在啤酒行業非常活躍，直到他去世前幾年把啤酒廠賣掉為止。起初，做科學研究只是焦耳的個人愛好，不過隨著他在科學上取得的成就越來越高，他在科學上花的精力也就越來越多。

圖6.10　物理學家焦耳

1838年，焦耳在《電學年鑑》(*Annuals of Electricity*) 上發表了第一篇科學論文，但是影響力並不大。1840～1843年，焦耳對電流轉換為熱量進行了大量的實驗和研究，並很早就得出了焦耳定律的公式：$Q=I^2Rt$，即電流在導體中產生的熱量（Q）與電流（I）的平方、導體的電阻（R）和通電時間（t）成正比例關係。

這個公式是今天電學的基礎，焦耳發現它後興奮不已。不過，當焦耳把研究成果投給英國皇家學會時，皇家學會並沒有意識到這是人類歷史上最重要的發現之一，而是對這位「鄉下的業餘愛好者」的發現表示懷疑。

被皇家學會拒絕後，焦耳並不氣餒，而是繼續他的科學研究。在曼徹斯特，焦耳很快成了當地科學圈裡的核心人物。1840年以後，焦耳的研究擴展到機械能和熱能的轉換。由於機械能（當時也稱為功）相對熱能的轉換率較低，因此，這項研究成功的關鍵在於能夠精確地測量出細微的溫度變化。焦耳宣稱他能測量1/200攝氏度的溫度差，這在當時是無法想像的，所以皇家學會的科學家對此普遍持懷疑態度，並再次拒絕了焦耳的論文。不過，倫敦的主流科學家忘記了焦耳是啤酒商出身，他擁有當時最準確的測量儀器，對溫度的測量遠比他們想像的準確得多。這篇重要的論文後來發表在《哲學雜誌》上。[7]

1845年，焦耳在劍橋大學宣讀了他最重要的一篇論文——《關於熱功當量》。在這次報告中，他介紹了物理學上著名的功能轉換實驗，同時還給出了對熱功當量*常數的估計，即1卡路里等於4.41

---

* 熱功當量是指熱力學單位卡與功的單位焦耳之間存在的一種當量關係，焦耳首先用實驗確定了這種關係，後規定：1卡=4.186焦耳。

焦耳。1850年，他給出了更準確的熱功當量值4.159，非常接近今
天精確計算出來的常數值。

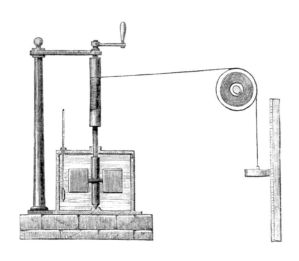

圖6.11　焦耳的熱量測量儀

　　幾年後，科學界逐漸接受了焦耳的功能轉換定律。1850年，
焦耳當選英國皇家學會會員，兩年後，他又獲得了當時世界上最高
的科學獎：皇家獎章。1852年後，焦耳和著名物理學家威廉·湯姆
森（Willian Thomson，1824～1907，又被稱為「開爾文勳爵」）合
作，完成了很多重大的發明和發現，包括著名的焦耳－湯姆森效應
（JouleThomson effect），並且至今仍被應用在各種蒸汽機和內燃機
引擎的設計中。此外，焦耳還提出了分子運動論，被學術界廣泛接
受。

　　在焦耳之前，人類對能量的瞭解非常有限，甚至一些發明家試
圖製造不費能量就能工作的永動機。焦耳透過他的研究成果告訴人
們，能量（和動力）是不可能憑空產生的，它只能從一種形式轉換

成另一種形式。因此，像永動機那樣的怪想法是不可行的，而人類能做的無非是提高轉換的效率。恩格斯曾經這樣總結焦耳的成就：「他向我們表明了一切⋯⋯所謂的位能、熱、放射（光或輻射熱）、電、磁、化學能，都是普遍運動的各種表現形式，這些運動形式按照一定的度量關係由一種轉變為另一種，因此，自然界中的一切運動都可以歸結為一種形式向另一種形式不斷轉化的過程。」

焦耳後來獲得了許多榮譽。1889年焦耳去世後，人們在他的墓碑上刻上了熱功當量值，以紀念這位偉大的物理學家。同時，人們還引用了《聖經‧約翰福音》中的一句話，概括焦耳勤奮工作的一生。

趁著白日，我們必須做那差我來者的工；黑夜將到，就沒有人能做工了。（I must work the works of him that sent me, while it is day; the night cometh, when no man can work.）

能量守恆定律也被稱為熱力學第一定律，它證明了能量轉換效率大於 1 的永動機是不存在的。但是是否存在能量轉換效率等於 1 的蒸汽機和內燃機（統稱為熱機）呢？在焦耳的時代還沒有人知道這些動力設備的效率極限是多少。當時還有人建議製造一種從海水中吸取熱量，再利用這些熱量做功的機器。海水的質量如此之大，以致整個海水的溫度只要降低一點點，釋放出的熱量就足夠人類使用了。這個想法，並不違背能量守恆定律，因為它消耗的是海水的內能。因此，人們把這種機器稱為第二類永動機。*但事實是，沒有人能夠讓這件事情發生，其中的原因當時也沒有人能解釋清楚。

---

* 第二類永動機就是從單一熱源吸熱使之完全變為有用功而不產生其他影響的熱機。

最早回答上述問題的是法國工程師薩迪·卡諾（Nicolas Léonard Sadi Carnot, 1796-1832），早在1824年，他就開始研究這個問題，並且找到了答案。卡諾透過一個假想的卡諾熱機，設計了一個特別的熱力學循環，給出了熱機效率的極限值。但是，當時沒有人認為卡諾是個科學家——他的著作無人閱讀，他的成果無人承認。

1850年，德國物理學家魯道夫·克勞修斯（Rudolf Clausius, 1822-1888）明確提出，「不可能把熱量從低溫物體傳遞到高溫物體而不產生其他影響」，[8] 這被稱為熱力學第二定律，又被稱為「克勞修斯表述」。後來，克勞修斯還發明了「熵」的概念，來描述分子運動的無序狀態，並更好地解釋了熱力學第二定律——任何封閉系統只能朝著熵增加的方向發展。熵不僅被用於解釋熱力學現象，後來還成為信息理論的基礎。

1851年，威廉·湯姆森指出，「不可能從單一熱源取熱，使之完全變為有用功而不產生其他影響」，這是熱力學第二定律的開爾文表述。事實上，克勞修斯和湯姆森的兩種表述在理論上是等價的。湯姆森的理論也直接否定了第二類永動機存在的可能性。

19世紀，物理學家從理論上指出了提高熱機效率的方法。直到今天，工程師們在提高汽車和飛機發動機效率時，依靠的依然是一個半世紀前提出的熱力學理論。正因為熱機工作需要外來的能源，到了19世紀末，世界列強開始對能源展開爭奪，因為能源關係到國家的發展，甚至是國家的存亡。從19世紀後期到今天，很多戰爭，包括第二次世界大戰中的很多戰役，都是圍繞能源進行的。

細胞學說與演化論

在恩格斯總結的19世紀三大科學發現中，除了能量守恆屬於熱力學範疇，另外兩大發現，即細胞學說和演化論，都屬於生物學領域。如果說17世紀奠定了高等數學和經典物理學的基礎，18世紀奠定了化學的基礎，那麼19世紀則奠定了生物學的基礎。

自古以來，人類就試圖搞清楚兩件事：我們所生活的宇宙的構成，以及我們自身的構成。有趣的是，人類對外部世界的瞭解似乎比對自身的瞭解更多。到了19世紀，人類已經瞭解了構成宇宙的星系和構成世界的物質，卻對構成生物生命的基本單元所知甚少。

最早系統地研究生物學的學者當屬亞里斯多德，他依據外觀和屬性對植物進行了簡單的分類整理。中國明朝的李時珍透過研究植物的藥用功能，對不少植物做了分類，但是其研究也僅限於植物的某些藥物特性。對外觀、生物特徵和一些物理化學特性的研究，屬於生物學研究的第一個階段，即表象的研究。當然，表象的研究通常只能得到表象的結論。按照今天的標準來衡量，無論是亞里斯多德還是李時珍，對動植物的研究都有很多不科學、不準確的地方。

對生物第二個層面的研究是透過探究生物體內部的結構，以及內部各部分（如器官）的功能，瞭解整個生物體的活動，乃至生命的原理，這就要依賴解剖學了。儘管從出土文物和一些文字記載來看，早在美索不達米亞文明和古埃及文明時期，人類就開始了解剖學的研究，但是由於缺乏對細節的記載，我們無法判斷當時解剖學的研究水準。

　　人類真正取得一些解剖學的成就，是在古希臘時期。今天，一些書中將希波克拉底（前460～前370年）作為解剖學的鼻祖，其實在他所處的年代，古希臘的解剖學已經比較普及，只不過希波克拉底記載了當時的解剖學成就，如古希臘人對人的運動系統，包括骨骼和肌肉的研究。事實上，在希波克拉底前後的幾十年間，古希臘的雕塑水準有了質的飛躍，這和解剖學的進步密切相關。此外，古希臘人還透過解剖學瞭解了人和動物一些器官的功能，比如腎臟的功能、心臟中三尖瓣等組織的功能等。不過，總的來說，人體解剖在古希臘屬於一種禁忌，大量解剖人體是不可能的。

　　到了古羅馬帝國中期，古代醫學理論家蓋倫繞開人體解剖的禁忌，透過解剖狗等動物來間接瞭解人的器官和它們的作用。蓋倫的這種想法很聰明，但是狗的生理結構和人的畢竟不完全一樣，因此，蓋倫的理論有很多謬誤。所幸的是，蓋倫對每一次的研究和診斷都有詳細記錄，據說一生寫了上千萬字的醫學文獻，這些資料後來傳到了阿拉伯，又傳回到歐洲，對後來的醫學研究有非常大的價值。因為即使蓋倫的結論錯了，大家也能夠從他的手稿中找到原因。雖然手稿在傳播的過程中丟失了很多，有些因為翻譯錯誤無法還原他當初的文字，但是到19世紀，依然保留下三百多萬字的文稿。萊比錫的醫生兼醫學史家庫恩（Karl Gottlob Kühn，1754-1840）花了十多年時間，整理和出版了蓋倫的一百二十二卷醫學手稿——《蓋倫文庫》。[9]《蓋倫文庫》被分成二十二卷，超過兩萬頁，其中經過整理後的僅索引就多達六百多頁。今天一些人嘲笑蓋倫的手稿中存在一些常識性錯誤，但是當我們面對這殘存的一百二十二卷手稿時，不得不對這位一生孜孜不倦、嚴謹治學的學者表示由衷的敬佩。

在古羅馬帝國分裂之後，世界醫學的中心從歐洲轉移到了阿拉伯帝國及其周圍地區。當時這些地區對人和動物器官功能的研究比古希臘和古羅馬時期又進了一步。

文藝復興之後，生理學研究的中心又轉回歐洲，包括達文西等科學先驅在內，很多科學家偷偷地進行解剖學的研究，從而對人類自身和動物（比如鳥類）的結構有了比較準確的瞭解。但是，真正開創近代解剖學的是生活在布魯塞爾的尼德蘭醫生安德雷亞斯・維薩里（Andreas Weselius, 1514-1564），他於1543年完成了解剖學經典著作《人體的構造》（De humani corporis fabrica）一書，系統地介紹了人體的解剖學結構。[10] 在書中，維薩里親手繪製了很多插圖。為了繪製得真實，他甚至直接拿著人的骨頭在紙上描。這本書＊讓後來的學者對人體的結構和器官功能有了直觀的瞭解，維薩里也因此被譽為「解剖學之父」。

雖然在解剖學的基礎上，現代醫學建立了起來，但是透過肉眼只能觀察到器官，看不到更微觀的生物組織結構（如細胞），更不用說搞清楚生物生長、繁殖和新陳代謝的原理了。這就需要透過儀器的幫助，進入第三個層面的研究，即深入到組織細胞。

1665年，英國科學家虎克利用透鏡的光學特性，發明了早期的顯微鏡。透過顯微鏡，虎克觀察了軟木塞的薄切片，發現裡面是一個個的小格子，並且把他的所見畫了下來。當時虎克並不知道自己發現了細胞（更準確地說是死亡細胞的細胞壁），因此就把它稱為小格子（cell），這就是英文細胞一詞的來歷。雖然虎克看到的只是細胞壁，而沒有看到裡面的生命跡象，但是人們還是將細胞的發現歸

＊ 這本書第一次印刷了七百本，個別複印本流傳至今，是拍賣價格最高的古書之一。

功於他。

真正發現活細胞的是我們在前面提到的荷蘭生物學家、顯微鏡的製造商雷文霍克。1674年，雷文霍克用顯微鏡觀察雨水，發現裡面有微生物，這是人類歷史上第一次（有記載的）發現有生命的細胞（細菌）。之後，他又用顯微鏡看到了動物的肌肉纖維和毛細血管中流動的血液。

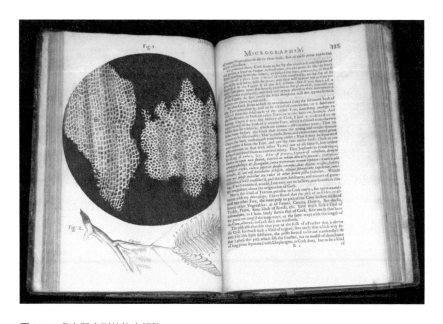

圖6.12　虎克觀察到的軟木細胞

雷文霍克雖然看到了細胞，但是並沒有想到它們就是組成生物體的基本單位。直到19世紀初，法國博物學家（現在叫生物學家）拉馬克（Jean-Baptiste Lamarck, 1744-1829）才提出生物所有的器官都是細胞組織的一般產物這樣一個假說，[11] 但是拉馬克無法證實自己

的假說。

1838年，德國科學家許來登（Matthias Schleiden, 1804-1881）透過對植物的觀察，證實了細胞是構成所有植物的基本單位。[12] 第二年，和許來登交流密切的德國科學家許旺（Theodor Schwann, 1810-1882）將這個結論推廣到動物界。之後他們一同創立了細胞學說。細胞學說首先在植物上得到驗證是有原因的，因為植物有細胞壁，容易在顯微鏡下觀察到，而觀察動物細胞就相對難一些。直到後來，許旺在高倍數的顯微鏡下才發現了動物細胞的細胞核和細胞膜，以及兩者之間的液狀物質（細胞質）。許旺還得出一個結論：細胞中最重要的是細胞核，而不是外面的細胞壁。這個結論也得到了許來登的認可。但是為什麼細胞核重要，許旺和許來登也只是猜想而已，他們認為，從老細胞核中能長出一個新細胞。後來，許來登的朋友內格里（Carl Nageli, 1817-1891）用顯微鏡觀察了植物新細胞的形成過程和動物受精卵的分裂過程，發現老的細胞會分裂出新的細胞。在此基礎上，1858年，德國的魏修（Rudolf Virchow, 1821-1902）總結出，「細胞透過分裂產生新細胞」。[13]

對生物第四個層面的研究則是在細胞內部了。隨著生物知識的積累以及顯微鏡的不斷改進，人類能夠瞭解到構成細胞的有機物，包括它的遺傳物質。因此，20世紀之後，生物學從細胞生物學進入分子生物學的階段。生物學的歷史雖然很長，但是它的發展到了19世紀後才突然加速。這裡面有兩個主要原因：一個是前面提到的儀器的進步，特別是顯微鏡的進步和普及；另一個則是學術界此時普遍開始自發地運用科學方法論。人們在研究生物的過程中，懂得了要了解一個整體，需要先將它分解成部分單獨進行研究，然後再從對局部的認識上升到對整體的認識，也就是認識論中分析與綜合的

兩個過程。

在生物學中，還有兩個根本的問題沒有解決，那就是為什麼一些物種之間存在高度的相似性，以及所有的物種從何而來。早在18世紀末，月光社的成員伊拉斯謨斯·達爾文（老達爾文）就提出了演化論的初步想法，但是當時只是假說而已。1809年，拉馬克提出了用進廢退和獲得性遺傳的假說，即生物體的器官經常使用就會變得發達，不經常使用就會逐漸退化，而生物後天獲得的特徵是可以遺傳的。比如為什麼長頸鹿長著長脖子，因為它們為了吃到樹上的樹葉，就不斷伸長脖子，於是脖子就越用越長，並且長頸鹿將這個特徵傳給了後代。

拉馬克的學說很容易理解，然而卻有很多破綻，容易被證偽，比如，將老鼠的尾巴切掉，它們的後代依然長著尾巴。這說明後天的獲得性特徵是無法遺傳的。那麼，有沒有更好的理論能夠解釋生物之間的相似性和演化的原因呢？伊拉斯謨斯·達爾文的孫子查爾斯·達爾文最終完成了這項偉大的工作。

達爾文從小對博物學感興趣，在大學期間接觸到拉馬克關於生物演化的主張，畢業後他和一些同學一起前往馬德拉群島研究熱帶博物學。達爾文發現，在那些與世隔絕的海島上，昆蟲自身形態和大陸上的昆蟲有巨大的差異。他經過分析得出的結論是，存活下來的昆蟲是為了在海島特定的環境中生存而改變了自身的特徵。這個發現非常重要，導致了他後來演化論中「自然選擇」和「適者生存」兩個理論的提出。為了進一步研究博物學和地質學，達爾文打算以志願者的身分跟隨小獵犬號的船長、科學家羅伯特·菲茲羅伊（Robert FitzRoy, 1805-1865）前往南美洲探險考察。達爾文的父親認為這純粹是浪費時間，反對他的計畫，不過被達爾文的舅舅威治伍

德二世（月光社成員、瓷器大王威治伍德的兒子）說服，同意達爾文參與了這次導致19世紀最重大發現的探險之旅。後來，威治伍德二世還成了達爾文的岳父。

1831年12月，達爾文以博物學家的身分參加了小獵犬號軍艦的環球考察。達爾文每到一處都會做認真的考察和研究。他在途中跋山涉水，採集礦物和動植物標本，挖掘了生物化石，發現了很多從來沒有記載的新物種。透過對比各種動植物標本和化石，達爾文發現，從古至今，很多舊的物種消失了，很多新的物種產生了，並且隨著地域的不同而不斷變化。[14]

1836年，達爾文回到英國。整個考察過程歷時五年之久，遠比原來想像的兩年要長得多。在考察中，達爾文積累了大量的資料和物種化石，可以說如果沒有這些第一手資料，達爾文後來不可能提出演化論。回國之後，他又花了幾年時間整理這些資料，並尋找理論根據。六年後，也就是1842年，達爾文寫出了《物種起源》的提綱。

但是在接下來的十幾年裡，達爾文卻隻字未寫，這又是為什麼呢？因為達爾文深知他的理論一旦發表，將顛覆整個基督教立足的根本。直到1858年，一件事讓達爾文不得不立即完成並發表了《物種起源》一書。

這一年，英國一個年輕學者阿爾弗雷德・羅素・華萊士（Alfred Russel Wallace, 1823-1913）經過自己在世界各地的考察研究，也發現了演化論，他寫了一篇論文寄給達爾文。達爾文收到論文後發現有人也提出了和他類似的理論，非常震驚，不知所措。他諮詢了皇家學會的朋友，朋友建議他將自己的想法也寫成一篇論文，兩篇論文同時在皇家學會的刊物上發表。達爾文將這個建議和自己的論文也寄給華萊士徵求意見，華萊士不僅欣然同意，而且表示非常榮幸

能與達爾文的論文一同發表。華萊士為了表示對達爾文的支持，便在後來的著作中以「達爾文主義」的提法來講述演化論。達爾文和華萊士的交往也成了科學史上的一段佳話。

1858年，兩篇講述演化論的論文在皇家學會的會刊上發表了。1859年，達爾文出版了人類歷史上最具震撼力的科學鉅著《物種起源》。達爾文在書中提出了完整的演化論思想，指出物種是在不斷地變化之中，是由低級到高級、由簡單到複雜的演變過程。對於演化的原因，達爾文用四條根本的原理進行了合理的解釋：

● 過度繁殖。

● 生存競爭。

● 遺傳變異。

● 適者生存。

達爾文的理論一發表，就在全世界引起了轟動。達爾文的理論說明，這個世界是演變和進化來的，而不是神創造的。演化論對基督教產生的衝擊，遠大於哥白尼的日心說。當時的教會，無論是羅馬教廷還是新教派都狂怒了，對達爾文群起而攻之，但是在這狂怒的背後則是恐慌。這種恐慌用今天大數據的觀點其實很好解釋。哥白尼的理論更像是單純的假說，當時並沒有什麼數據支持，大家對它是將信將疑，甚至漠不關心。但是達爾文的演化論不同，它有大量的數據支持，結論又合乎邏輯，因此達爾文的理論從一開始就被很多人接受了。

和教會態度相反的，是以赫胥黎（Thomas Henry Huxley, 1825-1895）為代表的進步學者，他們積極宣傳和捍衛達爾文的學說。赫胥黎指出，演化論解開了對人們思想的禁錮，讓人們從宗教迷信中走出來。演化論和神創論的官司在全世界一直打了上百年，直到21世紀，美國最後幾個保守的州明確規定，中學教學中要講授演化論。2014

年，教宗方濟各公開承認演化論和《聖經》並不矛盾，演化論才算是取得了決定性的勝利，這時離達爾文去世已經過去一百三十多年了。

達爾文的演化論對世界的影響，不僅僅在於回答了物種的起源和演化的問題，而且告訴人們，世界的萬物都是可以演變和進化的。這是在牛頓之後，又一次讓人類認識到需要用發展的眼光來看待我們的世界。

能量守恆定律、細胞學說和演化論被恩格斯稱為19世紀的三大科學發現，它們不僅對物理學、生物學和醫學本身有重大的意義，而且確立了唯物論的科學基礎。

電的發現與儲存

如果說直接導致第一次工業革命的技術是蒸汽機技術，那麼帶來第二次工業革命的技術則是電。今天我們已經無法想像沒有電的生活，但是在人類文明開始之後98%的時間裡，人類生活並不依賴電。雖然電是宇宙誕生之初就有的自然現象，但是直到近代之前，人類根本搞不清楚虛無縹緲的電到底是怎麼一回事。

圖6.13 希臘發行的紀念泰勒斯的郵票，左邊是琥珀、靜電和羽毛。

　　在古代，人們把來自大自然的雷電稱為「天上的電」，把在生活中觀察到的靜電稱為「地上的電」。天上的電，是一種連動物都能注意到的自然現象，而地上的電則是人們在生活中注意到的。最早關於靜電的記載，是在西元前7世紀到西元前6世紀的時候，古希臘哲學家泰勒斯發現用毛皮摩擦琥珀後，琥珀會產生靜電而吸住像羽毛之類的輕微物體。電荷一詞 electron 就源自希臘語琥珀（λεκτρον，發音是 ēlektron）。後來，人們又發現用玻璃棒和絲綢摩擦會產生另一種靜電，它和琥珀上的電性質相反，於是就有了琥珀電和玻璃電之分。1745年和1746年，德國科學家克拉斯特（Ewald Georg von Kleist, 1700-1748）與荷蘭萊頓地區的科學家穆森布羅克（Pieter van Musschenbroek, 1692-1761）分別獨立發明了一種存儲電荷的瓶子。[15] 後來，人們根據發明家所在城市將這種容器命名為「萊頓瓶」。萊頓瓶實際上是一種電容器，兩個錫箔是電容器的兩極，而玻璃瓶本身就是電容器的介質。

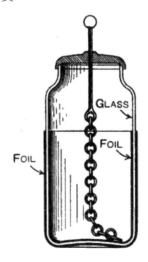

圖6.14　萊頓瓶

天上的雷電和地上的靜電所顯示出的差異是巨大的，那麼它們是否是一回事？在班傑明‧富蘭克林之前大家並不清楚。提起富蘭克林，人們想到的是一位政治家、美國憲法主要的起草者，但他也是那個時代最傑出的科學家之一。富蘭克林著名的雷電實驗，大家都不陌生。1752年，他和兒子威廉在一個雷雨天放風箏，風箏線繩靠近手持的一端拴了一把銅質的鑰匙。當一道閃電從風箏上掠過，富蘭克林用手靠近鑰匙，立即感覺到一陣恐怖的麻木感。他抑制不住內心的激動，大聲呼喊：「威廉，我被電擊了！」*隨後，他將雷電引入萊頓瓶中帶回家，用收集到的雷電做了各種電學實驗，證明了天上的雷電與人工摩擦產生的電性質完全相同。富蘭克林把他的實驗結果寫成一篇論文發表，從此在科學界名聲大噪。當然，他在電學上的貢獻不僅於此，他還有以下諸多成就：

- 揭示了電的單向流動（而不是先前認為的雙向流動）特性，並且提出了電流的概念。
- 合理地解釋了摩擦生電的現象。
- 提出電量守恆定律。
- 定義了我們今天所說的正電和負電。[16]

更難能可貴的是，富蘭克林善於利用科學成果改良社會。根據雷電的性質，富蘭克林發明並且在費城普及了避雷針。不久，避雷針相繼傳到英國、德國、法國，最後普及到世界各地。

富蘭克林雖然只在小時候受過兩年的正規教育，但是靠著他後來的自學成才以及在科學上的貢獻，哈佛和耶魯大學授予他名譽學

---

* 富蘭克林的這種做法非常危險。1753年，俄國著名電學家利赫曼在做同樣的風箏實驗時，不幸雷擊身亡。

位，牛津大學授予他名譽博士，他也當選為英國皇家學會會員。

圖6.15　油畫《班傑明・富蘭克林從天空取電》，現收藏於費城藝術博物館。

在瞭解了電的基本性質後，要想進一步研究電的特性並且使用電能，就需要獲得足夠多的電。顯然，靠摩擦產生的靜電是不夠用的。最早解決這個問題的是義大利物理學家亞歷山卓・伏特（Alessandro Volta, 1745-1827），他發明了電池。

伏特發明電池是受到另一名科學家路易吉・伽伐尼（Luigi Galvani, 1737-1798）的啟發。後者在解剖青蛙時，發現兩種不同的金屬接觸到青蛙時會產生微弱的電流，他以為這是來自青蛙體內的生物電。但是伏特意識到這可能是因為兩種不同的金屬有電勢差，

而青蛙的作用相當於今天我們說的電解質。1800年，伏特用鹽水代替青蛙，將銅和鋅兩種不同的金屬放入鹽水中，兩個金屬板之間就產生了0.7伏左右的電壓。這麼低的電壓做不了太多事情，於是伏特將六個這樣的單元串聯在一起，就獲得了超過4伏電壓的電池。有了電池，電學的研究開始不斷取得重大突破。[17] 後來，人們用他的名字作為電壓的單位，而 Volta 這個義大利語的名字在英語裡被寫成 Volt，因此，在電學中被翻譯成「伏特」。

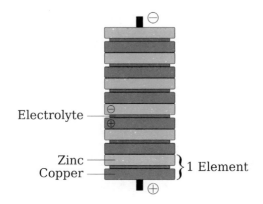

圖6.16　伏特的電池，串聯的銅、鋅金屬板浸泡在鹽水中。

　　電池除了在科研和生活中有實際的用途，其實還證實了一件事，就是能量是可以相互轉化的。當然，在伏特的年代，大家還不知道這個道理。此外，電池其實還向人類展示出一種新的能量來源——化學能。

　　化學電池的電量可以做實驗，但不足以提供工業和生活用電，因為電池裡的電量太少了，而且價格昂貴。要獲得大量的電能就需要發電，也就是將其他形式的能源轉換成電能。

　　所幸的是，有了伏特電池，科學家得以瞭解電學的原理，特別

是電和磁的關係，而實現機械能與電能的相互轉換，則經歷了大約半個世紀的時間。

1820年，丹麥物理學家漢斯・厄斯特（Hans Christian Ørsted, 1777-1851）無意間發現了通電導線旁邊的磁針會改變方向，並且因此發現了電磁效應。[18] 同年，法國科學家安培（André-Marie Ampère, 1775-1836）受到厄斯特的啟發，發現了通電線圈和磁鐵有相似的性質，進而發現了電磁。這是人類在發現天然磁現象之後，首次透過電流產生磁場。安培接下來又完成了電學史上幾個著名的實驗，並且總結出電磁學的很多定律，比如安培右手定律等。為了感謝這位法國科學家對電學的貢獻，人們用安培作為電流的單位。除了對電磁學理論的貢獻外，他還發明了測量電流大小的儀器——電流表，也稱為安培計。

雖然在富蘭克林的時代，美國在電學研究上並不落後，但是在富蘭克林之後的半個多世紀裡，美國學者之間的交流遠沒有歐洲頻繁，美國當時甚至沒有高水準的科學雜誌，這使得美國學者在很多電學研究上的成就並不為歐洲同行所知。

19世紀初，普林斯頓大學的教授約瑟夫・亨利（Joseph Henry, 1797-1878）在一些電學課題的研究上已經走在了歐洲同行的前面。1827年，亨利獨自發現了強電磁現象，並且發明了強電磁鐵。亨利用紗包銅線圍著一個鐵芯纏了幾層，然後給銅線圈通上電流，發現這個小小的電磁鐵居然能吸起百倍於自身重量的鐵塊，比天然磁鐵的吸力強多了。今天強電磁鐵成了發電機和電動機中最核心的部分。接下來，亨利又在1830年首先發現了電磁感應現象，這比法拉第（Michael Faraday, 1791-1867）早了一年。[19] 遺憾的是，當時美國處於西方世界的邊緣，和歐洲學術界幾乎沒有交流，以至於電磁

感應現象的發現在很長時間裡被歸功於更早發表了研究成果的法拉第。1832年，亨利又發現了一些自感現象，並且合理地解釋了這種現象，比如為什麼通電線圈的電路在斷開時會有電火花產生。亨利一生有很多發明，包括繼電器、發報機的原型（但是他沒有申請專利，這個榮譽後來給了摩斯）、原始的變壓器和原始的電動機。此外，亨利還第一個實現了無線電的傳播，這比後來被公認的無線電鼻祖海因里希・魯道夫・赫茲（Heinrich Rudolf Hertz, 1857-1894）早了40多年。今天，科學史家認為，亨利在電學上的貢獻顯然被低估了，但這件事也說明了信息流動對於科學進步和技術傳播的重要性。不過科學界並沒有埋沒亨利的貢獻，依然用他的名字命名了電感的物理學單位。

同時期在歐洲，漢弗萊・戴維的學生法拉第在從事著和亨利類似的工作，雖然他的很多發現比亨利稍晚，但是因為他處在當時世界科技的中心英國，因此，他的工作產生了更大的影響。法拉第甚至利用電磁感應原理在實驗室裡研製出交流發電機的原型，但是並沒有製造出發電機。實際上，上面提到的這些電學先驅人物要麼是比較純粹的科學家，比如安培，要麼是喜歡理論研究的發明家，比如法拉第，他們中間沒有真正來自工業界，並且能夠看到電的應用前景的發明家。因此，雖然他們認識到電是一種能量，但是並沒有將它和產業革命聯繫起來。完成將電學理論到生產力轉化的發明家來自德、美兩國的工業界。

直流電與交流電

電能不會憑空產生，它必須從其他能量轉換而來，靠電池這種

將很少化學能變成電能的裝置，顯然不足以滿足動力的要求。因此，需要發明一種設備能夠將機械能、熱能或者水能源源不斷地轉化為電能，這就是我們今天所說的發電機。世界上第一台真正能夠工作的直流發電機是由德國的發明家、商業鉅子維爾納‧馮‧西門子（Werner von Siemens, 1816-1892）設計的。[20] 和之前的發明家不同，西門子本身就是一個企業家，他搞發明主要是為了應用（用西門子公司官方網站上的說法是「應用導向的發明」）。1866年，他受到法拉第研究工作的啟發，發明了直流發電機，隨後就由他自己的公司製造了。從此人類又能夠利用一種新的能量——電能，並且由此進入了電力時代。二十一年後，即1887年，美國著名發明家尼古拉‧特斯拉（Nikola Tesla, 1856-1943）獲得了多相交流發電機的專利權，與他合作的西屋電氣公司開始利用特斯拉所發明的多相交流發電機為全美國提供照明和動力用電。

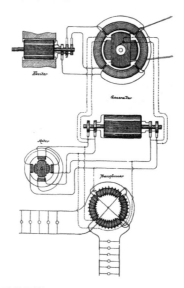

圖6.17　特斯拉的多相交流發電機

　　從 1820 年厄斯特發現電磁感應現象，到西門子發明直流發電機，前後相隔四十六年，如果再算上特斯拉和西屋電氣完成多相交流供電，電真正開始普及的時間則長達六十七年。有些人質疑那些不能直接投入應用的科學研究，從電的理論到電的應用所經歷的漫長過程，其實提出了這個問題的答案，即幾乎所有的科學研究最終都能夠找到實用價值。當然，六十七年時間有些長，但是相比第一次工業革命長達一個世紀的準備（從牛頓的時代到瓦特的時代），這個時間並不算太長。今天從理論到應用的時間，又縮短到二十到四十年年左右。

　　電的使用直接導致了以美國和德國為中心的第二次工業革命。這裡要特別說的是美國從電的理論研究，到電的各種應用發明，在當時已經不落後於歐洲，甚至在一些領域遙遙領先，這也是美國最終超越英國的科技基礎。在全世界對於電的普及和應用貢獻最大的兩個發明家，當屬愛迪生和特斯拉。

　　愛迪生至少有三個標籤：自學成才、大發明家、老年保守。第一個標籤其實意義不大，第三個標籤是誤解，第二個才是他真實的身分。

　　在很多的勵志故事中，愛迪生被說成一個帶有殘疾（耳聾）、沒有機會接受教育、靠自學成才和努力工作成就一番事業的發明家。這種說法有一定根據，不過需要指出的是，愛迪生的父母並不是沒受過教育的底層人，他的父親是一位不成功的商人，他的母親當過小學教師。愛迪生雖然只在學校裡上了三個月的學，但是他的母親是一位不錯的老師，一直在家裡給他應有的教育。愛迪生從小就對新事物好奇，愛做實驗，喜歡發明東西，這無疑是他後來獲得上千項專利的根本原因。

　　愛迪生被人談論最多的事情是他發明了實用的電燈、*留聲機和電影機等大量電器。愛迪生發明電燈的故事可謂家喻戶曉，這也成為眾多勵志讀物的內容。通常大家強調的是愛迪生勤奮的一面，這裡不再贅述。我們從另一個角度來看，愛迪生發明白熾燈時是如何解決問題的。

　　在愛迪生之前，人們已經懂得電流通過電阻會發熱，當電阻的溫度達到攝氏一千多度後就會發光，但是大部分金屬在這個溫度下已經融化或者迅速氧化了。因此之前處於研究階段的電燈不僅價格昂貴，而且用不了幾個小時就燒毀了。愛迪生的天才之處在於他能很快意識到那些在實驗室裡的白熾燈面臨的最大問題——燈絲，因為將燈絲加熱到攝氏一千多度而不被燒斷可不容易。因此，愛迪生首先考慮的就是耐熱性。為了改進燈絲，他和同事先後嘗試了一千六百多種耐熱材料。他們較早實驗過碳絲，但是當時沒有考慮碳絲高溫時容易氧化的特點，因此沒有成功。他們還實驗了貴重金屬鉑金，它幾乎不會氧化，而且熔點很高（攝氏1773度）。但鉑金非常昂貴，這樣的燈泡根本無法商業化。在大量的實驗過程中，他們發現將燈泡抽成真空後，可以防止燈絲的氧化。當燈絲工作的環境改變之後（從有空氣到真空），愛迪生又回過頭來重新梳理他過去所放棄的各種燈絲材料，發現竹子纖維在高溫下炭化形成的碳絲是合適的燈絲材料，這才發明出可以工作幾十個小時的電燈。當然，碳絲太脆易損，於是愛迪生再次改進，最後找到了更合適並被使用至今的鎢絲。在發明白熾燈的過程中，愛迪生不是蠻幹，而是一邊

＊ 電燈在愛迪生之前就已經有了，但是還處在實驗階段，他是第一個發明了商業化白熾燈的發明家。

總結失敗的原因，一邊改進設計。在科研中，從來不乏勤奮的人，但是更需要愛動腦筋的人，愛迪生就是這樣的人。

圖6.18　愛迪生的燈泡模型

　　愛迪生的第三個標籤是拒絕使用交流電，而且還發表了很多貶低交流電的不實之詞。交流輸電的好處是顯而易見的，它可以讓輸電電壓變得非常高，以致在輸電的過程中電量的消耗可以忽略不計。這就使長距離輸電成為可能，電廠也不需要建在住宅區旁邊了。相比之下，早期直流輸電因為電壓不能太高，所以輸電的過程中電能損失大，並且不能遠距離傳輸。愛迪生堅持使用直流輸電這件事，被很多人詬病，並且評價他到了「晚年」，開始變得保守而固執，不願意接受新事物。其實，事情遠不是這麼簡單。愛迪生確實激烈地批評過交流電的副作用，但如果考慮到交流、直流之爭本身不只是技術方案之爭，更是商業競爭，就不難理解愛迪生的言論和行為了。

交流發電並不是愛迪生想採用就可以採用的，因為西屋電氣和特斯拉的交流輸電、發電以及交流發電機技術是受到專利保護的。西屋電氣公司採用了特斯拉的技術，為此支付了高額的專利費，除了一次性支付六萬美元現金以及股票，同時每度電還要再支付 2.5 美元，西屋電氣差點因此而破產。而愛迪生在過去曾是特斯拉的老闆時與後者有衝突，兩個人從此一生結怨，因此，特斯拉根本不可能讓愛迪生低價使用專利。從商業的角度說，愛迪生即使因為輸電損失掉一大半電能，也比支付高額的專利費省錢。事實證明，在金融界大佬 J・P・摩根的幫助下，早期採用直流輸電並沒有讓愛迪生的公司倒閉，倒是出高價使用特斯拉專利的西屋電氣公司後來有點不堪重負。最後，經過與特斯拉等人的協商，西屋電氣公司以相對合理的價錢（近二十二萬美元）買斷了他們的專利，[21] 西屋電氣才算是活了過來，並使交流電在全世界得以普及和推廣。

愛迪生在和特斯拉就輸電方式爭論時剛剛四十歲，遠沒有到「晚年」，這位長壽的發明家活了八十四歲。在四十歲之後，他的新發明還在不斷地湧現。即便在 1930 年，八十三歲高齡的愛迪生還發明了實用的電動火車。[22] 因此，他的思想一輩子都不保守，愛迪生不採用交流電只是利益使然。當我們看到愛迪生作為企業家的一面，而不僅僅是發明家時，這一切就都解釋得通了。

相比講究實際的愛迪生，特斯拉則是一個喜歡狂想、超越時代的人。他有很多超前的想法，比如無線傳輸電力（直到今天才實現）。特斯拉一生有無數的發明，他靠轉讓專利賺的錢比辦公司多得多。然而，特斯拉後來又將所有的錢投入到研究那些至今無法實現的技術上，最後一無所獲。他的晚年過得十分悲慘，在他去世前，已經沒有人關注這位偉大的發明家了。直到今天，人們才重新給予

了他在電的普及方面所應得的榮譽。

電的使用對文明的作用遠在蒸汽機之上。蒸汽機主要是為人類提供動力，而電不僅是比蒸汽機更方便的動力，而且改造了幾乎所有的產業。今天大約80%到90%的產業在使用電之前就已經存在了，但電使這些產業脫胎換骨，以嶄新的形式重新出現。比如在交通、城市建設等方面，得益於電梯的發明，20世紀初美國的紐約和芝加哥等大城市，摩天大樓開始如雨後春筍般地出現，而有軌電車和地鐵也帶來了城市公共交通的大發展。立體城市和交通的發展又導致了世界上超級大都市的誕生。

電的作用還遠不止作為一種動力，電本身還有一些特殊的性質（如正負極性），利用這些性質可以讓物質發生化學變化，比如，將某種化合物變成另一種化合物或者單質。透過電解，人類發現了很多新的元素，比如化學性質活躍的鈉、鉀、鈣、鎂等。電解法也改變了歷史悠久的冶金業，純銅和鋁就是靠這種方法生產的。此外，電影的出現也改變了古老的娛樂業。電燈的出現不僅方便了照明，還改變了人類幾萬年來日出而作、日落而息的生活習慣。

在電出現之後，各國又有了一個衡量文明程度的新方式——發電量。和人類之前使用的所有能量都不同，電不僅可以承載能量，還能承載信息，這就導致了後來的通信革命。

通信以光速進行

在人類幾千年的文明史上，長距離快速傳遞信息一直是個大問題。人類的進步史，從一開始就是信息傳遞方式，或者說是通信方式的發展史。語言、文字和書寫系統的發明，寫字的泥板、竹簡，

後來的紙張和印刷術，都是為了信息的傳遞。直到19世紀初，快馬和信鴿還是最快的傳遞方式。中國古代採用過烽火台傳遞消息，當邊境有外敵入侵時，守軍點燃高處的烽火台，遠處另一個烽火台的守軍看到後，點燃自己的烽火台繼續傳遞該消息。但是從通信的角度講，烽火台只能傳遞一個位元信息而已，即有敵情和沒有敵情兩種情況。另外，它傳遞的誤碼率還很高，因為如果誰不小心在兩個烽火台的中間點燃了火，就可能引起誤判。儘管如此，烽火台在古代還是發揮了巨大的作用。

如何向遠距離傳遞多種信息呢？大航海時代，為了便於船隊之間的通信，水手發明了信號旗。今天已經無法確定它的發明者是誰，甚至不知道是哪個國家的水手先發明的，但是可以確定，在16世紀時，英國人和荷蘭人已經用信號旗來編碼和傳遞信息了。在隨後的英國與荷蘭的戰爭中，英國皇家海軍將信號旗語規範化，用十一種不同的信號旗相互組合，傳達四十五種信號。海上的信號旗語後來不斷發展、不斷改進，一直沿用至今（見圖6.19）。

在沒有遮擋的大海上，信號旗在一定範圍內是一種很好的通信方法，但是在陸地上，由於有山巒、森林和城市的阻擋，這種方法無法使用。到了18世紀末，法國一個沒沒無聞的工程師克洛德‧沙普（Claude Chappe, 1763-1805）結合烽火台和信號旗的原理，試圖設計一種高大的機械手臂來遠程傳遞信息。

沙普在他四個兄弟的幫助下，搭建了十五座高塔，綿延兩百公里，每座高塔上有一個信號臂（見圖6.20），每個信號臂有一百九十多種姿勢，這樣就足以把拉丁文中的每一個字母和姿勢一一對應起來（見圖6.21）。由於信號塔和信號臂非常高，十幾公里外都能看見，因此就可以用它來傳遞情報。1794年，沙普兄弟展示了這種通信系

統,在九分鐘內將情報從巴黎傳遞到了兩百公里之外的里爾。

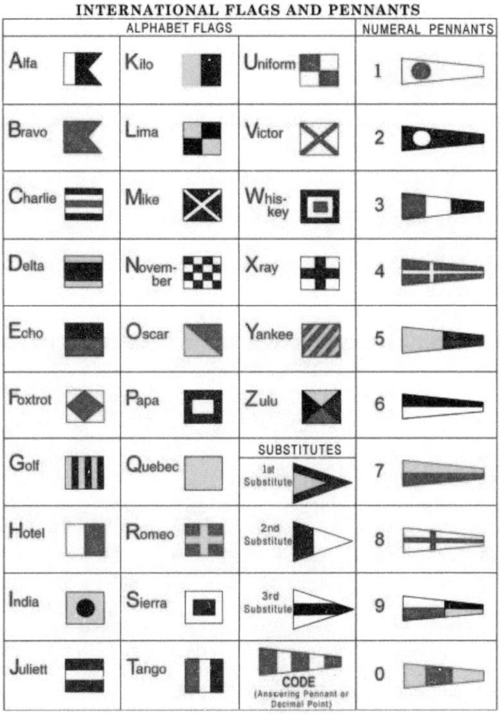

圖6.19　今天國際通用的海上信號旗（第一行、第二行和第三行上半部分代表二十六個英文字母,第三行下半部分代表特殊符號,第四行代表數字0~9。）

　　這種信號塔的造價雖然比較貴,但是當時法國正好在和奧地利等反法同盟國家開戰,急需傳遞情報的系統,於是一口氣建造了五百五十六座,在法國建立起了龐大的通信網。整個網絡線路長達四千八百公里,這可能是近代最早的通信網絡了。由於信號塔在通信中的有效性,後來西班牙和英國也紛紛建立起自己的系統,但是它們改進了沙普的設計,讓信號臂的姿勢看起來更清楚。在電報出

現之後，信號塔的作用才慢慢消失。

圖6.20　沙普設計的信號臂

　　電報的發明要感謝一位精通數學和電學的美國畫家薩繆爾・摩斯。雖然提及摩斯電報碼時我們會先入為主地認為他就該是一個科學家，但是在他的年代，人們認為他是在美國繪畫史上占有一席之地的優秀畫家，很多名人（包括美國第二任總統約翰・亞當斯）都請他畫過肖像畫。即使在發明了電報之後，他還是繼續以作畫賣畫為主業。

　　摩斯發明電報碼起源於一個偶然事件。1825年，摩斯接了個大合約，紐約市出一千美元請他為美國的大恩人拉法耶特侯爵（Marquis de Lafayette, 1757-1834）*畫一幅肖像。摩斯當時住在康乃迪克州的紐哈芬市，而作畫地點是五百公里外的華盛頓市，但是為了這一千美元（相當於現在的七十萬美元）鉅款，他還是離家去作畫了。在華盛頓期間，摩斯收到了父親的一封來信，說他的妻子病了，摩斯馬上放下手上的工作趕回家。但是等他趕到家時，他的妻子已經下葬了。這件事對他的打擊非常大，從此他開始研究快速通信的方法。

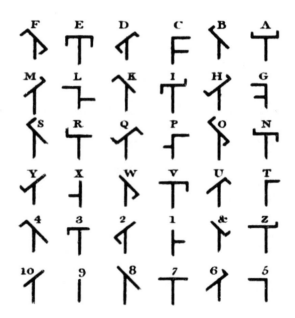

圖6.21　信號臂的姿勢對應的字母和數字。

---

* 這位法國貴族在美國獨立戰爭時帶領法國遠征軍和華盛頓將軍並肩作戰，對美國贏得獨立戰爭厥功至偉。

　　摩斯的電學和數學基礎紮實，他解決了電報的兩個最關鍵的問題：一是如何將信息或文字變成電信號，二是如何將電信號傳到遠處。

　　1836年，摩斯解決了用電信號對英語字母和數字編碼的問題，這便是摩斯電碼。我們在諜戰片中經常看到發報員「嘀嘀嗒嗒」地發報，嘀嗒聲的不同其實是繼電器接觸的時間長短不同造成的。「嘀」就是開關的短暫接觸，可以理解成二進制的0，「嗒」就是開關的長時間（至少是「嘀」的三倍時間）接觸，可以理解成1。0和1的組合，就可以表示出所有的英語字母。當時雖然還沒有信息理論，但是人們還是根據常識對經常出現的字母採用較短的編碼，對不常見的字母採用較長的編碼，這樣就可以降低編碼的整體長度。圖6.22是摩斯電碼的編碼方法。

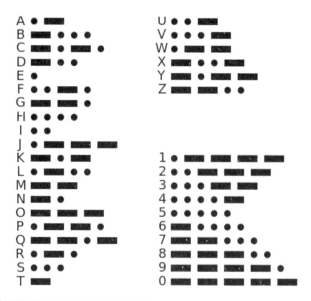

圖6.22　摩斯電碼對英文字母和數字的編碼

在解決了編碼之後，1838 年，摩斯研製出點線發報機，解決了信號傳送問題。這個裝置頗為巧妙，當發報人將繼電器開關短暫接通後（發出「嘀」聲），接收裝置上的紙帶就往前挪一小格，同時有油墨的滾筒就在紙帶上印出一個點；當電路接通較長時間（發出「嗒」聲）後，接收裝置上的紙帶就往前走一大段，同時油墨印出一段較長的線。接收人根據接收紙帶上的油墨印跡，對應摩斯電碼，就可以轉譯成文字。

就在摩斯發明電報的同時，甚至更早一點時間，1833 年，歐洲的發明家威廉‧愛德華‧韋伯（Wilhelm Eduard Weber, 1804-1891）和數學家高斯合作，也發明了類似的裝置，並且建立了哥廷根大學和當地天文台的通信。遺憾的是，韋伯後來因為政治原因被當地政府驅逐出境，相應的研究便不了了之了。1837 年，英國發明家威廉‧庫克（William Fothergill Cooke, 1806-1879）和查爾斯‧惠斯通（Charles Wheastone, 1802-1875）也發明了電報，並且最早實現了商業營運。* 但是他們的發明使用並不方便，因此，還沒來得及普及就被摩斯的發明取代了。今天，大家都知道摩斯而不知道其他做出類似發明的發明家，因為他是真正讓電報實用和普及的人。不過，很多不同國家的人幾乎在同一個時間點彼此獨立地發明了類似的裝置，說明當時的技術積累已經使電報的發明成為歷史的必然。

從信號旗到信號臂，再到摩斯電報，雖然形式不同，通信的效率不同，但是有兩個根本之處是相通的：首先，編碼是通信的核心，語言本身就是一種編碼。信號旗語、信號臂的姿勢和摩斯電碼，都是將信息進行編碼。其次，通信的設施和編碼的設計是相匹配的，

---

* 庫克和惠斯通起步比摩斯晚，但是更早投入了商業營運。

其功能是將編碼信息傳遞出去。摩斯設計的電報系統採用長短結合的方式傳遞信息，是因為各種信息能夠使用「嘀」「嗒」兩種信號編碼。今天我們基於電腦的數字通信採用「0」「1」編碼，是因為我們使用的電路很容易實現高電壓（對應0或者1）和低電壓（與高壓相反，對應另外一個數值）。未來通信的發展也是如此，比如今天非常熱門的量子通信，利用量子的疊加狀態進行編碼，相應的通信設備就需要能夠檢測這種疊加狀態。

1844年，在通信史上具有劃時代意義。這一年美國第一條城際電報線（從巴爾的摩到首都華盛頓）建成，總長約38英里，從此人類進入了即時通信時代。

最早幫助普及電報業務的是新聞記者，因為只有他們才有大量的電報需要發送。19世紀四〇年代末，* 紐約六家報社的記者組成了紐約港口新聞社（美聯社的前身），他們彼此之間用電報傳送新聞，從此世界各地的新聞社開始湧現。1849年，德國人路透將原來的信鴿通信改成了電報通信，傳遞股票信息。兩年後，他在英國成立了辦事處，這就是後來路透社的前身。1861年，美國建成了貫穿北美大陸的電報線，以前透過快馬郵車將消息從美國東海岸傳遞到西海岸需要二十天時間，而透過電報幾乎瞬間便可完成了。與此同時，美國的快馬郵遞從此也退出了歷史舞台（見圖6.23）。

1866年7月13日，美國企業家賽勒斯‧韋斯特‧菲爾德（Cyrus West Field, 1819-1892）在經歷了十二年的努力之後，終於成功地鋪設完成了跨越大西洋的海底電纜，歐洲舊大陸從此和美洲新大陸連接為一個共同的世界。

---

* 具體時間有爭議。

圖6.23　小馬快遞公司（Pony Express）的快遞員與正在架設電報線路的工人相遇，象徵著兩個時代的碰撞。

　　除了為新聞通信服務，電報很快也被用於軍事。由於分散在不同地點的軍隊之間可以很好地通信和彼此配合，德國軍事家「老毛奇」（Helmuth von Moltke the Elder, 1800-1891）提出了一整套全新的戰略戰術，幫助普魯士和後來的德國稱霸歐洲。為了保密，電報還促進了信息加密技術的發展。

　　對老百姓來說，比電報更實用的遠程通信是電話。普通的家庭是不可能自己裝電報機的，一般人也不會去學習收發電報。

　　一般認為，美國發明家、企業家亞歷山大‧貝爾（Alexander Graham Bell, 1847-1922）發明了電話，並且創立了歷史上最偉大的電話公司 AT&T（美國電話電報公司，前身叫貝爾電話公司）。不過，為了討義大利人的歡心，2002 年美國國會認定電話發明人是義大利人安東尼奧‧穆齊（Antonio Meucci, 1808-1889），[23] 他

在貝爾之前發明了一種並不太實用的電話原型機。不過,即使在義大利,也沒有多少人知道他。這再次說明了對於一項發明來說,最後那個把發明變成產品的人,遠比最早想到發明雛形的人重要得多。

貝爾的母親和妻子都是聾啞人,貝爾本人則是一個聲學家和啞語教師。他為了發明一種聽力設備來幫助聾啞人,而最終導致了電話的發明。在貝爾之前,穆齊和其他發明家也設計過類似電話機的裝置,但是都因為傳輸聲音的效果太差,根本無法使用。1873年,貝爾和他的助手托馬斯・奧吉斯塔吉・華生(Thomas Augustus Watson, 1854-1934)開始研製電話。在隨後的兩年裡,貝爾和華生天天泡在實驗室裡研究。和很多發明家一樣,他們早期總是不斷地失敗。雖然他們曾成功傳輸了聲音,但是效果也不理想,依然無法使用。

當時,全世界有不少人都在致力於發明電話,並且進度相差不多。貝爾能夠獲得電話的專利,則要感謝他的合作夥伴哈伯德(Gardiner Greene Hubbard, 1822-1897)在沒有通知他的情況下,於1875年2月25日去美國專利局申請了專利。僅僅幾個小時後,另一位發明家伊萊沙・格雷(Elisha Gray, 1835-1901)也向專利局提交了類似的電話發明申請。貝爾和格雷不得不為電話的發明權打官司,一直打到美國最高法院,最後,法官根據貝爾提交專利申請的時間更早一點,最終裁定貝爾為電話的發明者。1876年3月7日,貝爾獲得了電話的專利(見圖6.24)。

就在貝爾獲得專利權的三天後(1875年3月10日),在實驗過程中華生忽然聽到聽筒裡傳來了貝爾清晰的聲音:「華生先生,快來,我想見你!」這是人類第一次透過電話成功地將語音傳到遠處。

接下來，這兩個年輕人又沒日沒夜地努力了半年，幾經改進，1876年8月，終於研製出世界上第一台實用的電話機。貝爾和格雷幾乎同時發明電話，再次說明當相關技術積累到一定程度，電話的發明就成了必然。即使沒有貝爾，人類也將進入電話時代，只是時間上或許晚一點而已。

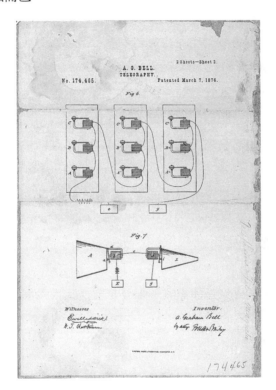

圖6.24　貝爾的電話專利

　　貝爾對人類的貢獻不僅在於發明了實用的電話，而且還依靠他精明的商業頭腦，推廣和普及了電話。1877年，波士頓架設了全世界第一條商用電話線。同年，貝爾電話公司成立。1878年，貝爾和

華生在波士頓和紐約直接進行了首次長途電話試驗，並獲得成功，這兩地之間相隔三百多公里。1915年，從紐約到舊金山長途電話的開通，則將相隔五千多公里的美國東西海岸連到了一起。到20世紀初，世界除南極之外的各大洲都有了四通八達的電話網。原本要幾天甚至幾個月才能傳遞的信息，瞬間便可以透過電話通知對方；原本必須見面才能解決的問題，很多可以透過電話解決了。

通信技術的提高和快速發展的交通，極大地促進了市場經濟的發展。雖然早在18世紀70年代，亞當·斯密（Adam Smith, 1723-1790）就預言，精細的勞動分工和統一的大市場可以創造更多的財富。但是由於交通和通信的障礙，這個預言直到一百多年後才真正得以實現。自由貿易的發展，又使得各國的金融系統彼此連成了一個整體。

直到今天，電信產業依然是全世界最大的產業之一，2016年它的產值高達3.5萬億美元。相比之下，我們熱議的網際網路產業則要小得多，它同期的市場規模只有3800億美元，相差幾乎一個數量級。

電信產業其實只是通信的一部分，廣播、電視，乃至整個網際網路也都屬於廣義的通信領域。這些產業之間的關係是這樣的：

- 單向一對一的通信——電報。
- 雙向一對一的通信——電話。
- 單向一對多的通信——廣播、電視等。
- 雙向多對多的通信——網際網路。

有意思的是，實現它們的難度恰好也是上面的次序。因此，我們不難想像，當電報和電話兩種通信方式被發明之後，接下來就輪到廣播和電視了。在介紹這兩項發明前，我們先講與它們緊密相關

的無線電。

　　無線電技術的發展有賴於馬克士威（James Clerk Maxwell, 1831-1879）的電磁學理論。和之前很多電磁物理學家（如法拉第）不同的是，馬克士威的理論水準極高，因此，他建立了理論非常嚴密的電磁學理論。1865年，馬克士威在英國皇家學會的會刊上發表了《電磁場的動力學理論》，並在其中闡明了電磁波傳播的理論基礎。第二年，德國物理學家赫茲透過實驗證實了馬克士威的理論，證明了無線電輻射具有波的所有特性，並發現了電磁波的波動方程。

　　1893年，特斯拉在聖路易斯首次公開展示了無線電通信。1897年，特斯拉向美國專利局申請了無線電技術的專利，並且在1900年被授予專利。[24] 然而，1904年，美國專利局又將其專利權撤銷，轉而授予了義大利發明家馬可尼（Guglielmo Marconi, 1874-1937）。這種事情在歷史上很少見，而背後的原因則是馬可尼有愛迪生的支持，此外他還獲得了當時鋼鐵大王、慈善家安德魯・卡內基的支持。1909年，馬可尼和卡爾・費迪南德・布勞恩（Karl Ferdinand Braun, 1850-1918）因「發明無線電報的貢獻」分享了諾貝爾物理學獎。1943年，美國最高法院重新認定特斯拉的專利有效，但這時特斯拉已經去世多年了。

　　說到無線電發明權之爭，就不能不提俄羅斯偉大的發明家波波夫（Alexander Stepanovich Popov, 1859-1906）。他在無線電領域做了很多開創性的研究，但是今天，除了俄羅斯，世界上沒有人承認他是無線電的發明人，而把這個榮譽給了馬可尼。這不僅因為馬可尼有專利在手，更因為馬可尼所發明的遠不止無線電的收發裝置，而是一整套實用的無線電通信解決方案。人類後來使用的無線電技術

就是在他的工作的基礎上發展起來的，和其他發明人的工作沒有什麼關係。此外，馬可尼成功地將無線電廣播商業化，因此，將發明無線電的榮譽授予馬可尼是公平的。

特斯拉和馬可尼的技術最初是用於無線電報，但是很快就被用在了民用收音機上。1906年，加拿大發明家范信達（Reginald Fessenden, 1866-1932）在美國麻薩諸塞州實現了歷史上首次無線電廣播，他用小提琴演奏了《平安夜》，並且朗誦了《聖經》片段。同年，美國人李‧德佛瑞斯特（Lee de Forest, 1873-1961）發明了真空電子管，真空管收音機隨即誕生。不過，全世界第一個定期播出的無線電廣播節目直到1922年才由馬可尼研究中心實現。*

在無線電技術誕生之後，蘇格蘭發明家約翰‧羅傑‧貝爾德（John Logie Baird）受到馬可尼的啟發，利用無線電信號傳送影像，並在1924年成功地利用電信號在屏幕上顯示出圖像。[25] 十五年後（1939），通用電氣的子公司 RCA 推出了世界上第一台（黑白）電視機。又過了十五年（1954），RCA 推出了第一台彩色電視機，世界從此進入了電視時代。

技術進步的作用是全方位的，它不僅能創造財富，也能改善我們的生活，甚至能左右政治。

1960年，在美國大選前期，舉行了歷史上第一次有電視轉播的總統候選人辯論，由當時的副總統、共和黨候選人尼克森對陣民主黨候選人甘迺迪。當時收聽收音機的聽眾認為尼克森占了上風，但是收看電視的觀眾看到甘迺迪輕鬆自若、談笑風生，而大病初癒的尼克森卻顯得蒼老無力，天平在不知不覺中就倒向了甘迺迪。從此

---

* 當時馬可尼的公司已經被通用電氣收購，成為後者的一個子公司。

之後，電視開始左右美國的政治，以致所有的候選人都要投入鉅額的電視廣告費。這種情形一直持續到2016年的總統大選，網際網路取代電視發揮了更有效的宣傳作用。

　　從有了語言文字開始，人類在信息交流上有幾次大的進步，包括書寫系統的出現、紙張和印刷術的發明等，每一次都極大地提高了知識和信息的傳播速度，不過這種「速度」會受限於信息的承載介質（如竹簡、紙張）的物理移動速度，即信息的移動速度。但是，當電用於通信之後，人類的通信就以光速進行了，這不僅使信息的傳輸變得暢通有效，也使科技的影響力快速地向全世界傳播。

●　　●　　●

　　從18世紀末到19世紀末，人類經歷了兩次工業革命，世界因此完成了從近代到現代的過渡。這兩次工業革命都有代表性的核心科技，第一次是蒸汽機，第二次是電。圍繞這兩項技術，相應的新技術不斷湧現，原有的產業開始改變，並以一種新的形態出現，同時也誕生了新的產業，後者我們會在後面講到。兩次工業革命的另一個特點是讓人類彼此之間的距離迅速縮短，這既表現在交通工具的進步縮短了真實的距離，更表現在電用於通信後，人們之間虛擬的距離幾乎為零。你可以想像這樣一個場景：一小群走出非洲的人類原本是一家，但是在隨後的幾萬年裡很少走動來往，到了19世紀末，分開了幾萬年的人類又開始走訪親戚了，他們甚至可以在電話兩旁隨時聽到對方的聲音，這是一種多麼讓人感動的場景！

第 **7** 章 | 新工業

　　機械動力需要新的能量，而新的能量又催生出新的工業。

　　在 19 世紀上半葉，煤是工業生產中最重要的能量來源。但是煤的使用受到很多限制，同時也帶來嚴重的汙染。比如，使用煤的蒸汽機十分笨重，只適合作為大型機械的動力，不可能成為汽車、飛機等必須使用輕便發動機的交通工具的動力來源。電雖然使用很方便，但是不能憑空產生，只能從其他能量形式轉換而來，同時需要有電線傳輸，因此電的使用依然有一定的侷限性。石油的出現，以及使用石油產品的內燃機的發明，在很大程度上解決了上述問題。石油不僅是一種新的能源，還讓化學工業成為世界經濟的支柱產業之一。當然，作為工業革命的結果之一，人類徹底進入了熱兵器時代。

石油：工業的血液

　　在大量使用了木材和煤之後，人類在第二次工業革命時開始使

用第三種可供燃燒的能源——石油。相比木材和煤炭，石油有兩個顯著的優點：使用便利和能量密度高。這給社會各方面帶來了一系列革命，我們將再一次看到能量利用的水準和文明進步之間的關係。

人類發現和使用石油的歷史其實很久遠。早在西元前10世紀之前，古埃及人、美索不達米亞人和古印度人已經開始採集天然石油。在美索不達米亞的楔形文字泥板上，記載著在死海沿岸採集天然石油的事情，不過，準確地說應該是「以天然形態存在的石油瀝青」（我們知道，現在的石油瀝青是原油加工過程中的副產品）。早期文明並不是將石油當作能源來使用，而是將天然瀝青作為一種原材料。在古巴比倫，瀝青被用於建築，而在古埃及，它甚至被用於製藥和防腐。木乃伊的原意就是瀝青。在阿拉伯帝國崛起時，當地人用瀝青鋪路，建設帝國的中心巴格達。

中國在西晉時開始有關於石油的記載。到南北朝時，酈道元（？～527）在《水經注》中介紹了石油的提煉方法，這應該是世界上最早關於煉油的記載。此後，在北宋沈括的《夢溪筆談》中，也有利用石油的記載。

作為能量的來源，石油首先被用於戰爭而不是取暖或者照明。西元前6世紀，阿契美尼德王朝（前550～前330年）的波斯人開始打井取石油，然後很快將它用於戰爭中的火攻。居魯士二世（Cyrus II of Persia，前600年至前598年間～前530年）在攻取巴比倫時，他的部將用瀝青點火，燒毀固守在房屋內進行抵抗的巴比倫人的建築。在隨後的兩千多年裡，很多文明都有將石油用作火攻武器的記載，但是大家並不用它做燃料或者照明，因為原油燃燒時油煙太大，而且火苗不穩。

石油真正被廣泛地用於照明，要感謝加拿大的發明家亞伯拉

罕・格斯納（Abraham Gesner, 1797-1864）和波蘭發明家伊格納齊・武卡謝維奇（Ignacy Lukasiewicz, 1822-1882）。他們於1846年和1852年先後發明了從石油中提取煤油的低成本方法，從此，使用煤油照明不再有上述問題。武卡謝維奇等人的方法其實是利用石油中不同成分有不同沸點的原理，加熱原油將各種成分分離。

1846年，在中亞地區的巴庫發現並建成了世界上第一座大型油田，當時巴庫出產世界上90%的石油。1861年，世界上第一座煉油廠建成。19世紀末，在北美大陸的許多地方都發現了大油田，煤油很快取代蠟燭成為西方主要的照明材料，並且因此形成了一個很大的市場。也就是在這個時期，約翰・洛克菲勒成了世界石油大王——他控制了美國的煉油產業，並因此間接地控制了原油的開採、原油和成品油的運輸，以及成品油的定價。

石油成為世界主要的能源來源之一，是靠內燃機的發明。透過內燃機和汽油（或者柴油）來提供動力，比採用蒸汽機和煤更方便、更高效，也更清潔。因此，從19世紀末開始，全世界的石油用量劇增。19世紀中期（1859），美國的石油年產量只有2000桶，* 但是到了1906年，就達到了1.26億桶，半個世紀增加了6萬多倍，石油成了繼煤炭之後又一種重要的化石燃料。

石油作為世界主要能源的登場時間，和兩次世界大戰的時間基本吻合，因此，它不僅成了各方爭奪的戰爭資源，也決定著戰爭的走向和結果。第一次世界大戰前夕，擔任英國海軍大臣的邱吉爾敏銳地認識到，油比煤做軍艦動力更有優越性，它讓軍艦更快、更靈活，也更省人力。於是，他決定把英國的海軍優勢建立在石油之上，

---

* 一桶石油大約是120公升。

所有艦船燃料都以油代煤，並且在他的任期內完成了這種轉變。後來的戰爭進程證明，邱吉爾非常遠見卓識。當時英國本身不產油，因此它一直設法控制著中東地區的石油資源，直到二戰結束之後很長一段時間。在第二次世界大戰中，一些重要的戰役都和爭奪石油有關，比如蘇聯和德國圍繞爭奪巴庫油田的一系列戰役，日本進軍南太平洋爭奪石油資源的諸多戰役等。在二戰期間，同盟國的石油總產量高達10億噸，而軸心國只有6600萬噸，不到前者的7%。因此，石油緊缺也是軸心國戰爭失敗的一個重要原因。

　　從19世紀末開始，煤雖然還是世界上最重要的燃料，但石油的用量一直高速增長。到了20世紀70年代，人類意識到石油是一種有限的原料，如果不節省使用，很快就會耗盡，因此在1973年石油危機之後，石油的使用增速開始放緩。除中國外，世界主要產油國產量沒有根本性變化。2017年，美國原油產量為37億桶，基本上和1970年持平。沙烏地阿拉伯和俄羅斯的石油產量與美國相當。這三大產油國的產量和20世紀70年代初（1973年石油危機之前）相比沒有什麼變化，[1] 而伊朗則只有當年峰值的一半。

　　不過，雖然世界上原油產量沒有增加，但是人們對它的依賴程度卻非常高。由於石油的能量密度高，燃燒迅速，因此今天世界上90%的運輸動力依然來自石油。如果飛機使用煤作為動力燃料，恐怕一半的載重量要用在所攜帶的煤上，而且起飛前還要經過長時間預熱。

　　石油工業帶來的另一個結果是極大地促進了化學工業的發展，這是因為石油本身是許多化學工業產品的原料。

　　雖然化學品的製造（比如釀酒、釀醋）和使用早在西元前就有了，但是它變成工業，並且和科學的發展聯繫起來，則是在19世紀。

由於鋼鐵工業的迅速發展需要煉焦炭，從而產生了大量被稱為煤焦油的廢物，於是化學家在研究煤焦油的特性時，發展出了化學工業。

1856年，英國18歲的化學家威廉‧亨利‧珀金（William Henry Perkin, 1838-1907）在提取治療瘧疾的特效藥奎寧時，偶然發現煤焦油裡的苯胺可以用來生產紫色的染料，[2] 於是他申請並獲得了苯胺紫製造的專利。由於當時染料的價格昂貴，各國化學家競相利用煤焦油研製染料，很快發明了各種顏色的合成染料，形成了一個新的龐大的產業——有機化學工業。之後，隨著石油和天然氣的廉價供應，有機化學家找到了比煤焦油產量更高、使用更方便的化工原材料，從此開啟了石油化工工業。利用石油合成塑膠的方法便是在這樣的背景下發明出來的。

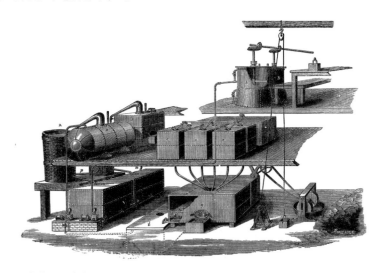

圖7.1 用煤焦油生產染料

今天使用最廣泛的聚乙烯塑膠（用於製造食品袋、薄膜、餐具），雖然被發明出來的時間較早，但是產品化的時間反而晚。

1898年，德國科學家佩希曼（Hans von Pechmann, 1850-1902）在一次實驗事故中無意合成出今天常用的塑膠——聚乙烯（又稱為 PE）。[3] 但是由於生產聚乙烯的原料「乙烯」在自然界中很少，因此無法大規模生產，所以這項偶然的發現被擱置一旁。

1907年，出生於比利時的美國科學家貝克蘭（Leo Baekeland, 1863-1944）發明了用苯酚和甲醛合成酚醛塑膠的方法。這種塑膠不僅價格低廉，而且耐高溫，適用範圍廣，從此開創了塑膠工業，而貝克蘭也被稱為「塑膠工業之父」。[4]

19世紀末20世紀初，俄國和美國的工程師先後發明了透過裂解從石油中提煉乙烯的技術。隨後在20世紀二〇年代，標準石油公司（Standard Oil）開始從石油中提取乙烯。1933年，英國的帝國化學工業公司（ICI）再次無意中發現了從乙烯到聚乙烯的合成方法。[5] 因為有了充足的原材料供應，聚乙烯材料得以廣泛應用。在此之後，人類以石油為原材料。發明了各式各樣的新材料，大致可以分為塑膠、合成橡膠與合成纖維三大類。

塑膠是今天全世界使用最多的材料之一，每年的使用量約為三億噸，人均四十公斤，其中中國占了全球塑膠使用量的四分之一左右。塑膠的種類非常多，常見的就有十幾種。今天使用最多的塑膠除了聚乙烯，還有聚氯乙烯（我們常說的 PVC，水管、地板、建築門窗框等都來自聚氯乙烯）。這兩種塑膠在外觀上差不多，但是聚乙烯無毒，可以包裝食品；聚氯乙烯有毒，不能作為食品包裝。

塑膠的誕生還促進了人造皮革產業的發展。19世紀末，德國率先發明了人造皮革。人造皮革一詞早期的叫法 Presstoff，就來自德語的 Preßstoff，即塑膠複合物的意思。但是這種人造皮革並不結實，因此沒有實際的應用。20世紀30年代，人們用聚氯乙烯和帆布製造

出了皮革替代品——人造皮革。在二戰期間，缺少天然原材料的德國大量使用人造皮革製作軍服和軍用品，如軍裝、馬鞍和武器的皮套。

除了催生出塑膠工業，隨著石油化工的發展，人們開始探索用合成材料替代天然材料，合成橡膠應運而生。橡膠最初是源於橡膠樹上白色黏稠的分泌物，透過人工採集後，經過凝固、乾燥等加工工序，製成彈性固狀物，屬於天然材料。

人類使用橡膠的歷史可以追溯到西元前16世紀的奧爾梅克文化（Olmec culture），最早的考古證據來自中美洲出土的橡膠球。後來，馬雅人也學會利用橡膠製造東西，阿茲特克人甚至會用橡膠製作防雨布。

1736年，法國地理學家孔達米納（Charles Marie de La Condamine, 1701-1774）從美洲帶回橡膠的樣品。1751年，他向法蘭西科學院遞交了一篇弗朗索瓦·弗雷諾（François Fresneau, 1703-1770）寫的關於橡膠性質的論文。這篇論文於1755年發表，是歷史上第一篇介紹天然橡膠的論文。

天然橡膠如果不經過處理，既不結實，也缺乏彈性。1839年，美國發明家查爾斯·古德伊爾（Charles Goodyear, 1800-1860）發明了橡膠的硫化方法，[6] 將硫黃和橡膠一起加熱，形成硫化橡膠，才讓它真正得以使用，這距離西方人接觸到橡膠已經過去了一百年。然而，古德伊爾並不是一個精明的商人，也不善於利用專利保護自己的發明。因此，在他那個年代，很多人利用他的發明賺到了錢，而他自己卻負債累累。不過，古德伊爾對此並不遺憾，他說：「生活不應僅僅由美元和美分來衡量，我不會抱怨他人收穫我種植的成果。相反，如果一個人播種之後，卻沒有人收穫，才是讓人遺憾的

事情。」今天世界著名的固特異（Goodyear）輪胎橡膠公司就是為了紀念他而命名的，但是與他或者他的家人其實沒有任何關係。

古德伊爾雖然找到了處理橡膠的實用方法，但是對橡膠的化學成分並不清楚。1860年，英國人格蘭威爾・威廉斯（Charles Greville Williams, 1829-1910）經由分解蒸餾法實驗，發現了天然橡膠的單元構成是異戊二烯，* 這為後來合成橡膠提供了根據。

世界對橡膠的大量需求是在汽車誕生之後。今天世界上那些著名的橡膠公司，包括德國的馬牌、義大利的倍耐力、法國的米其林和美國的固特異等公司，都誕生於19世紀末，並且隨著汽車工業的發展而發展。然而，天然橡膠只能生長在暖濕地區，世界上大部分國家不適合種植，因此產量非常有限。到了戰爭年代，如中國、日本或者德國等不出產天然橡膠的國家，就很容易被敵國切斷橡膠供應。因此，德國從20世紀初就開始想辦法人工合成橡膠。

1909年，德國的科學家弗里茨・霍夫曼（Fritz Hofmann, 1866-1956）等人，用異戊二烯聚合出第一種合成橡膠，但是質量太差，根本不可用。第一次世界大戰期間，德國的橡膠供應完全被英國人切斷。迫於橡膠匱乏，德國人採用了二甲基丁二烯聚合而成甲基橡膠，這種橡膠可以大量生產，而且價格低廉，但是耐壓性能不理想，戰後便被淘汰了。在隨後十多年裡，歐美各國合成了種類不同的人造橡膠，但是都因為質量太差，不堪使用。

真正從理論層面解決人造橡膠技術問題的是兩位分別獲得了諾貝爾化學獎的科學家。20世紀30年代，德國化學家施陶丁格（Hermann Staudinger, 1881-1965）建立了大分子長鏈結構理論，[7] 蘇

---

* 事實上，天然橡膠是一種以聚異戊二烯為主要成分的天然高分子化合物。

聯化學家謝苗諾夫（Nikolay Semenov, 1896-1986）建立了鏈式聚合理論。[8] 有了這些理論的指導，透過小分子材料聚合大分子材料，人工合成實用的橡膠才成為可能。

在二戰期間，由於日本占領了全世界重要的東南亞橡膠產地，美國和蘇聯加速了合成橡膠的研製和生產。1940年，美國百路馳（BFGoodrich）公司和固特異公司分別研製出高性能、低成本的合成橡膠，對保證二戰時橡膠的供應有很大的幫助。在二戰期間，美國合成橡膠的產量從2000噸增加到92萬噸，雖然它們當時依然只占橡膠用量的一小部分，但是已經顯示出合成橡膠的廣闊前景。

20世紀60年代，殼牌石化公司（Shell Chemical Company）發明了人工合成的聚異戊二烯橡膠，首次用人工方法合成了結構與天然橡膠基本一樣的合成天然橡膠，從此人造橡膠可以徹底取代天然橡膠了。今天，全世界每年生產2500萬噸橡膠，其中70%是合成橡膠。

如果說合成橡膠只是對一種天然物的複製，那麼尼龍（nylon）* 則是自然界原本並不存在的人造物，它的發明開創了化學工業結合紡織工業的一個新領域。

1928年，杜邦公司成立了基礎化學研究所，負責人是當時年僅三十二歲的卡羅瑟斯（Wallace Carothers, 1896-1937）博士，他主要從事聚合反應方面的研究。1930年，卡羅瑟斯的助手發現，採用二元酸和二元胺經縮聚反應而形成的聚醯胺纖維，其化學結構和性能與

---

* 關於尼龍名字的來歷流傳著一個誤解，即它是紐約（New York，縮寫為NY）和倫敦（London，前三個字母為LON）的合成詞。這個誤解的歷史幾乎和尼龍的歷史一樣長。事實上，尼龍一詞只是卡羅瑟斯和杜邦公司的高層多次討論後得出的大家都願意接受的名字。今天，尼龍一詞的含義比當初廣泛了很多，成了「由煤、空氣、水或其他物質合成的，具有耐磨性和柔韌性，類似蛋白質化學結構的所有聚醯胺」的總稱。

蠶絲相似，而且這種人造絲彈性比天然蠶絲結實，延展性非常好。[9]
卡羅瑟斯意識到這種人造物的商業價值，於是對高聚酯進行了深入
的研究。1935年，世界上第一種合成纖維誕生了，它後來得名尼龍。
令人遺憾的是，1937年，卡羅瑟斯因抑鬱症自殺身亡。1939年10
月24日，用尼龍製造的長筒絲襪上市，引起轟動。尼龍絲襪當時在
美國被視為珍奇之物，有錢人爭相購買。而追求時髦的底層婦女，
因為買不起絲襪，便用筆在腿上繪出紋路，冒充絲襪。

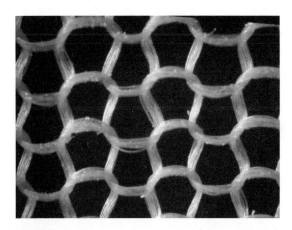

圖7.2 絲襪的放大特寫照片

　　二戰時，尼龍被優先用於軍工，製造降落傘，並且被美軍帶
到了歐洲。二戰後，很多喜歡時尚的法國婦女熱中用製作降落傘的
尼龍縫製性感的衣服，她們會為了求得一塊降落傘布而結交美國大
兵。可見當時尼龍受歡迎的程度。當然，後來人們發現還是棉、麻、
蠶絲和羊毛做的衣服穿得舒服，因此，高檔的服裝已經不再使用尼
龍。但是，尼龍的用途卻越來越廣泛，而且在尼龍之後有越來越多
的合成纖維被發明出來。今天，透過合成得到的高質量的超細纖維，

很多在性能上已經完全可以媲美純棉製品。

在石油工業和化學工業的發展過程中,能量這條主線的作用是非常明顯的。它們一方面涉及煤和石油這些化石燃料;另一方面,化學工業本身也是高能耗的,在人類沒有能力調動足夠多的能源之前是無法發展的。

相比之下,信息這條主線的作用是隱性的,但其重要性卻不能忽視,因為科技的進步,就伴隨著信息的積累和傳遞。今天,我們見到的每一種天然物質都是經過了三十五億年歷史的演化和篩選才形成並保留下來的,但是自從有了化學工業,我們在短短的一個多世紀裡就創造了無數的新物質,其中有些甚至解決了一直困擾人類的「生存問題」。

化學工業助力農業

化學工業的出現,不僅解決了交通、穿衣等問題,更重要的是解決了糧食問題。人類普遍吃得飽,是在出現了化學工業之後。而這裡面和吃飯最相關的兩類化工產品,就是化肥和農藥。

除了使用石油和煤作為原材料外,化學工業的另一個重要的原料來源,居然是空氣中含量最高的氮氣。1909 年,德國科學家、化工專家弗里茨‧哈伯(Fritz Haber, 1868-1934)利用氮氣和氫氣直接合成了氨氣,從此開創了化學肥料工業。[10] 不過合成氨剛被發明,很快便爆發了第一次世界大戰,這項發明首先被用於製造炸藥的原材料「硝酸銨」,以取代智利硝石「硝酸鈉」。在「一戰」期間,海上霸主英國封鎖了德國的海上交通線,試圖切斷德國的硝石供應,沒想到德國人在戰場上的炮火依然猛烈,原來他們用硝酸銨替代硝

石製作炸藥。當時，德國的巴斯夫化學公司（BASF）能日產三十噸硝酸銨，這讓德國有信心將戰爭持續下去。哈伯也因此獲得了「戰爭化工之父」的稱號。

到了二戰時期，原材料隨處可得的硝酸銨成了製造炸藥的必備原料，美國為了給自己和盟國提供軍火，生產了大量硝酸銨。由於二戰結束得比美國預想的快，二戰後美國剩下一大堆硝酸銨無法處理，於是乾脆倒在森林裡做氮肥。不過一開始直接投放造成了嚴重的汙染，最後美國人將這些硝酸銨再生產，變成無汙染的化肥，才解決了這個問題。

哈伯因發明合成氨的方法而獲得了1918年的諾貝爾化學獎。然而他並沒有因此受到全世界的尊敬，相反，由於他在第一次世界大戰中負責研製和生產德國的氯氣、芥子氣等毒氣，造成近百萬人傷亡，受到了美、英、法、中等國科學家的譴責，而他的妻子因此自殺。今天，全世界對哈伯的態度頗為矛盾。雖然他製造大規模殺傷性武器使得很多士兵喪生，但是今天粗略估算，他發明的製氨法所製造的氮肥，養活了地球上大約三分之一的人口。[11]

在農業上，化學工業產品除了化肥和農用材料（比如塑膠薄膜），最重要的則是農藥。它和化肥一起，不僅讓人類在20世紀解決了溫飽問題，並且將農業勞動力在全球勞動力中的比例從一半以上降到了三分之一以下。

人類使用農藥的歷史可以追溯到四千五百年前的美索不達米亞文明時期，當地人對農作物噴灑硫黃來殺滅害蟲。[12] 後來，古希臘人又透過燃燒硫黃來薰殺害蟲。15世紀之後，歐洲人先後用重金屬物質、尼古丁以及植物提純物除蟲菊和魚藤酮等做農藥。這些農藥不僅成本高，效果差，難以施用，而且對人的傷害很大。最早真正靠化學工業製造出來的有效殺蟲劑是DDT（又叫滴滴涕，化學名為雙

對氯苯基三氯乙烷）。1939 年，瑞士化學家保羅·穆勒（Paul Hermann Müller, 1899-1965）發現了 DDT 的殺蟲作用，並且發明了它的工業合成方法。1942 年 DDT 面世，[13] 當時正值二戰期間，世界很多地區傳染病流行，DDT 的使用令瘧蚊、蒼蠅和蝨子得到有效的控制，並使瘧疾、傷寒和霍亂等疾病的發病率急劇下降。由於在防止傳染病方面的重要貢獻，穆勒於 1948 年獲得了諾貝爾生理學或醫學獎。

　　DDT 的第一大功績是對於農業的增產作用。由於 DDT 製造成本低廉，殺蟲效果好，而且對人的危害較小，因此很快在全世界普及。DDT 等農藥的使用對於農業增產立竿見影。二戰後，希臘給橄欖樹使用了 DDT 後，橄欖的收成馬上增加了 25%。DDT 對其他農作物的增產，效果也同樣明顯。

　　DDT 的第二大功績是在全球消除了傳染病。二戰後，印度等窮困落後、傳染病流行的國家，靠使用 DDT 殺蟲，有效地控制了危害當地人幾千年、困擾歐洲殖民者幾百年的源於昆蟲傳播的各種流行病（比如瘧疾、黃熱病、斑疹傷寒等）。僅瘧疾這一種病，印度在使用 DDT 之後，患病數量就從七千五百萬例減少到五百萬例。在其他第三世界國家，也取得了類似的效果。據估計，二戰後，DDT 的使用使五億人免於危險的流行病。[14]

　　1962 年，DDT 的使用讓全球瘧疾的發病率降到了極低值，世界衛生組織向世界各國建議，在當年的世界衛生日發行世界聯合抗瘧疾郵票，很多國家都這麼做了，這是世界上有最多的國家共同參與的為一項發明發行郵票的活動。然而，也就是在這一年，美國海洋生物學家瑞秋·卡森（Rachel Carson, 1907-1964）女士發表了改變世界環保政策的一本著作——《寂靜的春天》（Silent Spring）。卡森在書中講述了 DDT 對世界環境造成的各種危害。由於 DDT 的廣泛使

用，它完全進入到全球的食物鏈中。DDT 不能被動物分解，因此在食物鏈高端的動物體內會形成富集，造成了鳥類代謝和生殖功能紊亂，使得很多鳥類瀕臨滅絕。如此一來，春天到來的時候，已經很難聽到鳥的歌唱了，所以她把著作取名為《寂靜的春天》。當然，DDT 的受害者不僅是鳥類，也包括吃了受到汙染魚類的人類。《寂靜的春天》一書促使美國於1972年禁止了 DDT 的使用。目前全世界有超過86個國家禁止使用 DDT。不過，進入21世紀之後，人類對 DDT 的認識再次出現翻轉，主要是認識到它在消滅非洲和其他貧困地區瘧疾方面難以取代的作用。因此，國際衛生組織今天允許那些地區有限使用 DDT 殺滅瘧原蟲。DDT 從發明到廣泛使用，到被大範圍禁止的過程，再到有限制地使用，不僅體現出化學工業的發展過程，而且反映出人類對於那些自然界原本不存在的人造物全面認識的曲折過程。

今天，雖然很多人一聽到化肥和農藥就本能地反感，但是它們在人類文明過程中的進步作用是不可否認的。從本質上講，化肥和農藥的使用，使得太陽能轉化為食物的化學能的效率大大增加，使得人類可以用很少的耕地養活大量的人口，這在另一方面對環境也是一種保護。或許未來我們有比使用化肥和農藥更好的增產方式，而這有賴於科技的進一步發展。

替輪子加上內燃機

人類的歷史在很大程度上是一個不斷遷徙的歷史。輪子和馬車的出現，讓人能夠更省力、更便捷地到達遠方，而火車的出現則進一步提高了交通運輸的效率，它不僅速度快、運載量大，也非常適合長距離運輸。不過，火車需要在鐵軌上行駛，而且只適用於大量

的人和貨物的運輸，缺乏靈活性。因此，在工業革命之後，德國的發明家都在試圖發明一種能在城市與鄉村間的路上行駛的車輛。

汽車的發明是一個系統工程，橡膠輪胎、火星塞和鉛酸蓄電池*的發明對於汽車的誕生都是必不可少的，但它們卻不屬於汽車的核心技術。對汽車來說，最重要的發明是內燃機。

世界上很多重大的發明都是時代的產物。發明家會在幾乎同時獨立完成類似的發明，內燃機也不例外。早期發明內燃機或者類似熱機的有一大批發明家，這裡值得一提的是比利時工程師艾蒂安・勒努瓦（Etienne Lenoir, 1822-1900）。1860年，他以蒸汽機為藍本，發明了一台可使用的內燃機，並獲得了專利。但是勒努瓦內燃機的效率僅有2%～3%，因此在商業上沒有競爭力，[15] 對後世的內燃機也沒有產生太大的影響。不過勒努瓦在內燃機中採用了一個感應線圈，實現了自動打火，那便是後來電火星塞的原型。

今天我們說到內燃機時，總要提到奧托這個名字，內燃機做功的過程被稱為「奧托循環」，而汽車用的發動機和很多其他的內燃機，都被稱為「奧托式發動機」，因為它們的工作原理和德國工程師尼古拉斯・奧托（Nikolaus Otto, 1832-1891）當初的發明相似。1862～1876年，奧托發明了壓縮衝程內燃機**——先是二衝程（1864），後來改進成了四衝程（1876），並且發明了內燃機的電控噴射燃油（燃氣）裝置（見圖7.3）。奧托內燃機能量轉化效率（超過了10%）高於當時效率最高的蒸汽機（8%），因此在隨後的十七年裡，奧托賣出了五萬多台四衝程內燃機，而更早發明內燃機的勒努瓦一輩子

---

* 1842年，美國發明家古德伊爾發明了硬橡膠輪胎。1858年，法國工程師洛納因發明了點火的火星塞。1859年，法國物理學家普蘭特發明了鉛酸蓄電池。

** 當時被稱為新奧托馬，德語：Neuer Otto-Motor。

只賣出七百台。[16] 更重要的是，奧托發明的內燃機是後來汽車、飛機和很多其他機械發動機的濫觴。

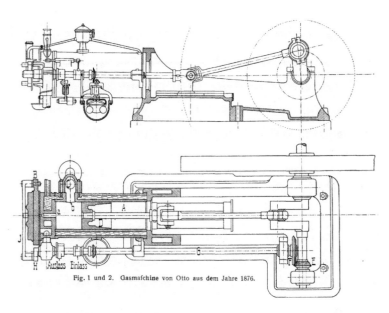

Fig. 1 und 2. Gasmafchine von Otto aus dem Jahre 1876.

圖7.3 1876年奧托的四衝程內燃機設計圖

　　奧托在內燃機方面的發明具有革命性，理應獲得專利，而當時他也確實被德國授予了專利，但是這項專利不久就被他的一個同事、德國另一位大發明家戈特利布·戴姆勒（Gottlieb Wilhelm Daimler, 1834-1900）給推翻了。[17] 戴姆勒的目的是想將來另立門戶，獨立研發新的發動機，他擔心那些專利阻礙自己的事業發展。在奧托那個年代，總能找到一些類似的發明，因此，戴姆勒推翻專利並不難。從這件事可以看出，很多重大發明常常是技術進步的自然延伸，天才在其中的作用固然很大，但是並非決定性因素。在專利被推翻之後，奧托乾脆放棄了幾十項內燃機的專利，從而使得內燃機技術得

以在全世界普及並被迅速改進。需要指出的是，雖然奧托放棄了所有的內燃機專利，但他的生意並沒有受到影響，更沒有影響奧托在人們心目中和歷史上的崇高地位。

今天我們所說的「奧托式發動機」不是指奧托所發明的那個具體物件，而是對工作原理符合奧托發明原理的各種內燃機的總稱。到1939年第一架噴氣式飛機飛上藍天為止，所有的飛機使用的都是奧托四衝程內燃機。在奧托生活的年代，他已經被德國人置於一個崇高的地位。在他去世後，歐洲和美國在評選最有影響力的歷史人物時，總會把奧托排在前一百名。奧托的兒子古斯塔夫・奧托後來子承父業，創辦了德國最早的飛機製造公司，後來又將它轉型成為今天的 BMW 汽車公司。

奧托和他的兩個同事——戴姆勒和威廉・邁巴赫（Wilhelm Maybach, 1846-1929）——當時最大的分歧在於，是發展固定的、大型的、在工廠裡取代蒸汽機的內燃機，還是小型的、適用範圍更廣的內燃機。奧托傾向於前者，因此，他一直不肯放棄使用煤氣的內燃機，而戴姆勒和邁巴赫則更看好體積小、能夠高速運轉的燃油內燃機。後來，戴姆勒和邁巴赫離開了奧托持有一半股份的道依茨公司，創辦了他們自己的公司，二人在1883年發明了燃燒汽油的小型內燃機，並獲得了專利。1885年，他們發明了後來被稱為老爺鐘的實用內燃機，並且安裝到了一輛自行車上（見圖7.4）。當然，這種內燃機由於功率太小（只有0.5馬力），還不足以驅動汽車。一年後，戴姆勒成功地製造出了世界上第一輛使用汽油*內燃機的四輪汽車，並且在年初獲得了專利。不過，戴姆勒和邁巴赫當時並不知道，距

---

* 早期的汽油並非今天的辛烷汽油，而是戊烷和己烷的混合物石油醚（ligroin，一種易燃易爆的輕油產品）。

離他們僅僅六十英里的地方，卡爾‧賓士（Karl Friedrich Benz, 1844-
1929）也在做同樣的工作——改進內燃機和發明汽車。賓士將自行
車的後輪改成並行的兩個輪子，將一台奧托內燃機置於後軸上，從
而造出了全世界第一輛使用汽油內燃機的汽車（見圖7.5）。1885年
的一天，賓士夫人將這輛三輪汽車開上了路，成為有記載的第一位
駕駛汽車的人，這個時間比戴姆勒和邁巴赫發明出四輪汽車早了幾
個月。1886年1月，賓士獲得汽車發明的專利，於是，他開始製造
和出售採用「賓士專利汽車」品牌的汽車，[18] 但是銷售情況並不好。
一方面是因為賓士的三輪汽車功率小（只有0.85馬力），不好控制，
上坡還要靠人拉，另一方面是因為當時沒有高品質的汽油——汽油
只是作為溶劑和油汙的清洗劑，並在藥店出售。同年7月，賓士採
用了戴姆勒發明的內燃機，汽車性能得到了改進，但同時也引起了
一場官司。

圖7.4 戴姆勒Reitwagen機車

圖7.5 賓士發明的三輪汽車

　　戴姆勒對專利非常看重，他曾經推翻了奧托的專利，當看到賓士採用他的汽油內燃機技術之後，便毫不猶豫地奮起捍衛自己的權利。他將賓士的公司告上了法庭，並且贏得了官司。這樣一來，賓士就不得不向戴姆勒支付專利費，這使得賓士公司在很長時間裡不得不繼續生產使用煤氣的汽車。在戴姆勒去世後，兩家公司有了很多的合作。1926年，它們新的主人決定將這兩家競爭了四十年的公司合併，成立了今天享譽全球的戴姆勒－賓士公司。而戴姆勒的合作夥伴邁巴赫，則成了該公司旗下超豪華汽車品牌。

　　至於誰是汽車的發明人，直到今天科技史學家依然沒有統一的看法。雖然賓士的車先上路，但是這種三輪車並非今天的汽車的直接祖先，而今天四輪汽車的發明人，則是戴姆勒和邁巴赫。另外，將內燃機最初用於交通工具的也是戴姆勒和邁巴赫，因為他們造出了兩個輪子的機動車——如果三個輪子的算是汽車，為什麼兩個輪子的就不能算？在今天的德國，人們並不關心誰是汽車的發明人，畢竟戴姆勒和賓士都是德國人，但是在大洋彼岸的美國，很多人

對這兩個人都不認可，他們認為是亨利‧福特（Henry Ford, 1863-
1947）發明了汽車，因為福特在1896年發明的四輪車不僅比德國前
輩發明的同類產品實用得多，而且是今天幾乎所有汽車的原型。

人們在汽車發明權方面看法的分歧恰恰說明一個問題——汽
車的發明是水到渠成的結果。除了上述發明家，在19世紀8、90年
代，歐洲大陸和美國還有很多發明家先後獨立發明了汽車，比如後
來創立了奧迪公司的德國人奧古斯特‧霍希（August Horch, 1863-
1951），創立美國奧斯摩比（Oldsmobile）汽車公司的奧斯（Ransom
E. Olds, 1864-1950）等人。

這裡值得一提的是奧斯摩比公司。1901年，該公司採用標準化的
部件和（靜態的）流水作業製造汽車，將汽車售價降到了六百五十美
元，並且一年產量達到六百多輛；到了1902年，產量猛增到三千輛，
成為第一個能夠大規模量產汽車的公司。在此之前的二十年裡，歐美
雖然誕生了不少汽車公司，但是各公司無一例外都是用手工業的方式
製造汽車，產量很低，因此，汽車被視為奢侈品。

圖7.6 福特和他發明的四輪車

　　在奧斯摩比公司的流水作業裝配線獲得成功之後，福特在此基礎上對其做了進一步改進，將靜態的流水線改為動態的，讓汽車在裝配線上移動，而工人則不用移動位置，從而大大地提高了汽車生產的效率。同時，福特公司在銷售上普及了分期付款的方式，使得汽車成為大眾商品。1908年，福特公司推出了首款在移動裝配線上生產的福特 T 型車（售價為八百二十五美元），該車推出後立即風靡全球，到 1927 年停產下線時（售價降到了三百多美元），* 共生產了一萬五千輛，這一紀錄保持了近半個世紀。

　　T 型車的成功得益於標準化生產不僅讓生產成本大幅下降，同時也讓質量得到了保障，並且可以迅速改進。福特 T 型車當時的品質甚至優於那些手工製造的高價車。

圖7.7 1909年款的福特T型車

福特等人主導的流水線生產方式對現代工業的影響極大。從20世紀開始，流水線進入與製造相關的各行各業，這給社會的經濟結構帶來了一系列影響。

首先，在管理學和經濟學上誕生了一個新名詞——福特主義，即採用標準化和流水線大量生產低價工業品，並以此來刺激消費。工業品的成本大幅下降的結果是讓工薪階層能夠享受富足的生活，中產階級數量劇增。第一次世界大戰之後，整個西方世界出現了空前的繁榮，然而大家並沒有意識到，這種由消費驅動的經濟和社會發展背後蘊藏著巨大的危機，比如過度的債務和通貨緊縮，這在後來導致了20世紀30年代的經濟大蕭條。

其次，大規模流水線生產極大地提高了製造工業品的邊際成本，也就是建立生產線、籌措資金、大量招聘工人的成本上升。這兩個因素加在一起，導致每個工業領域都很難出現太多的企業。一般來說，在一個細分領域會很快形成贏者通吃的壟斷局面。今天，建設一條最先進的半導體記憶體生產線僅資金的投入就需要兩百億美元左右，這還不算技術和人員的投入，因此，全世界只有兩條這樣的生產線。

最後，產業工人進一步淪為機器的附庸，而工人為了對抗這種趨勢，結成了工會。於是，從20世紀初開始，大企業內資方和工會的博弈一直貫穿至今，甚至在產業轉型、原有產業開始萎縮時，工會的規模仍保持了原狀。這導致20世紀末和21世紀初西方很多產業因為成本過高而加速崩潰。

第二次工業革命和隨後汽車的普及改變了人的生活方式，人口也開始從中心城市向四周擴散。但是，要想更快捷、更方便地抵達更遠的地方，就需要比火車和汽車更快的交通工具，這就是飛機。

飛上藍天

像鳥一樣飛行是人類很早就有的夢想。從中國古代的風箏，到古希臘人製造的機械鴿，從文藝復興時期達文西設計的飛行器，到明朝萬戶陶成道用爆竹製成的火箭，都反映出人們對飛行的渴望。但是，沒有科學基礎的嘗試是難以成功的。

文藝復興時期，人們才開始理性研究飛行。1505年，達文西在科學地研究了鳥類的飛行之後，寫出了航空科學的開山之作《論鳥的飛行》一書。17世紀，義大利科學家博雷利（Giovanni Alfonso Borelli, 1608-1679）從生物力學的角度研究了動物肌肉、骨骼和飛行的關係，他指出，人類沒有鳥類那樣輕質的骨架、發達的胸肌和光滑的流線型身體，因此，人類肌肉力量不足以像鳥類那樣振動翅膀飛行。* 博雷利的結論宣告了人類各種模仿鳥類飛行的努力都不可能成功。

18世紀的熱力學成就和工業革命為人類真正的飛行奠定了基礎。波以耳和馬略特等人的科學研究成果表明，熱空氣體積大、質量小，可以上升，而紡織工業的發展又帶來了更輕巧、更結實的布料，這兩件事情促成了熱氣球的誕生。1783年6月4日，法國的孟格菲兄弟（Montgolfier brothers）成功地進行了第一次熱氣球公開升空表演。同年11月，孟格菲兄弟進行了熱氣球載人試驗，兩位法國人乘坐熱氣球上升到910公尺的高空，並飛行了九公里，然後安全降落，歷時二十五分鐘（見圖7.8）。[19] 孟格菲兄弟二人因此當選法

---

* 根據博雷利的計算，一個體重六十公斤的人，至少得具備一百八十公分寬的胸腔才能支持搧動翅膀所需要的肌肉。博雷利將他的這個研究成果寫成了《鳥類的飛行》一書，https://archive.org/details/cu31924022832574。

蘭西科學院院士，而他們的父親則被冊封為貴族。今天，法語中的氣球一詞 montgolfière 就是他們的名字。孟格菲兄弟後來留下這樣一句格言：sic itur ad astra，意思是「我們將這樣走到星星那邊」。

　　熱氣球試飛後不久，人類又開始用較輕的氫氣製造氣球。1783年12月，兩名法國人乘坐氫氣球在巴黎首次進行了自由飛行。此後，氫氣球發展成了自帶動力的飛船。1893年，德國著名的飛船大師斐迪南・馮・齊柏林（Ferdinand Graf von Zeppelin, 1838-1917）開始設計大型硬式氫氣飛船。隨後他花了好幾年時間進行融資、製造飛船，終於在1900年試飛並獲得成功。齊柏林飛船長達128公尺，直徑11.58公尺，艇下裝有兩個吊艙，可乘五人，採用內燃機驅動，可以長距離飛行。不久，齊柏林的飛船成了當時最有實用價值的民用和軍用飛行器。最成功的齊柏林伯爵號飛船一共飛行了一百多萬英里，並且在1929年8月完成了環球飛行。

圖7.8 英國倫敦科學博物館藏的孟格菲兄弟氣球模型

　　直到二戰前的1937年，飛船一直在航空工業中占有重要位置。不過，這一年的5月6日，當時最大、最先進的興登堡號飛船在一次例行載客飛行中（從法蘭克福橫跨大西洋飛往美國紐澤西）起火焚毀，造成飛船上三十七人死亡，* 飛船從此退出了歷史舞台。在這之後，雖然熱氣球作為觀光工具還在被使用，但不再是交通工具。

圖7.9 1937年興登堡號飛船失事

　　飛機的出現則比飛船晚得多，因為飛機的比重遠遠大於空氣，要想讓這樣的飛行器升空並持續飛行，難度遠大於把比重小於空氣的飛船送上天。

　　實現可控制的飛行必須解決三大難題：升力的來源、動力的來源和可操縱性。這些問題並不是哪個發明家能一次性解決的，而是

---

* 九十七位乘客中的三十六人及地面上的一人。

經過了三代發明家共同努力才逐步解決。

第一代發明家以空氣動力學之父、英國的喬治‧凱利（George Cayley, 1773-1857）為代表，他的研究工作主要是在19世紀初。凱利受到中國竹蜻蜓的啟發，從理論上設計了一種直升機，當然它只存在於圖紙上，不可能實現。凱利隨後又試圖模仿鳥類，設計振翼的飛機，但是不成功。後來他認識到鳥類的翅膀不只是提供動力，還提供升力，更重要的是，他發現空氣在不同形狀的翼面流過時產生的壓力不同，從而提出了透過固定機翼（而非振翼）提供飛行升力的想法。

凱利不僅是一個理論家，更是實踐者。1849年，凱利製造了一架三翼滑翔機，讓一名十歲的小孩坐著它從山頂滑下（動力來自人用繩子牽引），實現了人類歷史上第一次載人滑翔飛行。[20] 四年後，即1853年，凱利又製造出了可以操控的滑翔機，成功地讓一位成年人（他的馬車伕）實現了飛行。這次飛行的具體時長和距離沒有明確記載，但是過程可能有點凶險，因為這位馬車伕隨後辭職不幹了。關於這架滑翔機的設計和當時的一些飛行記錄，凱利寫成了論文《改良型1853年有舵滑翔機》，並且送到了當時世界上唯一的航空學會——法國航空學會。

但是由於當時沒有輕便的發動機，也沒有能量密度很高的燃料，凱利無法實現自帶動力的飛行夢想。1857年，已經82歲高齡的凱利知道自己時日無多，卻仍在努力研製輕質量的發動機，但終無所成。所幸的是，凱利對自己的研究工作都有詳細的記錄，特別是留下了論文《論空中航行》，成了航空學的經典。在這篇論文中，凱利明確指出，升力機理與動力機理應該分開，人類飛行器不應該單純模仿鳥類的飛行動作，而應該用不同裝置分別實現升力和動力，這為飛機的發明指明了正確的方向。

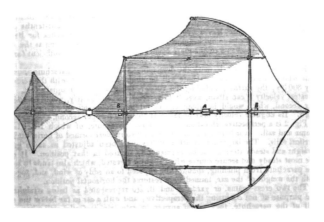

圖7.10 凱利的滑翔機

　　1971年，英國退役空軍飛行員皮戈特（Derek Piggott, 1922-2019）中尉，按照凱利留下的筆記仿製了當年的滑翔機，並且在1973年為電視機前的觀眾做現場表演，[21] 從而證明一百多年前凱利的記載是真實的。

　　凱利去世大約半個世紀之後，美國發明家萊特兄弟，即弟弟奧維爾·萊特（Orville Wright, 1871-1948）和哥哥威爾伯·萊特（Wilbur Wright, 1867-1912）實現了他的遺願——自帶動力的載人飛行。奧維爾·萊特在1912年說，他們的成功完全要感謝這位英國紳士寫下的飛行器理論。他說：「喬治·凱利爵士提出的有關航空的原理可以說前無古人、後無來者，直到19世紀末，他所出版的作品毫無錯誤，實在是科學史上最偉大的文獻。」而他的哥哥威爾伯·萊特也說：「我們設計飛機的時候，完全是採用凱利爵士提出的非常精確的計算方法進行計算的。」

　　在凱利之後，第二代飛行器發明家以德國的奧托·李林塔爾（Otto Lilienthal, 1848-1896）為代表。和凱利不同，李林塔爾主要是

實踐家而不是理論家，他是世界上最早實現自帶動力滑翔飛行的人，也是最早成功重複進行滑翔試驗的人。但是李林塔爾的工作方法有一個天然的缺陷，就是理論研究和準備工作做得不充分，過分依賴一次次載人的飛行試驗。不幸的是，李林塔爾在一次試驗中喪生了。不過，他的工作對萊特兄弟非常有啟發，而他的事蹟也激勵著這兩位美國年輕人的工作。今天，依然有很多德國人認為是李林塔爾最先發明了飛機，柏林的一個機場也是以他的名字命名的。

與凱利和李林塔爾相比，第三代發明家萊特兄弟要幸運得多。他們出生得足夠晚，以致凱利的理論和奧托的內燃機都已經為他們準備好了；他們出生得又足夠早，飛機還沒有被發明出來。當然，光靠運氣是製造不出第一架飛機的，萊特兄弟在理論積累和工作方法上不僅全面超越了他們的前輩，也超越了同時代的人。

萊特兄弟非常注重飛機設計在理論上的正確性。他們二人雖然是自學成才，但是有系統地學習了空氣動力學，有著紮實的理論基礎，而且做事情非常嚴謹。兄弟二人後來發現了李林塔爾在計算升力時的誤差（多算了百分之六十的升力）並且進行了修正，之後又透過試驗進行了驗證。[22] 這是他們能夠成功而李林塔爾失敗的重要原因。

在飛機的設計上，萊特兄弟最大的貢獻是發明了控制飛機機翼的操縱桿，從根本上解決了飛機控制的問題。[23] 在此之前，凱利沒有意識到這個問題，因為當時動力的問題還沒有解決，而李林塔爾雖然意識到了控制問題，卻沒有找到答案。因此，試圖讓飛行員像鳥類那樣透過身體的移動來平衡飛機，是完全不可能的。至此，製造飛機的三個最關鍵的技術都具備了：升力問題被凱利解決了，動力問題被奧托解決了，控制問題被萊特兄弟解決了。

　　萊特兄弟最值得一提的是他們超越同時代其他發明家的工作方法。他們為了試驗飛機的升力和控制系統，專門打造了一個風洞，在裡面進行了大量的試驗。萊特兄弟為了改進機翼，嘗試了兩百多種不同的翼形，進行了上千次測試。他們用滑輪將砝碼和飛機的機翼連接起來，準確地計算各種條件下的升力。此外，他們對如何控制飛機平衡、俯仰和轉彎等航空操縱進行了大量的試驗。因此，當他們設計的第一架飛機試飛時，他們確信這架飛機一定能飛起來，而且能很好地保持橫側穩定。

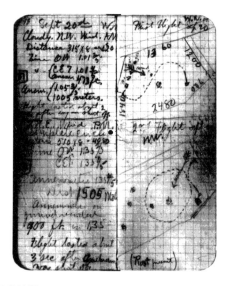

圖7.11 萊特兄弟的工作筆記

　　萊特兄弟生性謹慎，他們不做足試驗是不肯試飛的，而且，即使試飛，也要先進行無人駕駛的試飛。為了試驗飛機的轉向控制，萊特兄弟在1902年進行了七百到一千次滑翔試驗。他們製作的滑翔機在安裝了可控尾舵後，進行了上百次試驗，這些試驗都表現出良

好的可操縱性，最長的一次持續滑翔了26秒，飛了189.7公尺（622.5英尺）。[24] 這一年的10月8日，萊特兄弟徹底實現了真正的飛行轉向控制，這是飛行史上一個重要的里程碑。在這之後，他們將精力集中到製作自帶動力的飛機上。又經過了一年多的努力，1903年12月17日，萊特兄弟在美國西海岸小鷹鎮成功試飛了自行研製的飛行者一號。從此，人類進入了飛機時代。

圖7.12 萊特兄弟在1902年的滑翔機飛行試驗

就在萊特兄弟發明飛機的前後，世界各國的發明家都在加速研製飛機，但是成功者並不多，很多發明家（包括中國的航空先驅馮如）甚至在萊特兄弟的飛機上天之後，依然付出了生命的代價，主要是因為工作方法落後於萊特兄弟。直到今天，飛機的研究和製造依然是一件極為複雜的事情，需要透過試驗獲取大量的信息，才有可能設計出能安全、有效飛行的飛機。萊特兄弟透過進行大量安全的、不需要載

人試飛的試驗，獲取了足夠多的信息，等到他們真的開始載人試驗時，他們設計的飛機已經比同時代人的飛機原型安全許多。

　　萊特兄弟成功試飛的早期證據只有攝影師拍下的照片（包括攝影師在海灘上無意中拍下的一張），因此，很多人對這件事依然將信將疑。直到1908年，萊特兄弟先後在歐洲和美國當眾進行了好幾次成功的飛行試驗，全世界對他們才由質疑轉為崇拜。1909年，美國總統塔虎邀請萊特兄弟到白宮做客並為他們授勳。

　　五年後，第一次世界大戰爆發，戰爭的需要大大加速了飛機的發展。戰後，飛機開始用於民航運輸，而它的第一個高速發展階段竟然是20世紀30年代西方經濟大蕭條時期。民用航空的第二個發展高峰是在二戰之後的二十年裡，出於戰爭需要而發展起來的航空技術被用於民航飛機，同時，大量退役戰機的飛行員和機械師加入民航服務中。1949年，德哈維蘭公司製造出了首架噴氣式民航客機──「彗星」客機，而波音707則成為首款被世界各國廣泛使用的噴氣式飛機，老式的螺旋槳飛機則只能委身於短途、低客量的航線。

　　1969年，波音747試飛成功，它隨後成了全世界洲際飛行的旗艦飛機。同年，英法合作研製的超音速協和飛機也試飛成功，並且在1976～2003年超過四分之一個世紀裡提供了跨大西洋的超音速客運飛行。

　　自20世紀70年代以來，人類在各種交通工具上的進步處於相對停滯的狀態，直到20世紀末電動汽車的興起和進入新世紀後無人駕駛汽車的出現。

　　汽車出現在19世紀末，飛機出現在20世紀初，二者都具有其必然性，其中最重要的原因就是提供動力的設備──內燃機被發明出來了。同時，在核能出現之前，能量密度最高的石油成了人類重要的能量來源。當然，熱力學理論、空氣動力學理論是這些現代交

通工具被發明和製造出來的先決條件。

殺傷力躍遷

　　科技發展的一個重要動力是戰爭。武器常常代表了一個時代最高的科技水準，因此，科技的發展和武器的進步常常是同步的。

　　武器的本質是能夠有效地把能量施加到對方身上，以摧毀對方。在遠古時代，人類的祖先現代智人在競爭中戰勝了尼安德塔人，考古學家認為，前者已經學會了射箭，而後者沒有，武器上的差別是造成後者滅絕的原因之一。在冷兵器時代，弓箭是人類掌握的最有效的遠程攻擊工具，而要想比弓箭更快速地將能量傳遞到遠方，就需要使用火器了。

　　唐朝時，中國人發明了火藥。根據李約瑟的說法，火藥在五代時首次用於戰爭。* 1232年，南宋壽春縣有人發明了竹筒火槍。南宋陳規著的《守城錄》中記載了由銅鐵製成的火炮。今天發現的最早的金屬大炮是元朝時製造的，在1323年左右。此後，阿拉伯人從中國人那裡獲得了火藥製作技術，也將它應用到軍事上，他們將火藥置於鐵製的管內，以發射箭支。

　　在中世紀，無論是歐洲還是中國，製作火藥兵器的最大問題在於生產不出能夠承受火藥爆炸力的炮管和槍管。直到14世紀以後，世界上大量裝備了火炮、火繩槍和火箭（弓箭）的軍隊首先在中國出現。當時中國明朝的軍隊已經懂得步兵、炮（槍）兵、騎兵配合作戰，並在一些戰爭中使用過（火槍的）三線戰法，即第一排士兵射擊，第二排準

---

* 李約瑟認為世界上最早在戰爭中使用火藥是在西元919年的中國五代時期。

備，第三排填裝彈藥。但是明朝製造槍炮的技藝並不高，以至於明末對外戰爭時，明軍使用的體積小、口徑大、射程遠的大炮都要從葡萄牙進口。當時，人們根據大炮產地的諧音稱之為佛郎機。

在火器的發展歷史上，第一個里程碑式的發明是火繩槍，它的發明經歷了一個漫長的過程。從15世紀到16世紀，歐洲和中亞（當時的鄂圖曼土耳其帝國）不少人都獨立發明了這種武器，然後又經過了一系列的改進，才成為能夠在戰場上廣泛使用的武器。[25]火繩槍的外形很像今天的步槍，但它們是兩種不同的東西，彼此最大的區別在於點火方法。由於早期槍管難以解決炸膛的問題，因此槍管都是一個由鑄鐵製造、前後不通、後部被堵死的鐵銃，這樣火藥和彈丸要從前面裝填，而不是像今天的步槍那樣從後面填充彈藥。火繩槍操作的大致次序是：先從槍管前面裝火藥，再上鉛彈，隨後用一根長針從前面伸到槍管裡壓緊（至此，彈藥的填充才算完成）；然後點燃火信；最後是瞄準射擊（見圖7.13）。為了方便點火，不能採用燧石，射擊者要準備一根長長的、慢慢燃燒的火繩，用火繩點火。從這個過程不難看出，早期火繩槍的發射速度是非常慢的。

到了16世紀，火繩槍在歐洲諸國已經普遍使用。1521年，西班牙征服者埃爾南·科爾特斯在征服阿茲特克時，其部隊已經使用了火繩槍。1522年，明朝軍隊在和葡萄牙人進行的西草灣之戰中，繳獲了對方的火繩槍。1543年，火繩槍（隨著「南蠻貿易」*）傳入日

---

* 在日本的安土桃山時代（16世紀中期至17世紀初期），葡萄牙人到日本與當地人進行貿易。由於葡萄牙人來自東南亞沿海，日本沿用中國對那裡人的稱呼：「南蠻」。由於當時日本無法與明朝進行直接的貿易，葡萄牙人到來後，作為中間人，開啟了中、日、葡之間的三邊貿易。南蠻貿易讓日本接觸到歐洲和中國的技術，對後來日本快速步入近代化產生了很大的影響。

本，當時日本種子島的藩主種子島時堯只有十六歲，他對這種新武器產生了巨大的興趣，於是讓島上的工匠進行仿製。[26] 此後，在短短三十年內，日本各地軍閥（大名）都普遍裝備了火繩槍，用於當時被稱為「戰國」的混戰中。日本在隨後的侵朝戰爭中，也大量使用了火繩槍。

圖7.13 火繩槍點火射擊的過程

　　火繩槍在出現後的前兩百年裡，射擊的準確率和射程都非常有限，打中五十公尺遠的敵人完全是一個小機率事件，因此，在戰爭中的殺傷效果還不如弓箭。不過，以火繩槍為代表的火器相比弓箭有三個巨大的優勢。首先，它們在發射時所造成的心理震懾效果遠遠超過弓箭，因此，當西方殖民者與還是用冷兵器的亞洲及美洲

軍隊交鋒時，後者見到一片火光煙霧，聽到巨大的爆破聲，立刻就被嚇破了膽。第二個優勢是訓練士兵使用火槍要比使用弓箭容易得多。第三個優勢則是火槍進步的速度非常快，而弓箭在大約兩千年前就基本定型了，再也沒有可以改進的餘地。火繩槍在後期射速已經能達到每秒400～550公尺，子彈產生的動能達到3000～4000焦耳，能夠穿透3～4毫米的鋼板，武士的鎧甲已經擋不住它的子彈了，這是弓箭做不到的。*因此，火器巨大殺傷力的本質在於能夠將更大的能量送達遠方，形成巨大的破壞力。中國在火器發展之初，比歐洲落後不了多少，但是隨著明朝被善於騎射的清朝滅亡，中國的火器發展其實就停滯不前了。雖然到了清朝乾隆年間，八旗兵也大量裝備火槍，但是火槍的質量比明末沒有明顯改進。

火槍在被發明之後的三個世紀裡進行了四次重大的改進，才成為今天步槍的原型。

第一次改進是從火繩槍到燧發槍（flintloc）。燧發槍的原理是使用轉輪打火機（燧發機），帶動燧石擊打到砧子上產生火星，點燃火藥，這樣槍手就不需要攜帶火繩了。燧發槍在16世紀就出現了，但是在17世紀以後才普及，[27]因為燧發機的成本較高。

第二次改進是18世紀末可燃彈殼槍彈的發明。早期的火槍裝填彈藥是一件極費時間的事情，可燃彈殼槍彈將鉛彈和火藥做在了一起，這樣槍手在射擊時只需要攜帶並直接安裝「子彈」即可。

第三次改進是將膛線（riflin）技術用在了槍（炮）管內側。早期的槍炮由於槍炮管中沒有膛線，因此子彈或者炮彈飛行的路線

---

* 即使是過去世界上射程最遠、威力最大的英國長弓，射出的箭在飛行末端的速度也不到子彈的1/5。雖然箭的質量比子彈重，但是產生的動能不到子彈的1/3，無法穿透1毫米的鋼板。

飄忽不定，準確性極差。到了18世紀，英國數學家羅賓斯（Benjamin Robins, 1707-1751）從力學上證明，如果子彈旋轉飛行，則可以增強穩定性。[28] 在這個理論的指導下，歐洲各國在槍械製造上普遍使用了早在15世紀就發明的膛線技術，讓子彈在出膛時能夠旋轉起來。

第四次改進則是將前膛槍改進為後膛槍（rifled breech-loading guns）。後膛槍的發明人是德國的槍械工程師德萊賽（Johann Nicolaus von Dreyse, 1787-1867），他在一家普魯士槍械廠工作時，從一位瑞士工匠那裡學到了用撞針引爆火藥的技術，後來他回到故鄉開始設計後膛槍。1836年，德萊賽設計出從後面裝彈藥的針發槍。當時，正在擴軍備戰的普魯士軍隊馬上意識到這種新步槍的優越性，於是政府馬上買下了他的專利，支持他祕密研製這種武器。1841年，德萊賽造出了這種針發的後膛槍，隨後立即被普魯士軍隊採用，而這種槍也因發明的年代而獲得了編號 M1841。[29] 普魯士軍隊靠後膛槍很快贏得了普丹戰爭、普奧戰爭和普法戰爭的勝利。

火槍的每一次改進，都使得它的便利性、射擊的準確性以及殺傷力有所提升，特別是最後一次從前膛槍到後膛槍的改進。後者的殺傷力比前者大了許多。全世界第一次長時間大規模採用後膛槍的戰爭是1861～1865年的美國南北戰爭，雙方投入了三百萬兵力，有多達六十萬人陣亡──這個數字超過了美國在所有其他戰爭中陣亡人數的總和，由此可見其威力。不過，相比後來的機槍，單發射擊的步槍殺傷力還是小得多。

早在18世紀，英國和美國的一些發明家就發明了類似機槍的自動武器，並且取得了很多專利，但是直到19世紀末，沒有一款機槍能夠投入實戰。

說到機槍，大家可能會想到馬克沁機槍，這是世界上第一款

普遍裝備部隊的全自動機槍。這種機槍的發明人馬克沁（Hiram
Stevens Maxim, 1840-1916）生於英國，但生活在美國。1882年，馬
克沁回到英國時，看到士兵射擊時步槍的後座力把肩膀撞得青一塊
紫一塊，他就思索能否利用槍射擊時的後座力上子彈。馬克沁拿來
一支溫徹斯特步槍，仔細研究了步槍射擊時開鎖、退殼、送彈的過
程，並在第二年製作出一款新自動步槍，可以利用子彈殼火藥爆炸
時噴出的氣體，自動完成步槍的開鎖、退殼、送彈、重新閉鎖等一
系列動作，實現了子彈的連續射擊。這款自動步槍不僅射速快，而
且後座力小（原本浪費掉的能量用於了送彈）、射擊精度高。1884年，
馬克沁在自動步槍的基礎上，採用一條六公尺長的帆布袋做子彈鏈，
製造出了世界上第一支能夠自動連續射擊的馬克沁機槍，並且獲得
了機槍專利。[30]

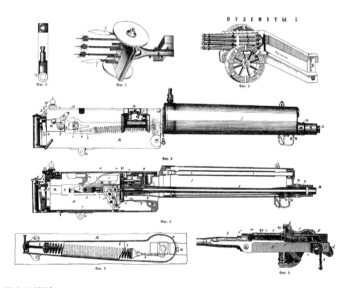

圖7.14 馬克沁機槍

　　馬克沁機槍的理論射速為每分鐘六百發，相比當時一分鐘不到十發的步槍，火力猛烈了許多。但是在它被發明出來的最初幾年裡，各國軍隊對它並不感興趣，因為它結構複雜且容易損壞，槍體笨重不易攜帶，高速射擊使槍管滾燙，需要用水來冷卻，很不方便。當然，更重要的原因是當時各國軍隊的一個原則是節省子彈，武器專家認為，射殺一個敵人只要一發子彈，用機槍亂射是浪費子彈。因此直到1887年，英國人才試買了三挺馬克沁機槍。在這個過程中，馬克沁一方面改進其機槍，一方面繼續到各國推銷這種新式殺人武器。

　　馬克沁機槍揚名天下是在1893年，當時一支只有五十名英軍和幾百名當地人組成的殖民軍隊在非洲和祖魯人的戰鬥中，用四挺機槍擊敗了一支五千人的祖魯軍隊，當場擊斃擊傷三千多人。[31] 一週後雙方再次交戰，一小支英軍面對由兩千名來福槍手和四千勇士組成的祖魯軍隊，靠馬克沁機槍擊斃了對方兩千五百人。在這之後，馬克沁機槍受到歐洲各國軍隊的關注。

　　20世紀初，德國皇帝威廉二世觀看了馬克沁機槍的表演，對這種槍大加讚賞，隨後德軍大量裝備了德國版的機槍MG08。在第一次世界大戰中，馬克沁機槍（和它的各種版本的複製品）大顯身手，在索姆河戰役中，當英法聯軍數十萬人衝向德軍陣地時，被德軍數百挺機槍掃射，僅在1916年7月1日一天就傷亡近六萬人，舉世震驚。一方面，當時人們認為機槍的出現是人類前所未有的災難，因為在此之前人類根本做不到如此高效率地屠殺同胞。而另一方面，歐美各國軍隊又不得不大量裝備這種殺人武器，在「一戰」結束前，前往歐洲的美國遠征軍每個團裝備了三百多挺機槍，[32] 而在「一戰」之前一個團只有四挺。

　　拋開機槍的危害不說，從物理學原理上說，馬克沁機槍的設計非常漂亮。在它之前，射擊時子彈殼裡火藥產生的能量相當一部分變成了射擊時的後座力，不僅在能量上是浪費，而且還影響槍的穩定性，等到射擊下一發子彈時，還需要人使用額外動力拉槍栓，因此，在能量的利用上極不合算。由於人拉槍栓的頻率不可能太高，步槍輸出的功率不可能太大，因此殺傷力有限。馬克沁機槍讓火藥產生的能量，除了變成子彈的動能，剩下的用於子彈上膛，沒有浪費掉，而且節省了人力。最重要的是，由於機械做功的效率比人高，因此它輸出的功率比步槍大得多，殺傷威力巨大。說到底，這項發明的核心是把一些手工操作步驟變成機械操作，然後巧妙利用能量來驅動機械。

　　當然，有矛就有盾。兩個月後的1916年9月15日，英國在索姆河戰場上投入了一種新式武器，這是一個由履帶驅動的鋼鐵怪物，上面的機槍噴著火焰，它就是坦克。這種怪物對德國步兵造成了心理震懾，使他們放棄陣地不戰而退。當天，英軍向前推進了四到五公里，不過由於當時坦克數量很少，英軍在索姆河戰役中進展並不順利。

　　是誰最先發明了坦克至今仍有爭議。早在文藝復興時期，達文西就畫出了這種鐵甲戰車的圖紙。雖然有人認為那應該是最早的坦克設計，但是它其實與後來的坦克沒有直接關聯。在第一次世界大戰時期，英國人、法國人和俄國人都獨立研製了自己的坦克，今天他們還在爭奪坦克的發明權。不過，公平地說，法國人和俄國人設計的原型與達文西的設計一樣，與今天的坦克沒有太多關聯，真正應該被授予坦克發明權的，是英國的斯溫頓中校（Ernest Dunlop Swinton, 1868-1951），他在1914年就提出了關於裝

甲履帶戰車的設想——將履帶拖拉機改裝成鐵甲戰車，[33] 不過當時英國國防部對此沒有興趣。1915年，當時的海軍大臣邱吉爾瞭解到斯溫頓的構想，覺得非常有價值，於是在海軍部成立了陸地戰艦的研究機構，同年底，該機構製造出被稱為「小威利」（Little Willie）的世界上第一輛裝甲履帶戰車，但是並不實用。後來，英國又對這種新式武器進行了幾次改進，直到馬克 I 型出現，才真正用於戰場。[34]

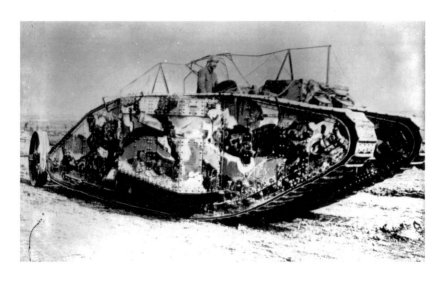

圖7.15 最早的坦克：馬克 I 型

　　到了「一戰」後期，德國人看到了坦克的威力，也研製出了自己的坦克。在第二次世界大戰中，德軍將坦克的作用發揮到了極致。

　　比槍更有殺傷力的是大炮。大炮的發展和火槍的發展基本上是同步的，甚至在一開始它們的原理都是相同的，只是大小、作用不同而已。火炮的炮彈是巨大的實心鐵球，用於攻堅。今天如果閱讀

大航海時期的故事，我們經常可以看到多少磅大炮的說法，這個重量指的是火炮射出的鐵球的重量。

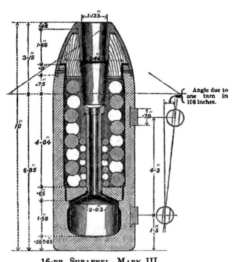

16-PR. SHRAPNEL, MARK III.

圖7.16 施拉普爾1870年的炮彈設計

從弓箭、火槍到大炮，進步方向非常清晰，就是用越來越多的動能打擊對方。不過，這三種武器都有一個缺陷，它們的動能都來自發射裝置本身，因此，發射時的動能再大，經過長距離的飛行，在空氣中也已經被消耗掉大部分了。到了19世紀初，彈頭能夠爆炸的開花炮被英國將軍亨利·施拉普爾（Henry Shrapnel, 1761-1842）研製出來，[35] 並在歐洲戰場上大顯威力。彈頭中火藥爆炸的殺傷威力極大，比原來高速飛行的實心彈頭的撞擊殺傷力大得多。開花炮本質上是對炸彈在瞬間產生的巨大化學能的利用。在開花炮出現之後，安全而威力巨大的炸藥就成了火炮發展的關鍵。

炸藥和火藥是兩種不同的東西，前者的爆炸威力要大得多。1847年，義大利人索布雷洛（Ascanio Sobrero, 1812-1888）合成了硝化甘油，那是一種爆炸力很強的液體，直接使用極不安全，並且不便於運輸攜帶。1850年，瑞典工程師諾貝爾（Alfred Nobel, 1833-1896）從索布雷洛那裡學到了合成硝化甘油的技術，並且回到瑞典建立工廠開始生產。1864年，諾貝爾和他的父親及弟弟對硝化甘油進行實驗時發生了爆炸，包括他弟弟在內的五個人被炸死，他的父親也受了重傷。[36] 政府禁止重建這座工廠。不過，諾貝爾並沒有氣餒，他把實驗室建到了無人的湖上。有一次，諾貝爾偶然發現硝化甘油可被乾燥的矽藻土吸附，從此發明了可以安全運輸的矽藻土炸藥——直接將矽藻土混合到硝化甘油和硝石中，俗稱黃色炸藥。1867年，諾貝爾為這種混合配方申請了專利，並且把這種炸藥賣到了瑞典和俄羅斯的很多礦山。英語中的「炸藥」一詞dynamite就源於希臘語中的力量一詞dynamis和英語中的矽藻土一詞diatomite。

作為一個和平主義者，諾貝爾製造炸藥的初衷並不是為了製造殺人武器，而是為了開礦。當他看到炸藥被用於製造軍火後，非常痛心，但是已無力阻止。後來，諾貝爾從安全炸藥上獲得了巨大財富，去世前他將自己的財產捐獻出來，設立了著名的諾貝爾獎，根據他的遺囑，獎金每年發放五項，包括和平獎。

幾乎和硝化甘油炸藥同時被發明出來的炸藥還有TNT（三硝基甲苯）。1863年，德國發明家威爾布蘭德（Julius Wilbrand, 1839-1906）把它作為一種黃色的染料發明出來，[37] 而且它早期的用途也確實不是用來作為炸藥，因此，在很長的時間裡，英國海關甚至都沒有將它列入爆炸物清單。不過到了19世紀末，德國人發現它是非常好的炸藥，並於1902年開始用它製造炮彈的彈頭，從此，它成了最常用的炸藥之一。

　　所幸的是，在今天，無論是硝化甘油炸藥還是 TNT，大多被用於和平建設。這些炸藥在極短的時間裡可以釋放巨大的能量，使得採礦、修路、拆除舊建築物都變得非常容易。由於爆破技術的廣泛應用，而且準確性和安全性越來越高，大型工程的死亡率相比一個世紀之前在急劇下降。20世紀30年代，美國在修建胡佛大壩（長度約為三峽大壩的八分之一，高度相當）時死亡一百一十二人，而今天世界上在修建更大規模的各種水壩或者大型工程時，鮮有死亡事故發生，這受益於人類工程爆破技術的發展。諾貝爾等人如果得知今天炸藥被更多地用於造福人類，也應該感到欣慰了。

洪堡與教育改革

　　從近代開始，科技加速發展的一個重要原因是現代大學的出現和發展。廣泛而堅實的高等教育為科技進步提供了大量的專業人才，從而讓科學發明能夠像生產流水線上的產品，持續不斷地被創造出來。

　　到了19世紀，大學的發展已經走完了兩個階段。第一階段是從大學的起源到笛卡兒、牛頓之前，主要目的是傳授神學和哲學（包括自然科學）知識，探索世界的奧祕，培養神職人員。雖然當時也有少量的實驗科學，但是很多學者的研究都集中在考據經典和自己的思考，其代表人物是基督教的聖徒阿奎納（Tomas Aquinas, 1225-1274），以及牛津大學早期的學者格羅斯泰斯特和羅傑・培根等人。第二階段是從17世紀西方的理性時代到19世紀初，實驗科學出現並且蓬勃發展，以人為核心的哲學、藝術和文化開始繁榮，大學主要是培養社會菁英和科學家（當時被稱為自然哲學家）。英國的教育

家、牛津大主教約翰‧紐曼（John Henry Newman, 1801-1890）所提出的通識教育、素質教育和培養菁英的理念，概括了當時以牛津和劍橋為代表的西方大學的特點。[36] 紐曼在一次講演中講道：

先生們，如果讓我必須在那種由老師管著、修夠學分就能畢業的大學和那種沒有教授、考試，讓年輕人在一起共同生活、互相學習三四年的大學中選擇一種，我將毫不猶豫地選擇後者。為什麼呢？我是這樣想的：當許多聰明、求知欲強、富有同情心且目光敏銳的年輕人聚到一起，即使沒有人教，他們也能互相學習。他們互相交流，瞭解新的思想和看法，看到新鮮事物並且掌握獨到的行為判斷力。

紐曼認為大學是傳播大行之道（universal knowledge）而非雕蟲小技的地方。紐曼培養人的出發點是訓練和塑造一個年輕人開闊的視野，成為更好的社會上的人，對全人類有益的人，能夠名垂青史的人。他追求的是教育的終極理想，支持牛津、劍橋等大學長期堅持的以素質教育為根本的大學教育。*

可以說在大學發展的前兩個階段，大學教育和科學家的工作其實和社會經濟生活關係不大。進入19世紀後，高等教育的目的逐漸轉為直接為社會發展而服務，其代表人物就是普魯士的政治家和教育家威廉‧馮‧洪堡（Wilhelm von Humboldt, 1767-1835，或譯為洪堡德）。洪堡生活的年代，正值拿破崙戰爭時期，**當時的普魯士雖然軍事強大，但是政治、經濟和文化落後，幾乎沒有像樣的高等教

---

* 紐曼的教育方法要求受教育者有很高的自覺性（俗話說，近朱者赤，近墨者黑）。
** 拿破崙戰爭，是指1803～1815年由拿破崙領導的一系列戰爭，這些戰事可以說是1789年法國大革命所引發的戰爭的延續。

育機構和科學研究，而整個德意志地區更是四分五裂。在拿破崙戰爭之後，德意志民族崛起的願望極為強烈，菁英階層開始積極地參與到國家政策的制定中來。在這樣的背景下，洪堡被賦予了管理普魯士「文化和公共教育」的任務。他建立起了一套非常完善的、服務於工業社會的普魯士教育體系。

　　和過去培養教士、貴族和社會菁英的高等教育理念不同，洪堡提出了「教研合一」的辦學精神，並且在由他創立的柏林洪堡大學＊（最初叫作腓特烈・威廉大學）實踐這一辦學思想。在這所大學裡，教學和研究同步進行。在洪堡的體制中，學生畢業時必須對一個專業有比較精深的瞭解，這和過去僅僅強調通識教育和知識傳授的大學教育完全不同。為了讓學生做到這一點，很多專業的學生需要五年（而不是英國的三年＊＊或者美國的四年）才能畢業，而最後的兩年則要學習非常精深的專業知識。洪堡在世時努力把柏林洪堡大學辦成一個樣板，然後向整個普魯士推廣。事實上，不僅普魯士，整個歐洲，甚至歐洲以外的一些地區，很快都開始學習洪堡的做法。

　　在19世紀歐洲的現實環境中，洪堡教育體制的優點非常明顯。在隨後的幾十年裡，普魯士培養出了大量各行各業的菁英，從昔日的弱國一躍成為歐洲最強國，並且統一了德意志地區。到第二次工

＊　在二戰之前，德國只有一個柏林大學，即柏林洪堡大學，歷史上出過非常多傑出人才的那所柏林大學即指這一所。但是二戰後，柏林大學歸屬於民主國。1948年，聯邦德國在西柏林成立了「自由的柏林大學」，於是有了兩個柏林大學。東西德統一後，原隸屬民主德國的大學採用了「柏林洪堡大學」的名稱，而隸屬於聯邦德國的大學則採用了「自由柏林大學」的名稱。不過，兩所柏林大學有合併的跡象，它們的部分院系專業已經開始合併。

＊＊英國大學的學制很特別，在校學習三年即可獲得學士學位，一年後可以再獲得文科碩士學位（MA）。這些人在美國和歐洲大陸均被看成是本科畢業。關於英國的學制，讀者朋友可以參看拙作《大學之路》。

業革命時，德國科學家和工程師輩出，重大發明創造不斷湧現，在第二次世界大戰之前，他們獲得了四成左右的諾貝爾獎，這都和洪堡的教育體制直接相關。

在第二次工業革命中，另一個不斷湧現發明創造的國家是美國。美國由一個農業國一躍成為經濟和科技大國，也和高等教育體制的改革有關。

在19世紀中葉之前，美國的高等教育非常落後，教授的知識老舊，哈佛等教育機構花了很多時間教授並不常用的拉丁文，培養學生如何成為社會菁英，但是學生學不到真知識。在教學方法上，教師讓學生死記硬背。許多學生在大學學習的課程，無助於激發並培養他們的潛力和才能，也不具備專業性。當時，美國已經全面開始工業化，但是高等教育機構對社會的發展並沒有提供太多的幫助。

然而，僅僅過了三十年，美國的高等教育就步入世界一流的行列。這一方面是當時社會對高等教育改革的要求，比如把實業界真正關心大學教育的慈善家送進了董事會，取代原來並不關心教育的社會名流和政府官員；另一方面也和吉爾曼（Daniel Coit Gilman, 1831-1908）、懷特（Andrew Dickson White, 1832-1918）及艾略特（Charles William Eliot, 1834-1926）等一批傑出的教育家的努力有關。

吉爾曼成長於美國東部，從耶魯大學畢業後，他在當地工作了一段時間，就到歐洲考察教育並擔任公職。在歐洲長期的遊學考察經歷，讓吉爾曼看到了德國大學開展職業教育的重要意義，同時他也看到了英國大學進行通識教育的好處。最終，吉爾曼形成了他兼顧通識教育和職業教育的全盤設想。回到美國後，吉爾曼先後擔任了加州大學的校長、約翰·霍普金斯大學的創校校長，以及卡內基學院（卡內基－梅隆大學的前身）的創校校長。吉爾曼結合德國洪

堡教育的模式和英國牛津、劍橋本科（學士）教育的特點，在約翰·霍普金斯大學建立起美國第一個研究所，並把該校辦成了美國第一所研究型大學。吉爾曼的教育理念，即「教育學生，培養他們終身學習的能力，激發他們從事獨立而原創性的研究，並且透過他們的發現使世界受益」，成了今天美國高等教育的共識。吉爾曼的同學懷特在美國辦起了另一所著名的研究型大學——康乃爾大學。隨後，很多新的研究型大學在美國出現，而很多老牌的文理學院也轉型為研究型大學。

美國另一位具有長期影響力的教育家艾略特則成功地對現有大學進行了改造。艾略特在接手哈佛大學之前，發現它的醫學院水準極低，用他的話說就是全美國最差的醫學院——不僅沒有統一的畢業標準，而且學生只要參加為期十六週的課程講座和實習，然後透過一個十分鐘的、出題完全隨意的考試，就可以獲得醫學學位。[39] 艾略特在擔任哈佛大學校長長達四十年的時間裡，克服了很多困難，和當時的教育體制以及董事會進行了艱苦的奮鬥，最終將哈佛從一個以教授拉丁文為主的近代私塾，變成了世界一流的綜合性大學。

艾略特出生於波士頓一個富有的家庭，後來家裡的生意破產，他利用最後一筆錢到歐洲考察了高等教育。在歐洲期間，艾略特體會最深的是歐洲高等教育與經濟發展之間的關係。他特別推崇當時德國大學直接將實驗室的發明用到工業生產的做法，並且形成了改良美國高等教育的全盤思想。回到美國後，艾略特在麻省理工學院擔任了幾年教授，然後被新的董事會任命為哈佛大學校長，當時他只有三十五歲。艾略特針對美國當時工業迅速發展但高等教育拖後腿的情況，對哈佛進行了一些改革：

● 年輕人不論是學文還是學商，都要學習一些理科知識。

● 在美國那個特定的環境裡，高等教育必須能夠促進工商業的全面發展，為此，需要培養「實幹精神和能做出成就的人」，而不是「對他人的勞動十分挑剔的批評家」。

● 啟動真正意義上的科學研究，把專業學院（後來的研究所）和基礎教育逐漸分開。

艾略特給美國那些老牌的大學樹立了一個改革的模範。在哈佛之後，普林斯頓等一批老牌名校也實現了轉型，使得美國到了19世紀末在應用研究領域已經領先於世界，到了20世紀初，在基礎研究領域也趕上了德國和英國。

無論是洪堡、吉爾曼還是艾略特，都強調大學開展獨立和原創研究的重要性。他們對大學的改造以及對科技發展的影響力都極為深遠，這讓大學成了各國的科技中心。進入20世紀後，不僅大部分最尖端的科技成就最初出現在大學，而且所有的科技大國都擁有了世界一流大學。

● ● ●

以機械和電氣發明為核心的兩次工業革命，讓人類利用能量的水準成倍提升，這催生出了新的產業，包括石油工業、化學工業、新的製藥業、軍火工業，並且徹底改變了運輸業。

在很長的時間裡，東西方文明都是並行發展的，而且水準不相上下，在歐洲處於中世紀時，東方文明的水準甚至超過西方。表7.1是東西方核心文明區域使用能量的數據，從中可以看出，到18世紀，歐洲已經完成了啟蒙運動，進入科學時代的時候，東西方依然處於同一水準。歐洲的水準雖然略高於東方，但是考慮到亞洲地區

不需要使用過多的能量來取暖，加上亞洲人身形相對矮小，自身消耗的能量少，雙方可以用來進行大規模建設的能力其實差不多。

年代（西元）	東方	西方
前3000年	12	8
西元元年	31	27
1000年	26	30
1500年	27	30
1800年	38	36
1900年	92	49
2000年	230	104

表7.1 東西方文明核心地區能量的獲取量（單位：1000千卡/人）[*]

　　但是經過19世紀的一百年，西方世界將之前在科學上積累的成就成功地變成了技術發明，繼而變成了生產力，遂全面地超越了東方世界。在這個從科學到技術的轉化過程中，現代大學起了關鍵性的作用。堅實的教育基礎為西方的科技進步提供了大量的專業人才，同時也讓科學發明如同生產線上的產品，一件件被創造出來。「知識就是力量」這句話開始深入人心。

　　在19世紀的人們看來，當時的科技已經發展到了頂點，一切該發明的東西都發明出來了。然而，如果他們有機會多活一百年，會發現他們見到的頂峰僅僅是繁榮的起點。當然，在邁向新的頂峰之前，人類要解決科學上的一次危機。

第四篇

現 代 科 技

解決複雜問題的新方法

新信息技術推動科技突飛猛進，獲取更多能量

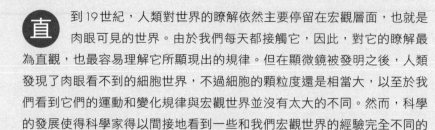

到19世紀，人類對世界的瞭解依然主要停留在宏觀層面，也就是肉眼可見的世界。由於我們每天都接觸它，因此，對它的瞭解最為直觀，也最容易理解它所顯現出的規律。但在顯微鏡被發明之後，人類發現了肉眼看不到的細胞世界，不過細胞的顆粒度還是相當大，以至於我們看到它們的運動和變化規律與宏觀世界並沒有太大的不同。然而，科學的發展使得科學家得以間接地看到一些和我們宏觀世界的經驗完全不同的現象，這些現象是過去的知識無法解釋的，於是，人們在過去的兩百年裡堅信不疑的經典物理學大廈似乎也開始動搖了。

隨著對微觀世界以及遙遠宇宙認識的不斷加深，人類發現過去所瞭解的關於世界的規律不過是更廣泛、更具有普遍意義的規律的特例而已。當人類對世界的認識進入基本粒子層面，我們找到了比石油、煤炭更大的能量來源——原子能。對物質在原子層面性質的認識，也讓我們發明了那些處理和傳遞信息的技術——半導體、無線電和光纖。人類不僅對外部世界的認識在深入，對自身的認識也是如此。進入20世紀後，人類對生物學的研究進入了分子這個層次，其中最重要的成就就是對生命遺傳密碼的破解，即DNA雙螺旋結構的發現。從此，人類第一次把信息和生命活動聯繫在了一起。

在人類進入理性時代之後，科技成就的取得常常伴隨著方法論的進步。在人類進入原子時代和信息時代之後，出現了系統論、控制論和信息理論，它們和19世紀盛行的機械論不同，前者不僅更全面、更完整地看待世界，而且形成了一整套在新時代解決複雜問題的方法。比如利用信息消除不確定因素，利用回饋控制系統的穩定性等，這使得人類在原子能、航太、生物科技（和製藥）以及信息科學等新領域以前所未有的速度進步。人類在不到一個世紀的時間裡創造的知識的總和，超過了過去自文明開始以來所有的時代。

第 **8** 章 原子時代

在19世紀與20世紀之交，有四種力量維持著技術的快速進步：基礎教育的發展、研究型大學的發展和日益廣泛的學術交流，歐洲和北美全方位的工業化，拿破崙戰爭之後近一個世紀的和平紅利，以及對知識產權的保護。不過，在學術界，大家遇到了一些似乎跨不過去的坎，其中最具代表性的就是所謂的物理學危機。

突破物理學危機

當人類邁入20世紀時，物理學的新發現開始與牛頓、焦耳和馬克士威的經典物理學發生衝突。這些衝突開始時並不明顯，但是隨著物理學的發展，矛盾越發突出。比如，黑體輻射譜不符合熱力學的預測，邁克生—莫雷實驗的結果不符合經典物理學的預測，經典電磁學無法解釋光電效應與原子光譜，放射性物質的物理性質似乎與經典物理學的決定論背道而馳。這些矛盾給物理學帶來了前所未

有的危機，並且動搖了整個物理學的基石。最終，物理學家基本上解決了這些矛盾，而方法並非試圖用舊的理論對新的現象進行牽強附會的解釋，而是重新建立物理學的基礎──相對論和量子力學。從此，物理學進入現代紀元，而這個變革的起點，則是經典力學和電磁學中馬克士威方程組的矛盾。

■狹義相對論的誕生

以牛頓理論為核心的整個經典力學都是建立在伽利略變換基礎之上的。何為伽利略變換呢？我們不妨看這樣一個例子：

我們坐火車時，假如火車前進的速度是100公里／小時。如果我們從火車的後部以每小時5公里的速度往前走，我們相對鐵路旁的電線桿的速度則是100+5，即105公里／小時；當然，如果我們以每小時5公里的速度從火車前面的車廂往後面走，我們相對鐵路旁電線桿前進的速度是100–5，即95公里／小時。也就是說，我們前進的速度是我們自己行進的速度疊加上火車這個參照系移動的速度。

這種速度直接疊加的座標變化就是伽利略變換，因為是他最早嚴格表述了兩個不同的空間參照系（運動的火車和靜止的電線桿）下的運動相對關係。伽利略變換符合生活常識，也是經典力學的支柱。

伽利略變換成立有一個前提：空間和時間都是獨立的、絕對的，與物體的運動無關──我們在火車上看到的兩根電線桿的距離，和在地面上看到的是一樣的，而火車上的時鐘也和地面上的時鐘走得一樣快。這些對我們來說似乎是不證自明的常識，因此，無論是在牛頓之前還是在牛頓之後的大約兩個世紀裡，沒有人懷疑過這個常

識。而牛頓力學公式在不同的運動參照系（比如均速運動的火車和靜止的地面就是兩個不同的參照系）中是相同的，這種性質被稱為公式的協變性。在日常生活中，我們見到的物體運動速度都不是很快，這種協變性是完全成立的。

但是到了19世紀末，情況發生了變化。人類開始接觸電磁現象，而電磁場傳播速度非常快，於是問題便產生了。馬克士威在法拉第等人研究工作的基礎上，總結出了一組經典的電磁學方程組，也被稱為馬克士威方程組，* 其正確性被大量實驗所證實，不容置疑。然而，馬克士威方程組在不同的慣性參照系中不具有協變性，也就是說，馬克士威方程組在不同的參照系下會發生改變，這就和經典物理學產生了矛盾。

為解決這一矛盾，物理學家們最初試圖湊出一個解釋——他們提出了以太假說。** 根據這一假說，宇宙中存在一種無處不在的物質以太，馬克士威方程組計算得到的電磁波速度（光速）是相對於以太這個絕對的參考系而言的，或者說，相對於運動的以太，光速具有不同的數值。

為了證實這個假說，美國科學家邁克生（Albert Abraham Michelson, 1852-1931）與莫雷（Edward Morley, 1838-1923）設計了一個實驗，試圖證實以太這個虛構的參照系的存在，但是實驗的結

---

* 馬克士威方程組（Maxwell's equations），是一組描述電場、磁場與電荷密度、電流密度之間關係的偏微分方程式。它由四個方程式組成：描述電荷如何產生電場的高斯定律，論述磁單極子不存在的高斯磁定律，描述電流和時變電場怎樣產生磁場的馬克士威—安培定律，描述時變磁場如何產生電場的法拉第感應定律。

** 以太假說認為物體之間的所有作用力都必須透過某種中間媒介物質來傳遞，因此空間不可能是空無所有的，它被以太這種媒介物質所充滿。由於光可以在真空中傳播，所以以太應該充滿包括真空在內的全部空間。

果卻得到了相反的結論：光速和參照系的運動無關，它是一個恆定的數值。這個實驗最初是在1881年進行的，但在後來的一個多世紀裡，邁克生、莫雷以及很多物理學家又多次反覆地驗證光速，結論都一致，即真空中的光速是恆定的，與參照系無關。這樣一來，在行駛的火車上往前照射的探照燈和往後照射的探照燈所射出去的光都是同一個速度，而不是人們想像的那樣：前者因為速度疊加而更快，後者因為速度相抵消而更慢。[1] 這顯然不符合常識，但是無數實驗卻證明它是對的，對此，物理學家需要提出合理的解釋。

為了解決這個矛盾，荷蘭物理學家羅倫茲（Hendrik Antoon Lorentz, 1853-1928）在1904年提出了一種新的時空關係變換，後來被稱為羅倫茲變換。[2] 在這個變換中，羅倫茲假設光速是恆定不變的，而在運動的物體上測量到的時間可以被延長，距離則可以被縮短。這當然就解釋了為什麼光速和運動的參照系速度疊加後，依然等於原來的光速。更重要的是，在這個變換下，馬克士威方程組就具有了不同參照系下的協變性，電動力學和經典物理學的矛盾就被解決了。但是，羅倫茲的這個變換完全是他為了拼湊實驗結果而想出來的一個數學模型，和我們的常識完全不同，背後是否有物理學的道理，羅倫茲自己也不清楚。除了羅倫茲，當時還有很多科學家在思考羅倫茲變換的物理學意義，比如著名數學家龐加萊（Jules Henri Poincaré, 1854-1912）就猜測到羅倫茲變換與時空性質有關，但是大家都在現代物理學大廈的門口徘徊，誰也沒有走進去。

最早在這個領域取得突破的是當時瑞士專利局的一個小專利員，他的名字叫愛因斯坦。愛因斯坦意識到伽利略變換實際上是牛頓經典時空觀的體現，如果承認羅倫茲變換，就可以建立起一種新的時空觀（這在後來被稱為相對論時空觀）。在新的時空觀下，原有

的力學定律都需要被修正，而牛頓定律則成了新的時空變化下的一個低速度的特例。1905年，愛因斯坦發表了論文《論動體的電動力學》，建立了狹義相對論，成功描述了在亞光速領域宏觀物體的運動。這一年，愛因斯坦一共發表了四篇劃時代的論文，均發表在德國最權威的物理學雜誌上，*涉及的內容包括：

- 透過數學模型解釋了布朗運動，從此物質的分子說得以確立。
- 提出光量子假說，解釋了光電效應，並且提出了光的波粒二象性，使得爭論了兩百多年的光的波動說和粒子說得到統一。
- 提出了質能方程式，即著名的 $E = mc^2$，它是廣義相對論的核心。
- 提出時空關係新理論，也就是狹義相對論。

因此，1905年也被稱為愛因斯坦的奇蹟年，[3] 以及近代物理學的起始之年。如果我們還記得上一次物理學領域的奇蹟年是牛頓的1666年，那麼就可以計算出，這兩次奇蹟居然相隔了將近兩百五十年之久。愛因斯坦的這些理論代表人類對世界開啟了一次新的認識。以前，人類的認識停留在看得見、摸得著的世界，而愛因斯坦等人將人類的認知範圍提升到看不見、摸不著卻客觀存在的範圍，比如說構成世界的分子內部的結構。

■發現物質的本質

物質的原子說（或者分子說）作為假說在古希臘就有了，但那

僅僅是假說而已，更像是一個哲學概念，而且一開始人們對分子和原子的定義也不是很清晰，經常混淆這兩個概念。近代物質結構的理論和古代的原子說其實沒有什麼關係。到了18世紀，出現了化學，拉瓦節等人發現了各種元素，而元素可以構成化合物，但是他們依然不知道化合物分子*的概念。1799年，法國化學家約瑟夫·普魯斯特（Joseph Proust, 1754-1826）發現了定比定律，即每一種化合物，不論是天然的還是合成的，其組成元素的質量比例都是整數。隨後，英國化學家道爾頓（John Dalton, 1766-1844）在得知普魯斯特的定比定律後意識到，這說明各種物質存在一些可數的最小單位，不會出現半個單位。道爾頓認為，這些最小單位就是原子，而不同質量的原子代表不同的元素。當然，道爾頓還不知道區分分子和原子。

道爾頓的原子論從邏輯上可以解釋物質的構成以及各種化學反應的原因，但是他無法透過實驗證明這種粒子的真實存在，因為物質的分子小得看不見，即使用顯微鏡也看不到。

最初透過實驗證實分子存在是靠間接的觀察。1827年，英國生物學家羅伯特·布朗（Robert Brown, 1773-1858）在顯微鏡下看到了懸浮於水中的花粉所做出的不規則運動，即後來以他的名字命名的布朗運動。布朗起初以為自己發現了某種微生物，但後來證明並非如此。在隨後的幾十年裡，科學家對布朗運動提出了各種各樣的解釋，最後大家一致認同，花粉的運動是由構成水分子的隨機運動撞擊導致的。

當然，這種解釋雖然合理，但依然是假說，如果水分子存在，

---

* 分子由原子構成，是維持物質化學特性的最小單位。原子透過一定的作用力，以一定的次序和排列方式結合而成分子。

就需要對它們進行定量的度量，才有說服力。1905年，愛因斯坦推導出了布朗粒子擴散方程式，他根據布朗粒子平均的位移平方推導出這些粒子的擴散係數，再根據擴散係數，推導出水分子的大小和密度（單位體積有多少水分子）。雖然愛因斯坦當時的計算結果相比今天更準確的測定來說並不很準確，分子的體積估計過大，運動速度估計過慢，但是他的理論與以往的氣體分子運動的理論和實驗結果相吻合。從此，分子說才算確立下來。[4] 幾年後，法國物理學家佩蘭（Jean Perrin, 1870-1942）利用愛因斯坦的理論進一步證實了分子的存在，並因此獲得了1926年的諾貝爾物理學獎。今天，利用柯爾莫哥洛夫的機率論理論，以及隨機過程中的鄧斯克定理（Donsker's theorem），能夠證實水分子運動導致的花粉布朗運動和觀察到的結果（花粉位移的速率和距離）完全吻合。

在了解了分子和原子之後，人們就開始好奇原子是由什麼構成的。當然，沒有一種直接的方法可以觀察原子的內部結構，不過，著名的實驗物理學家拉塞福（Ernest Rutherford, 1871-1937，或譯作盧瑟福）巧妙地找到了一種間接暸解原子結構的實驗方法。這個方法原理並不複雜。為了說明它，我們不妨打一個比方。假如我們想知道一個草垛裡面到底有什麼東西——它是實心的，還是空心的，抑或是部分實心的？一個簡單的辦法是用機槍對它進行掃射。如果所有子彈都被彈了回來，那麼我們就知道這個草垛是實心的；如果所有子彈都不改變軌跡穿了過去，那麼草垛裡面應該就是空的。拉塞福把原子想像成那個草垛，只不過他用來「掃射」的是一把特殊的槍——α 射線。1909年，拉塞福用 α 射線轟擊一個用金箔做的靶子，他之所以採用金箔做靶子，是因為金的比重比較大。當時人們猜想它的原子應該比較大，容易被 α 射線命中。拉塞福在實驗

中發現，既不是所有的粒子都穿過了金箔，也不是所有的粒子都被彈了回來，其大部分穿了過去，個別的被彈了回來或者被撞歪了（大約占總數的萬分之一）。這說明原子核內部既不是完全空心的，也不是完全實心的，而是大部分區域是空的，但是中間有一個很小的實心的核。拉塞福把中間高密度的核稱為原子核，後來發現原子核的周圍是密度質量極低的電子雲。由於原子核的體積很小，直徑只有原子的幾萬分之一，相當於在足球場中央豎起的一支鉛筆，因此，拉塞福要想找到那些被反射或者濺射的 α 粒子成像的照片，其實非常困難，除了大量拍攝照片，似乎也沒有更好的辦法。拉塞福的實驗持續了兩年左右，一共拍了幾十萬張照片，才得到足夠多的、能夠說明問題的 α 粒子被反射和濺射的照片。1911 年，拉塞福終於完成了這項馬拉松式的實驗，並且揭開了原子內部的祕密。[5] 後來他因此獲得諾貝爾化學獎，並且得以用他的名字命名原子的模型。

　　為了瞭解構成原子核的基本粒子是什麼，1917 年，拉塞福又用 α 射線轟擊質量較小的氮原子，他發現氮原子核被擊碎後得到了一堆氫氣的原子核。於是，他得到一個結論：氫原子核是構成所有原子核的基本粒子，這種粒子被稱為質子。

　　拉塞福的助手查德威克（James Chadwick, 1891-1974）進一步發現，氮原子的質量數是 14，也就是說是氫原子核的 14 倍，但它只有7 個電子。這樣一來，很多物理學現象就解釋不了了。如果按照具有一個質子、一個電子的氫原子來推算，每個質子所帶的正電荷和電子所帶負電荷應該相等，才能達到原子攜帶電荷的中性。但是，如果按照氮原子推算，它的原子核裡有 14 個質子，但是外圍只有 7個電子，每個質子的電量只能是電子的一半，這就產生了矛盾。為了解釋這個現象，拉塞福和查德威克認為在原子核中可能會有一種

不帶電、質量和質子一樣大的基本粒子，[6] 他們將它取名為中子，即電荷中性的意思。

因為中子不帶電，所以很難透過實驗觀測到。十五年後，也就是1932年，約里奧－居禮（Frédéric Joliot-Curie, 1900-1958）和伊雷娜‧約里奧－居禮（Irène Joliot-Curie, 1897-1956）夫婦（居禮夫人的女婿和女兒），* 用 α 射線轟擊鈹、鋰、硼等元素，發現了前所未見的穿透性強的輻射。不過，他們誤以為是伽馬射線。拉塞福與查德威克得知這個消息後，認為小居禮夫婦的解釋不合理，他們所發現的應該是自己設想的中子。而遠在羅馬的埃托雷‧馬約拉納（Ettore Majorana, 1906-1938）也得出了同樣的結論：約里奧－居禮夫婦發現了中子卻不知道。為了抓緊時間證明中子的存在，查德威克停掉了手中所有的工作，設計了一個證實中子的簡易實驗，並且不分晝夜地動了起來。查德威克先向《自然》雜誌投了一篇簡短的論文，從理論上講述了中子存在的可能性，三個月後（1932年5月），他又透過實驗證實了中子的存在並計算出它的質量。至此，原子的模型才變得完美起來。幾乎就在查德威克發現中子的同時，美國物理學家歐內斯特‧勞倫斯（Ernest Orlando Lawrence, 1901-1958）和小居禮夫婦，也證實了中子的存在並且計算出了它的質量。在這三組人中，以小居禮夫婦的計算最為準確。不過，1935年，關於中子發現的諾貝爾物理學獎還是授予了查德威克，小居禮夫婦則因在放射性研究上的貢獻獲得了當年的化學獎，勞倫斯則在4年後因為發明迴旋加速器獲得了諾貝爾物理學獎。

---

* 外國婦女出嫁後通常隨夫姓，而這對夫婦為紀念居禮這一偉大姓氏，採取了夫妻雙姓合一的方式。

中子的發現再次說明，重大的科技發現常常是水到渠成的結果，而非一兩個天才偶然的靈感。即使某個科學家錯失了一兩次機會，同時代其他的科學家也會得到相應的發現。

質子和中子統稱為強子，它們的內部結構一直到1968年才被破解，因為在此之前的實驗設備不足以將強子打開。1968年，史丹佛線性加速器中心（SLAC）證實了質子中存在更小的粒子──夸克，從而證實了四年前（1964）美國物理學家默里・蓋爾曼（Murray Gell-Mann）和喬治・茨威格（George Zweig）提出的夸克模型的正確性。[7]

接下來，科學家又想搞清楚夸克的內部是什麼，於是他們又用拉塞福當年的老辦法，使用極高速的粒子去轟擊夸克，最後發現，夸克內部空無一物。也就是說，夸克是構成宇宙的不可再分的基本粒子之一，事實上，它是高速旋轉的純能量。基於這種認識，物理學家最終構想出一個關於宇宙萬物的標準模型，裡面包括一些夸克和輕子（比如電子）等基本粒子，它們透過幾種作用力結合在一起，形成了宇宙。也就是說，對於物質，不論怎麼分，最終總會得到一大堆夸克和一大堆電子之類的粒子。而每一種這樣的粒子，其質量都是零，也就是說裡面空無一物。因此，宇宙是純能量的。

講到這裡大家可能會有一個疑問，如果宇宙是純能量的，那麼物質從哪裡來？其實早在一個多世紀之前，愛因斯坦就告訴我們 $E = mc^2$，也就是說，我們看到的物質其實只是能量的一種表象而已。當然，這樣一來，大家可能更疑惑了，既然能量是虛無縹緲的，如果物質源於能量，那麼它為什麼會有質量、形狀和體積？其實，人類在發現夸克之前，就瞭解到一些基本粒子的靜質量為零，並且試圖解釋這種現象。1964～1965年，弗朗索瓦・恩格勒（François Englert）和彼得・希格斯（Peter Higgs）提出了一種解釋質量產生的

假說——希格斯機制（Higgs mechanism）。根據希格斯等人的理論，宇宙中有一種場（希格斯場），像膠水一樣將基本粒子黏在一起，使它們有了質量和體積。這個理論非常完美，因此，物理學界後來接受了這種想法。但是證實希格斯等人的理論，花了近半個世紀的時間。2012年，歐洲核子中心發現了希格斯玻色子，證實了希格斯場的存在。2013年，恩格勒和希格斯因此榮獲諾貝爾物理學獎。

有趣的是，愛因斯坦的質能關係式最早的表述為 $m = E/c^2$，也就是說，他告訴我們質量的來源是能量，可見其深刻洞察力遠超同時代的人。不過，後人將物質轉化成能量時，將這個公式寫成了 $E = mc^2$。今天我們利用這個公式製造核反應，物質再變成能量，不過是大自然創造宇宙物質的逆過程而已。

愛因斯坦這個簡單而深刻的公式，不僅和牛頓第二定律 $F = ma$ 共同被認為是物理學上最漂亮的兩個數學公式，而且告訴人類密度最高的能量的來源，即將質量變成能量。

■上帝是否擲骰子

我們的世界是連續的還是離散的，這是一個本源性的問題。直到19世紀末，沒有人懷疑過世界的連續性，而數學和各種自然科學的基礎也是建立在連續性假設之上的。在連續的世界裡，任何物質、時間和空間都可以連續分割下去，分成多小都是有意義的。不過，到了19世紀末，物理學家發現，很多現象似乎與宇宙的連續性這個前提假設相互矛盾。

由於各種經典物理學的結論都是建立在嚴格邏輯推理之上的，而邏輯本身不會有問題，因此，解決這個矛盾的根本途徑就是顛覆前提假設，也就是說，在物理學中要引入不連續性。

　　最早利用不連續性成功解釋許多物理學現象的是近代物理學的祖師爺馬克斯·普朗克（Max Planck, 1858-1947）。在普朗克之前，人們已經發現電磁波（可見光也是一種電磁波）的頻率決定了它的能量，比如無線電波、微波和紅外線等低頻率的射線能量比頻率相對高的可見光要小，而紫外線、X射線和伽馬射線這些高頻的射線則能量巨大。但是，如果頻率繼續增加，輻射光譜的能量密度在達到峰值後就會逐漸下降至零。這和經典物理學的理論相矛盾。

　　1900年，德國物理學家普朗克提出了一個能夠解釋光譜頻率現象的經驗公式，但這個公式完全不可能從經典物理學的公式中推導出，也就是說，它們彼此是矛盾的。於是，普朗克大膽地猜想，經典物理學並不適用於微觀世界。[8]

　　普朗克將我們宏觀看到的能量分成很多份，每一份的大小與光的頻率有關，但是不能出現半份能量，也就是說，光和其他電磁波的能量都是離散的，而非人們通常想像的那樣是連續的。普朗克將這種「份」的概念稱為「量子」。[9]今天我們所說的量子物理中「量子」這個詞的概念，最初就是這樣產生的。普朗克的這個想法顛覆了我們的認知，非常具有革命性，因此，他被視為20世紀物理學的奠基人。

　　從普朗克的這種想法出發，愛因斯坦進一步提出了「光量子」的概念，很好地解釋了困擾人們十多年的光電效應現象。所謂光電效應，是指當光束照射在一些金屬表面之後，會使金屬發射出電子，形成電流（見圖8.1），這也是今天太陽能電池的原理。最早發現這一現象的是赫茲等人，他們在1887年發現光射到金屬上能激發出電子，產生電流。[10]但是有一個現象無法解釋，那就是光的頻率要足夠高（也就是說能量密度足夠高）才行，否則，即使光照時間再長

也激發不出電子。按照經典物理學能量轉換的設想,即使入射光的能量密度不高,只要積累足夠長的時間也應該能將電子激發出來,但事實並非如此。1905年,愛因斯坦在論文《關於光的產生和轉變的一個啟發性觀點》[11] 裡提出,光波並不是連續的,它由一個個離散的光量子構成。只有當一個光量子的能量超過從金屬中激發出電子所需要的最低能量時,電子才會被激發出來,否則,再多的光量子照射上去都是徒勞的。

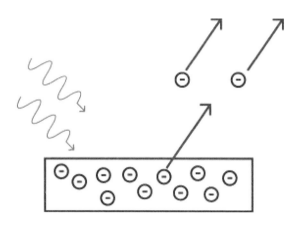

圖8.1 光電效應

愛因斯坦所說的光量子後來被定義為光子,而他的理論很好地解釋了自牛頓和惠更斯以來對光的本質的爭議——前者認為光是粒子,而後者認為是波動,他們各有道理,也各有缺陷,因此,在隨後的兩百五十年裡,無人能解釋光的這些特性。愛因斯坦從量子論出發,指出光同時具有粒子(光子)和波動(電磁波)的特性,這在後來被稱為「波粒二象性」,從此給物理學界的兩百五十年之爭畫上了句號。愛因斯坦進一步推測,其他粒子(物質)也應該具有波動

性。1924年，法國年輕的科學家路易‧德布羅意（Louis de Broglie, 1892-1987）在他的博士論文中提出了物質波的理論，[12] 並且很快（1927）被貝爾實驗室的科學家證實，德布羅意在博士畢業僅僅五年後（1929）就因此獲得了諾貝爾獎。

除了光電效應，20世紀初物理學家看到的很多現象都無法用連續性來解釋。比如，當時已經發現原子是由原子核和外圍的電子構成的，這看上去和太陽同它周圍旋轉的行星的關係很相像。但是，電子的運動完全不是連續的軌跡，關於（相對低速的）行星運動的物理學定律，到了微觀世界完全不適用了。1913年，丹麥著名的物理學家尼爾斯‧波耳提出了一種基於量子化的、不連續的原子模型，即波耳模型（也稱波耳－拉塞福模型）。[13] 波耳認為，電子占據了原子核外面特定的、不連續的軌道，不同的軌道對應於不同的、非連續的能量級別。

此後，不連續的量子特性逐漸成了物理學界對微觀世界的共識。1925年，德國物理學家馬克斯‧玻恩（Max Born, 1882-1970）創造了「量子力學」一詞，並且將它成功地應用於解釋各種亞原子粒子的特性上。[14] 第二年，海森堡（Werner Karl Heisenberg, 1901-1976）、薛丁格（Erwin Schrödinger, 1887-1961）等人建立起了完整的量子力學理論。1927年，海森堡發現，在測量粒子動量和位置的時候，如果一個物理量的測量誤差變小，另一個則要變大，而測量誤差的乘積永遠會大於一個常數，這就是著名的「不確定性原理」。不確定性原理並不是說我們測量的儀器不夠精確，而是說世界本來就有很多不確定性，想要準確測量是不可能的。[15] 波耳和海森堡等人認為，「上帝在創造宇宙時有很大的隨意性」，隨後，物理學界就有了「上帝是否也擲骰子」的爭論。

　　當時的物理學界分成兩派：一派（哥本哈根學派）以波耳為代表，認為當你觀測一個粒子的時候，就以粒子的形式存在，不觀測時就以波的形式存在。這聽起來有點匪夷所思，因為物質的存在與否居然取決於人們是否觀測它。另一派以愛因斯坦為代表，他們對此提出了質疑。愛因斯坦說道：「波耳，上帝從不擲骰子！」波耳反擊道：「愛因斯坦，不要告訴上帝應該怎麼做！」這次對話發生在第五次索爾維會議上（見圖8.2），它已經被傳為一段盡人皆知的佳話。當時，雙方找了各種理論上的證據和可能的解釋，但是誰也沒有能說服誰。後來，整個物理學界越來越多的人開始接受波耳等人的量子理論，也就是說，上帝居然也在擲骰子。

圖8.2 第五次索爾維會議聚集了當時世界上最著名的科學家（前排從左到右為朗繆爾、普朗克、居禮夫人、羅倫茲、愛因斯坦、朗之萬、古伊、威爾遜、理查德森，中排為德拜、克努森、老布拉格、克拉姆斯、狄拉克、康普頓、德布羅意、玻恩、波耳，後排為皮卡爾德、亨里厄特、埃倫費斯特、赫爾岑、德唐德、薛丁格、費斯哈費爾特、包立、海森堡、富勒、布里淵）。

物理學發展到這一步，已經超出了人們所能觀察到的世界，甚至超出了很多人的想像，因此，怎麼證實這些理論就成為一個問題。在那些難以理解的理論中，愛因斯坦的廣義相對論和他後來投入畢生精力所研究的統一場論，又是最難證實的。

■遲到的諾貝爾獎

愛因斯坦在1905年發表了狹義相對論後，開始思考如何將重力納入狹義相對論框架中。1907年的一天，他坐在瑞士專利局辦公室的窗前，看著外面的陽光做起了白日夢。他想像著自己坐的椅子從天而降，以自由落體的加速度跌下來。愛因斯坦想到這裡來了靈感。在物理學裡，加速度和重力之間只差一個質量（牛頓第二定律），其實是一回事。愛因斯坦進而想到，我們如果在一個封閉的房子裡（我們可以想像成一個電梯間），房子因為地球的引力砸到了地上，和上面有一個機器以等同於地球引力的加速度將這個房子拉起來，我們的感受是一樣的。因此，他提出了（當時並沒有發表）物理學上的「等效原理」，這個原理簡單地說就是我們無法分辨出由加速度所產生的慣性力或由物體所產生的重力之間的區別，或者說加速度的慣性力和重力等效。

基於等效原理，愛因斯坦預言了很多物理學現象，包括宇宙中的紅移、* 重力時間膨脹、時空在重力的作用下彎曲、黑洞和重力波的存在等。在隨後長達七八年的時間裡，愛因斯坦幾乎把全部的精力都用在了思考和完善重力的相對性理論上。這中間他走了很多

---

* 當光源遠去時，其波長變長，導致光線顯得更紅，這種現象叫紅移。相反，當光源靠近時，波長變短，光線更藍，被稱為藍移。

彎路，經歷了不少錯誤，但最終於 1915 年在普魯士科學院宣讀了他關於重力場方程式的重要論文。* 這便是廣義相對論的核心。當時的愛因斯坦已經不再是瑞士專利局那個沒沒無聞的物理學家，而是德國威廉皇家物理研究所的（第一任）所長、柏林洪堡大學教授、普魯士科學院院士。

　　廣義相對論是牛頓萬有引力定律之後人類最偉大的物理學發現，因此，在 1915 年以後，物理學家就不斷地提名愛因斯坦為諾貝爾獎候選人。然而，廣義相對論的思維如此超前，以致當時主流物理學界能夠真正理解它的科學家並不多，更不要說證實它了。到了 1919 年，證實廣義相對論的機會終於來了。當時，英國出於修復「一戰」後與德國關係的考慮，斥巨資組成了以天文學家亞瑟・愛丁頓爵士為首的觀測隊，在 5 月 29 日日全食那天，測量了太陽引力對金牛座的 Kappa Tauri 雙子星光線的影響，光線的偏差正好符合愛因斯坦的預言，這個結果在當時（幾個月後結果發表時）引起了轟動。[16] 不過，後來重新審視當時的測量記錄時，科學家發現，其實愛丁頓的實驗誤差是很大的，實驗結果能夠和廣義相對論的預言吻合其實純粹是巧合。在科學家的不斷提名下，1922 年，諾貝爾獎委員會終於將前一年空缺的物理學獎授予了愛因斯坦，但是委員會依然沒有提到廣義相對論。在很長的時間裡，物理學界依然對廣義相對論將信將疑。不過，隨著愛因斯坦越來越多的預言被證實，主流物理學界終於接受了愛因斯坦的理論。

　　愛因斯坦一生成果不斷，他在 1917 年又提出了受激輻射的理

---

* 愛因斯坦關於廣義相對論的論文一共有四篇，第一篇是〈Fundamental Ideas of the General Theory of Relativity and the Application of this Theory in Astronomy〉，關於重力場方程式的論文是第四篇，即〈The Field Equations of Gravitation〉。

論，這是我們今天使用的雷射光的物理學原理。[17] 再往後，愛因斯坦的主要精力用在了和量子力學的論戰及證實他的統一場論上。非常遺憾的是，直到去世，愛因斯坦都沒能在統一場論方面取得實質性進展。

在統一場論中，很重要的是把重力和其他作用力（諸如電磁力）統一起來。按照愛因斯坦的預言，重力應該和其他作用力一樣，有對應的波動，人們稱之為重力波。但是愛因斯坦直到去世都沒能見到重力波被證實的曙光。2016年，LIGO＊團隊宣布於2015年9月14日首次直接探測到重力波，隨後又陸續多次探測到重力波。[18] 2017年，雷納·韋斯（Rainer Weiss）、巴里什（Barry Clark Barish）與索恩（Kip Stephen Thorne）因此獲得諾貝爾物理學獎。從20世紀70年代韋斯開始建設LIGO中心算起，這個過程經歷了四十年時間，如果從1915年愛因斯坦提出廣義相對論算起，恰好一個世紀。

20世紀初，物理學危機的根源在於物理學的理論基石出了問題，而普朗克、愛因斯坦和波耳那一代物理學家透過智慧化解了經典物理學理論和物理新發現之間的矛盾，使得物理學在20世紀前三分之一的時間裡有了巨大的發展。今天，物理學家將宏觀的宇宙和微觀的基本粒子統一起來，使得人類對所有可觀測到的宇宙有了非常準確的瞭解。在認識論上，這段歷史讓人們認識到了科學理論的侷限性。在自然科學中，沒有絕對正確的定律，我們曾經認為毫無例外普遍適用的規律，都有它們適用的邊界，這也就突破了以牛頓為代表的機械論的思想。

＊ LIGO是雷射干涉儀重力波天文台（Laser Interferometer Gravitational-Wave Observatory）的英文首字母縮寫，由美國國家科學基金會出資，麻省理工學院和加州理工學院聯合創辦，三方共同管理。

　　說到這裡，大家可能會有一個疑問，人類用一個世紀的時間來證實愛因斯坦那些常人很難理解的理論有什麼實際意義嗎？其實，今天的很多產品都已經用到了那些理論，比如 GPS（全球定位系統）要想提供準確的位置，就需要用到廣義相對論進行修正，今天每一個使用手機的人都受益於愛因斯坦的工作。至於愛因斯坦得以獲得諾貝爾獎的光電效應，則是今天清潔能源太陽能發電的基礎。他最初提出的雷射光理論，不僅為我們帶來了最快速的通信技術，還是LED（發光二極管）照明的基礎。在愛因斯坦提出的諸多理論中，最早得到應用的是利用質能轉換原理的原子能技術，而這得益於戰爭的需求。

了不起的原子能

　　20 世紀不僅是人類歷史上技術進步最快的一個世紀，也是戰爭最多的一個世紀。通常，和平的環境更有利於科技的進步，但是在極端情況下，出於對生存的需要，戰爭也會使特定的技術進步在極短的時間裡完成，而這在和平時代是完全做不到的。第二次世界大戰期間，美國在對原子能一無所知的前提下，僅僅用了三年半的時間就完成了原子彈的研究和製造，這堪稱人類科技史上的奇蹟。

　　正如我們前面所講，一個簡單的衡量人類文明水準的標誌，就是我們所掌握的能量的多少。人類文明的基礎始於對火的利用，而人類文明的開始，無論是農業的起步還是城市化，都離不開畜力的使用。第一次工業革命和第二次工業革命，從本質上說，都是以動力為核心的革命，核心分別是蒸汽機和電，它們不僅標誌著人類掌握了新的動力來源，也改變了幾乎所有產業的面貌。

　　然而，宇宙中最大的能源既不是燃燒化石燃料所產生的化學能，也不是電能，那麼，最大的能源在哪裡呢？愛因斯坦早在1905年就給了答案。他在狹義相對論中指出，能量和質量是可以相互轉化的，當質量變成能量之後，將釋放巨大的能量。不過，實現質量到能量的轉變，不是容易的事情。事實上，包括愛因斯坦在內，科學家在隨後三十多年的時間裡並不知道如何完成質能轉化。

　　最早證實愛因斯坦質能轉化理論的是德國物理家奧托‧哈恩（Otto Hahn, 1879-1968）和莉澤‧邁特納（Lise Meitner, 1878-1968）。邁特納非常值得一提，她是有史以來最傑出的幾位女科學家之一。今天科學界普遍認為，如果不是因為那個年代歧視女性，她應該獲得諾貝爾獎。後來，出於對她一生貢獻的肯定，以她的名字命名了第109號元素（Mt）。邁特納一生最大的貢獻在於發現核裂變，並證實了愛因斯坦質能轉化的理論。

　　哈恩和邁特納最初的研究目標並非尋找核裂變的可能性，而是要搞清楚為什麼在元素週期表中，92號元素鈾之後就不再有新的元素了。我們今天知道的元素有一百多種，但是在20世紀初，人類所瞭解的原子數中最大的元素就是鈾了，再往後的元素人類就找不到了。根據拉塞福的理論，只要往原子核裡面添加質子，就應該有新元素，但是科學家的努力都失敗了。1934年，美籍義大利物理學家費米（Enrico Fermi, 1901-1954）宣布用粒子流轟擊鈾，「可能」發現了第93、94號元素，這在物理學界引起了轟動。雖然費米本身對此比較謹慎，但是當時法西斯統治的義大利為了顯示法西斯制度的優越性，對此做了大量的宣傳。[19] 費米也因此獲得了1938年諾貝爾物理學獎。當然，費米能獲獎的一個重要原因是當時小居禮夫人的實驗室似乎也證實了費米的實驗，但後來又證明他們的實驗誤差很大，

結果並不可信。

　　當時全世界大部分著名的物理學實驗室都試圖重複費米的工作，邁特納和她的老闆哈恩也不例外。但是他們做了上百次實驗，卻一直未能成功。隨後就趕上納粹德國開始迫害和驅除猶太人，擁有猶太血統的邁特納只好逃往瑞典，哈恩只能獨自在德國做實驗。不過，哈恩和邁特納一直有通信往來。1938年底，哈恩把失敗的實驗結果送給在瑞典的邁特納，希望她幫忙分析原因。

　　邁特納拿著哈恩的實驗結果坐在窗前苦思冥想，她看著窗外從房頂冰柱上滴下來的水滴，想到了伽莫夫（George Gamow）和波耳提出過一種不成熟的猜想：或許原子並不是一個堅硬的粒子，而更像一滴水。於是一個念頭從她心中一閃而過，或許原子這滴液珠一分為二變成更小的液珠了。有了這個想法之後，邁特納和另一位物理學家弗里施（Otto Robert Frisch, 1904-1979）馬上做實驗，果然證實鈾原子在中子的轟擊下變成了兩個小得多的原子「鋇」（Ba，原子序數56）和「氪」（Kr，原子序數36），同時還釋放出了三個中子，邁特納證實了自己的想法。隨後，當他們清點實驗的生成物時，發現了一個小問題，而這個小問題其實是一個重大的發現。原來，生成物的質量比原來的鈾原子加上轟擊它的中子的質量少了一點點。在德國接受科班教育的邁特納作風非常嚴謹，她沒有放過這個細節。在尋找丟失的質量時，邁特納想到了愛因斯坦狹義相對論裡那個著名的方程式 $E = mc^2$。愛因斯坦預測質量和能量可以相互轉換，那些丟失的質量會不會真的由質量轉換成能量了呢？邁特納按照愛因斯坦的公式計算出了丟失的質量應該產生的能量，然後再次做實驗，最後證實多出來的能量正好和愛因斯坦預測的完全吻合。邁特納興奮不已，她不僅發現了核裂變，而且證實了核裂變能夠產生巨

大的能量。

邁特納和弗里施在《自然》雜誌上發表了他們的發現,並提出了「核裂變」的概念。[20] 這篇論文一共只有兩頁,卻有劃時代的意義,因為它找到了自然界存在的巨大的力量。

1939 年 4 月,也就是邁特納和弗里施的論文發表僅僅三個月後,德國就將幾名世界級物理學家聚集到柏林,探討利用鈾裂變釋放的巨大能量的可能性。出於戰略考慮,德國決定不再發布任何關於核研究的成果。不過德國的第一次核計畫只持續了幾個月便終止了,原因居然是很多科學家都應徵入伍了。沒過多長時間,德國人又開始了第二次核計畫,並一直持續到二戰結束。但是由於投入的工程力量遠遠不足,直到戰爭結束,德國整個核計畫也沒有取得實質性的進展,一直停留在科研階段。[21]

德國成功地實現了核裂變,並且開始研究原子能武器的消息很快便傳到了美國。至於這個消息是如何傳到美國的,歷史學家大多認為,這要歸功於當時到美國訪問的丹麥物理學家波耳。1939 年初,波耳到美國普林斯頓大學訪問,並且在美國首都華盛頓做了一個學術報告,介紹了核裂變成功的消息。在聽完波耳報告的當天,科學家馬上從報告會所在的華盛頓趕到幾十英里外的約翰·霍普金斯大學,連夜重複並驗證了邁特納的實驗,並且獲得了成功。[22]

實際上,即便沒有波耳傳播消息,美國的科學家也會很快瞭解到這個劃時代的發現,因為邁納特等人的論文是公開發表在英國《自然》雜誌上的,而在美國,許多物理學家一直在關注著核裂變鏈式反應的可能性。

接下來的事情就是看科學家如何說服美國政府啟動核計畫了。在這個過程中,發揮最大作用的是愛因斯坦的一位學生、物理學家

利奧‧西拉德（Leo Szilard, 1898-1964），他起草了一封致羅斯福總統的信。考慮到自己的聲望還不足以說服總統，他說服老師愛因斯坦一起署名，並且由愛因斯坦想辦法將信轉交給了羅斯福。羅斯福雖然當即批准了對鈾裂變的研究，但是只給了六千美元的經費，將它交給了著名物理學家費米（Enrico Fermi），並讓他們在芝加哥大學進行研究。[23]

真正讓美國下決心研製核武器的還是戰爭。1941年底，珍珠港事件＊之後，美國才真正開始全民戰爭動員，並啟動了龐大的核計畫。由於計畫的指揮部最早在曼哈頓，因此也被稱為曼哈頓計畫。

幾乎整個物理學界，包括勞倫斯和阿瑟‧康普頓（Arthur Holly Compton, 1892-1962）等很多諾貝爾獎得主，都參與了該計畫，政府也為此撥了鉅款。美國當時幾乎所有最傑出的科學家都參與了曼哈頓計畫，並且各自都發揮了巨大的作用。當然，製造能作為武器使用的原子彈和進行核研究完全是兩回事，前者要複雜得多。當時，就連波耳這樣的物理學家都不相信能夠在短時間內造出原子彈，他說，除非把整個美國變成一個大工廠。

不過波耳低估了美國的工業潛力，二戰時的美國還真是一個大工廠。和德國人不同，美國把研製原子彈這件事當作一個大工程，而不僅僅是科學研究。既然是工程，就需要有工程負責人，美國非常幸運地挑中了格羅夫斯（Leslie Groves, 1896-1970）。最初，軍方看重格羅夫斯是因為他懂得工程，並主持建造了美國最大的建築五角大樓。事後證明，格羅夫斯不僅會蓋房子，還是一位有遠見卓識的

＊　1941年12月7日，日本聯合艦隊襲擊了美國在太平洋的海軍基地珍珠港。日本以極小的代價擊沉了幾乎整個美國太平洋艦隊。

優秀領導。他從尋找鈾材料,到挑選主管技術和工程的各個負責人,再到具體的武器製造,都做得十分出色。最重要的是,他對曼哈頓計畫的技術主管歐本海默(Julius Robert Oppenheimer, 1904-1967)絕對信任,否則,美國原子彈的研究不可能那麼順利。格羅夫斯對歐本海默可以說言聽計從,包括將研製原子彈的實驗室建在偏遠的新墨西哥州的洛斯阿拉莫斯,都是歐本海默的主意。在整個曼哈頓計畫實施的過程中,軍方一直對親共的歐本海默的忠誠表示懷疑,而這位我行我素的科學天才也不斷地惹出些小麻煩。每到這種時候,格羅夫斯總是力排眾議,支持歐本海默的工作,這才讓原子彈的研究得以順利進行。

至於為什麼一定要讓歐本海默全面負責原子彈的研究工作,可能考慮到他是當時美國物理學界公認的全才科學家。他不僅精通物理學的各領域,而且對化學、金屬學和工程製造有全面的瞭解。美國參加曼哈頓計畫的大科學家非常多,包括勞倫斯、康普頓、費米等諾貝爾獎得主,但是要用全才的標準來考量,他們都不如歐本海默。在實施曼哈頓計畫的過程中,科學家們一致認為歐本海默是一位好導師、好長官,既能把握大局,又瞭解每一個細節。歐本海默雖然沒有得過諾貝爾獎,但是理論水準絲毫不遜色於任何一位諾貝爾獎得主,並且對原子彈的理論貢獻超過任何人,這主要體現在他對原子彈臨界體積的理論計算上。

雖然實驗證實鈾原子核在受到一個快速運動的中子撞擊後,可以釋放出三個快中子,然後形成鏈式反應,但是因為原子核的直徑只有原子直徑的萬分之一左右,中子撞到原子核的機率,就相當於一個盲人往足球場上隨便開一槍,恰巧命中了一個小拇指粗細的標準桿的機率。因此,鈾金屬需要足夠「厚」,一個中子可以穿透很多

鈾原子，這樣它撞上鈾原子核的機率就大得多，並讓鏈式反應能夠進行。當然，鈾金屬的厚度和原子彈中鈾的質量相關，當質量達到某個臨界點，鏈式反應就會自行進行下去；達不到這個質量，中子撞到原子核的機率就會很小，鏈式反應進行一會兒就停止了。這個質量在物理學上被稱為臨界質量。至於這個「臨界」是多大，沒有人知道，既不能猜測，也無法透過實驗來測試，畢竟不能把一堆純鈾堆在一起，看看堆到什麼時候會爆炸，因此，唯一的辦法就是透過理論計算出來，而歐本海默解決了這個難題。

即使在理論上計算出鏈式反應能進行下去，也還需要大量的實驗去證實，最好的實驗辦法就是建立一個「可控」的原子反應爐。建造反應爐的任務交給了費米，後來，康普頓也加了進來。美國當時為了建造一個小型的供實驗使用的反應爐（功率只有0.5瓦），僅作為減速劑的純石墨就用掉了40000塊，每塊大約有10公斤重，即總重量400噸左右。在費米和康普頓的帶領下，科學家、工程師和學生們經過幾個月沒日沒夜的工作，終於在1942年12月2日建成了人類第一個可以工作的核反應爐。

除了理論和實驗的問題，製造原子武器還需要大量的高濃縮的鈾235（或者鈽239）。在天然鈾礦中，鈾235的濃度極低，無法製造武器，而濃縮鈾的任務就交給了勞倫斯，他發明了用迴旋加速器實現武器級核材料的鈾濃縮方法。但是，製造一個大型迴旋加速器需要大量的銅。勞倫斯設計的加速器僅線圈就高達八十公尺，建造這個線圈大約需要一萬噸銅。當時美國的銅都用於製造武器了，很難在短期內調配這麼多純銅。戰爭並沒有給美國更多的時間去準備，為了解決這個難題，勞倫斯想出了一個很瘋狂的方法，採用比銅導電性能更好的純銀做線圈的導線。勞倫斯將這個瘋狂的想法告訴格

羅夫斯，格羅夫斯馬上安排人從美國聯邦儲備局借出了14700噸白銀，這占到了美國國庫白銀儲備的三分之一。這批白銀直到1970年才全部歸還國庫。[24]

在格羅夫斯和歐本海默的領導下，原子彈的研究工作進展迅速。十三萬直接參與者在美國、英國和加拿大三十個城市同時展開工作，居然在不到四年的時間裡，完成了製造原子彈這個幾乎不可能完成的任務。

1945年7月16日，代號「三位一體」（Trinity）的世界上第一顆原子彈試爆成功（見圖8.3）。雖然愛因斯坦早就預言原子彈將釋放出巨大的能量，但是沒有人知道它真實的威力如何。在引爆前，科學家們打起賭來，他們猜測這顆原子彈的威力從0（完全失敗）到4.5萬噸 TNT 當量不等。

圖8.3 代號「三位一體」的原子彈試爆成功。

　　早上5點29分，一位物理學家引爆了這顆原子彈。剎那間，黎明的天空頓時閃亮無比。根據當時在場的人們的描述，它「比一千個太陽還亮」，這成了日後記述曼哈頓計畫傳記圖書的書名。[25]當時，遠在十幾公里外的費米博士揚起了一些紙片，根據紙片飛出的距離，最早估算出其爆炸當量在一萬噸TNT以上。很快，更精確的結果出來了，爆炸當量近兩萬噸TNT。大家都震驚了，歐本海默更是覺得他把魔鬼釋放出來了。

　　接下來的故事大家都知道了，美國在日本廣島和長崎投下的兩顆原子彈，促成了日本的投降，當然也成了日本永遠的痛。

　　原子能技術在二戰後很快被用於和平目的。1951年，美國建立了第一個實驗性的核電站。1954年，世界第一個連入電網供電的核電站在蘇聯誕生。隨後，世界各地陸續建立起多個商業營運的核電站。到2016年底，全世界有四百五十個核電站在營運，提供了全球發電量的12%，此外還有六十個正在建設中。從1939年人類實現核裂變，到第一個核反應爐開始商業營運，只經過了十五年時間。相比之下，人類利用火、畜力以及使用化石燃料的過程，都顯得非常漫長。從這一點我們能夠看出，人類科技進步的速度在加快。需要指出的是，二戰本身也極大地推進了人類使用核能的速度。

　　核裂變的本質是將大質量數的原子透過裂變損失質量、釋放能量。在自然界中，還有另一種核反應透過將多個氫、氦和鋰這樣小質量數的原子聚合成一個大質量數的原子，更有效地釋放能量，被稱為核聚變。氫彈就是根據核聚變原理製造的。今天，人類雖然可以實現人造核聚變，卻無法控制核聚變的反應，因此核聚變產生的巨大能量無法被利用。但是相比核裂變，核聚變不僅產生的能量更

多，原材料成本更低，而且從理論上說沒有汙染。因此，在過去的半個世紀裡，人類一直沒有中斷可控核聚變的研究，但是離商業化發電依然有很長的距離。

在第二次世界大戰中，還誕生了很多影響至今的新發明、新技術，其中影響最深遠的有雷達、青黴素、電腦、行動通信和火箭，我們在後面會一一講到。

雷達的本質

在古代，人類就幻想著有千里眼，能夠看到交戰對方的軍事部署和調動情況，這從本質上來說就是為了獲取信息。當然，千里眼是沒有的，因此雙方只能靠效率非常低的哨所、偵察兵和間諜等方式獲取情報。後來，望遠鏡和偵察機的出現讓人可以看得更遠，但仍然是靠肉眼獲取信息，很多重要的信息還是會漏掉。因此，人們一直在考慮能否有一種裝置，自動掃描和發現天上地下的敵情。到20世紀初，這種裝置終於被發明出來，它就是雷達。

早在1917年，尼古拉·特斯拉就提出使用無線電波偵測遠處目標的概念，並且後來被義大利發明家、無線電工程師馬可尼進一步改善為發射無線電波，並憑藉「回聲」（反射波）探測船隻。[26] 在隨後的十多年時間裡，英國、美國、德國和法國的科學家逐漸掌握了這項技術，並且建立起實用的無線電探測站，也就是今天所說的雷達站的前身。雷達（radar）這個詞出現的時間遠比實際裝置要晚，它是英語 radio，detection and ranging 幾個單字的首字母縮寫，在1940年才被美國海軍使用。但是早在1936年，英國為了防範來自德國可能的入侵，在大不列顛島的海岸就建立了第一個雷達站，並很

快又增設了五個。

　　早期的雷達因為無線電發射功率有限，無線電波的頻率也不夠高，因此偵察範圍很小。1939年，英國物理學家布特（Harry Boot, 1917-1983）和藍道爾（John Turton Randall, 1905-1984）發明了多腔磁控管，*這是一種大功率的真空管，能產生超高頻率的電磁波，它後來成了實用雷達中最重要的部件。[27] 這項發明使得英國的雷達技術在二戰中領先於世界。當然，雷達的迅速發展和普及在很大程度上是出於二戰期間英國和德國之間空戰的需要。

　　1940年，納粹德國對英國發動了代號為「海獅行動」的入侵英國本土的計畫，但是由於英國使用的雷達所發揮的預警作用，使得飛機數量遠不如德國的英國在空戰中占據上風，並且最終讓「海獅行動」徹底瓦解。早期的雷達體積很大，非常笨重，只能安裝在基地上，也只能發揮被動偵察的作用。如果想讓它主動偵察敵情，最好能把它送到天上。因此在二戰期間，美國和英國花了很大的力氣，終於實現了把小型雷達裝在飛機上，使得英美空軍在和德國空軍的較量中占盡先機。

　　不僅在雷達方面，在所有和信息有關的領域，美國都比德國和日本重視得多。二戰時，美國有大量的科學家從事信息的收集、破譯和處理工作，以致在很多戰役中美國和盟國都如同明眼人打瞎子。不過具體到雷達技術，德國還是有可圈可點之處，他們發明了控制火炮的火控雷達。

　　二戰中，雷達技術是各國最高的機密，而在戰後，它很快被普

---

　　* 雖然蘇聯於20世紀40年代聲稱兩名蘇聯學者在1936年之前就研製出了多腔磁控管，但是在二戰期間，蘇聯雷達與無線電技術非常落後，甚至在戰後還需要進口艦載雷達，因此學術界並不承認蘇聯的說法。

及並得到了廣泛應用。20世紀60年代，雷達被廣泛用於氣象探測、遙感、測速、測距、登月及外太空探索等各個方面。科學家還利用雷達接受無線電波的特性，發明了只接收信號、不發射信號的射電望遠鏡，它們也可以被看成是雷達技術的一個應用。2016年9月在貴州落成的、被譽為「中國天眼」的直徑長達五百公尺的球面射電望遠鏡FAST，利用的就是雷達的原理。從20世紀50年代開始，雷達就成為電子工程的一個重要學科。

從二戰開始，軍事技術在十幾年或者幾十年後轉為民用，成了科技進步的一個趨勢。冷戰期間，出於軍事目的，雷達技術不斷翻新。1971年，美國國家航空暨太空總署與美國軍方合作發明了使用雷射脈衝探測與測量目標的雷射雷達，使得掃描的精確度大幅提高。1995年，該技術第一次用於商業目的，被地質勘探局用於測繪海岸線的植物的生長情況。今天，它被廣泛應用於無人駕駛汽車。

早期的雷達使用的都是固定頻率或者有規律地變化的頻率，這樣的雷達一旦開啟，很容易被對方發現並成為對方攻擊的目標。因此在二戰期間，具有良好音樂基礎的演員海蒂・拉瑪（Hedy Lamarr, 1914-2000）與作曲家安塞爾（George Antheil, 1900-1959）合作，發明了一種不斷變化頻率的通信技術，這項技術很快被用於改進雷達，使得對方無法偵察到雷達的頻率。這就是行動通信CDMA（分碼多重進接）的前身，並且成了今天通信中調頻編碼的基礎。

人類在進入21世紀後，雷達的應用早已超出軍事目的，在生活中幾乎無所不在，從很小的倒車雷達、手持測速儀器，到無人駕駛汽車上的雷射雷達、檢測氣象和大氣汙染的氣象雷達，種類非常多。此外，雷達中最關鍵的部件多腔磁控管，經過改進，就變成了我們今天幾乎每個家庭都有的微波爐。

雷達的本質是什麼？有人說是千里眼，它能夠「看到」遠處的目標，甚至能穿透雲層。不過從更廣泛的意義上講，雷達的本質是信息的檢測，而不是千里眼。比如無人駕駛汽車上的雷射雷達就不需要看得很遠，但必須做到「眼觀六路」，迅速瞭解周圍全方位的信息。今天，大學裡雷達專業的正式名稱通常是「信息檢測」或者「信號檢測」，也反映了科技界對雷達本質的認識。

製藥業突飛猛進

戰爭導致大量軍人和平民傷亡，為了救治傷員，在戰爭期間醫藥研究的效率也達到了空前的高度。在第二次世界大戰中，美國僅次於曼哈頓計畫的第二大研究計畫就是青黴素的研製，為了研製它，美國主要的藥廠和很多大學都被動員了起來。當然，這種被譽為萬靈藥的抗生素的發明，不僅離不開一位英國醫生的重大發現，更離不開始於 19 世紀末的製藥業革命。

東西方在很長的時間裡在製藥學上沒有太多的差異，都是利用天然礦物質或者動植物中某種未知的有效成分，或者將各種藥物的原材料混合生成新的藥物。然而，那些藥物的療效其實很難驗證，即使有效，原因也不清楚。例如，早在古希臘醫師希波克拉底的時代，人們已經使用柳樹皮煮水退燒了，但是並不清楚這種治療方法的原理，更不用說找到其有效成分。類似地，中國古代雖然記載了用青蒿等草藥能治療瘧疾，但是並非所有的青蒿都管用，是哪一種管用、什麼成分管用，過去沒有人說得清。在化學實驗興起之後，藥物學家才開始從天然物中提煉純粹的藥物，製藥業的革命由此開始。

■從柳樹皮到阿斯匹靈

世界上第一款熱銷全球的藥品是阿斯匹靈，它的有效成分水楊酸在柳樹皮中也有。那麼，阿斯匹靈和柳樹皮有什麼不同呢？這就要從阿斯匹靈（Aspirin）的發明過程說起。

1763年，牛津大學沃德姆學院的牧師愛德華·斯通（Edward Stone, 1702-1768）首次從柳樹皮中發現了有效的藥物成分水楊酸，這種物質可以退燒止痛。斯通向當時的英國皇家學會提交了他的發明，但是當時的化學合成技術不發達，他製造不出藥品。又過了將近一個世紀，法國化學家格哈特（Charles Frédéric Gerhardt, 1816-1856）於1853年在實驗室裡合成出了乙醯水楊酸。[28] 由於當時還沒有完善的分子結構理論，因此，格哈特對這種合成出來的化合物的成分並不十分了解。幾年後，格哈特在做實驗時不幸中毒去世，對水楊酸的研究也就自然終止了。

事實上，水楊酸是不能直接服用的，從它的名字就可以看出它是一種酸，對胃的刺激非常大，過量服用甚至會導致死亡。因此，有效成分和藥物是兩回事。格哈特去世幾年後，德國許多科學家開始研究乙醯水楊酸的分子結構，並致力於合成這種既含有水楊酸成分，又沒有副作用或者副作用比較小的藥物，而這個過程經歷了四十多年的時間。

1897年，德國拜耳公司的化學家費利克斯·霍夫曼（Felix Hoffmann, 1868-1946）經過多年研究，把合成出來的含有水楊酸有效成分的水楊苷經過一些小的修改之後，合成了對胃刺激相對較小的鎮痛藥乙醯水楊酸，並被拜耳公司命名為阿斯匹靈，[29] 這個名字來自提煉水楊苷的植物旋果蚊草子的拉丁文名稱（Spiraea ulmaria）。

霍夫曼研究阿斯匹靈的初衷其實很簡單，就是給他的父親治病。霍夫曼的父親是一位風濕病患者，飽受病痛折磨，而當時各種含有水楊酸的止疼藥物，雖然能緩解父親的病痛，卻帶來了新的痛苦，因為那些藥物酸性太強，對胃的傷害極大，以至於他父親服藥後就胃痛不已，還經常嘔吐。所以霍夫曼在發明阿斯匹靈時，就將重點放在了減小副作用上。

經過改進後，早期的阿斯匹靈副作用依然不小，以至於拜耳公司曾經想叫停這種藥。好在當時很多診所的醫生試用後發現它效果良好，拜耳公司才在兩年後正式開始出售。雖然當時這種藥有專利保護，但是由於阿斯匹靈普遍受到歡迎，因此世界各藥廠競相仿製。特別是在1917年拜耳公司的專利到期之後，全世界的藥廠為了爭奪阿斯匹靈的世界市場，展開了激烈的競爭，這讓阿斯匹靈成了第一款在全世界熱銷的藥品。1918年，歐洲爆發了大瘟疫（西班牙型流行性感冒），阿斯匹靈被廣泛用於止痛退燒，為戰勝瘟疫發揮了巨大的作用。[30]

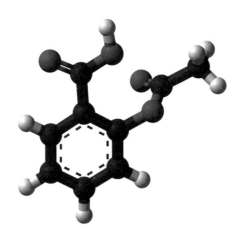

圖8.4 阿斯匹靈的分子結構

阿斯匹靈最大的副作用是對胃的刺激，為了解決這個問題，今天大部分阿斯匹靈都做成了腸溶錠，從而大大降低了副作用。後來人們還發現阿斯匹靈對血小板凝聚有抑制作用，可以降低急性心肌梗塞等心血管疾病的發病率。在阿斯匹靈被發現的一個多世紀裡，它一直是全世界應用最廣泛的藥物之一，每年的使用量約四萬噸。

非常遺憾的是，發明了阿斯匹靈的霍夫曼生前並沒有得到應有的尊重，因為他還發明了另一種藥——海洛因。霍夫曼本希望發明一種神經止痛藥劑取代嗎啡，作為藥效顯著而成癮性較小的陣痛止咳藥物，但是沒想到這個發明後來給人類帶來了巨大的災難。他背負了太多本不應由他背負的道義上的責任，他一生未婚，也沒有留下子嗣，於1946年孤獨地死去。作為阿斯匹靈的發明人，他減輕了無數患者的病痛，但他的一生卻幾乎是在罵名中度過的。

雖然柳樹皮和阿斯匹靈都含有退燒止痛的有效成分水楊酸，但它們不是一回事，這種不同至少體現在四個方面：

成分不同。真正用於臨床的藥品和原始的原材料雖然都含有類似的有效成分，但它們畢竟是不同的物質，成分並不完全相同。柳樹皮煮水得到的是一種酸，而阿斯匹靈是它的乙醯衍生物，並不完全相同。在後面介紹青黴素時，大家可以進一步看到這種區別。

副作用不同。中國有句俗語，「是藥三分毒」。今天，美國食品藥品監督管理局（FDA）批准新藥的原則首先是無害（臨床第一期實驗的目標），然後才是有效（臨床第二期實驗的目標）。像柳樹皮這種含有很多物質、性質不明的原材料，直接使用是很危險的。比如今天使用的局部麻醉劑普魯卡因是從古柯葉中提煉的，副作用並不大，但是如果直接服用古柯葉的成分古柯鹼（也就是可卡因），則會染上毒癮，副作用巨大。

　　藥效不同。一種植物中或者幾種植物中即便有一些有效的藥物成分，通常含量也很低，直接服用療效有限。即使有效，也很難驗證療效是來自藥物還是患者的心理作用。只有搞清楚藥物的機理，找到有效成分，利用它製造出副作用小的藥品，才有實際意義。一個很好的例子就是屠呦呦發明青蒿素的過程。* 雖然青蒿素這種藥中有「青蒿」二字，但其實真正的青蒿裡面並不含青蒿素，提取青蒿素使用的是和青蒿類似的植物黃花蒿，這一點屠呦呦自己寫文章做了說明。事實上，西晉時提到青蒿煮水治瘧疾的葛洪，還分不清青蒿和黃花蒿的區別，它們的區別在北宋時才被發現。而很多時候，由於炮製的方法不當，黃花蒿中的有效成分已經部分或者全部被破壞了。因此，屠呦呦發明的青蒿素是一種藥品，療效是穩定的，而採用各種蒿草土法炮製的藥品，療效並沒有保障。

　　成本不同。從天然物中提取藥物，通常成本極高。在瞭解了藥品的有效成分後，就可以人工合成，這是今天製藥採用的普遍方法，也是藥品得以普及的原因。

　　從水楊酸到阿斯匹靈的發明過程，體現出了製藥科技進步的過程。現代製藥業的成就都是基於對兩種信息的準確把握，即對病理的瞭解和對藥理的瞭解。阿斯匹靈是製藥業革命的開始，而在這場革命中，最成功的藥品當屬青黴素了。

■萬靈藥青黴素

　　以青黴素為代表的抗生素可能是迄今為止人類發明的最有效的

---

* 編按：屠呦呦（1930～　），大陸中醫科學院終身研究員兼首席研究員。她曾率領團隊蒐集選出約兩千個有關對抗瘧疾的藥方，篩選後集中針對兩百種中草藥的三百八十個可能藥方研究，最終鎖定從青蒿中提取抗瘧疾藥獲致成功。

藥品,它解決了長期困擾人類的細菌感染問題。在抗生素被發明之前,細菌感染一直是人類致死的主要原因之一,無論什麼名醫對此都束手無策。雖然在19世紀巴斯德等人找到了細菌致病的原因,但當時所能做的也不過是避免細菌感染的發生而已,如果真的感染上某些致病的細菌,醫生也束手無策。

第一次世界大戰期間,因為細菌感染而死亡的士兵比直接死於戰場的還要多。當時醫生能夠做的就是替傷員的傷口進行表面消毒,但是這種救護方法不僅效果有限,有時還有副作用,常常加重傷員的病情。當時,英國醫生亞歷山大‧弗萊明作為軍醫到了法國前線,目睹了醫生們對細菌感染無計可施的困境,戰後回到英國他開始研究細菌的特性。弗萊明的想法和當時大部分醫生不太相同,他認為既然感染來自病原細菌,就要從根本上尋找能夠將細菌殺死的藥物,而不是在傷口上塗抹消毒劑。

人們通常把青黴素的發明歸結於弗萊明的一次偶然發現。1928年7月,弗萊明照例要去休假,他在休假前培養了一批金黃色葡萄球菌,然後就離開了。但是,或許是培養皿不乾淨,或者是掉進了髒東西,等到弗萊明9月份回到實驗室時,發現培養皿裡面長了黴。弗萊明是一個有心人,他仔細觀察了培養皿,發現黴菌周圍的葡萄球菌似乎被溶解了,他用顯微鏡觀察黴菌周圍,證實那些葡萄球菌都死掉了。於是,弗萊明猜想會不會是黴菌的某種分泌物殺死了葡萄球菌,弗萊明把這種物質稱為「發黴的果汁」(mould juice)。為了證實自己的猜測,弗萊明又花了幾週時間培養出更多這樣的黴菌,以便能夠重複先前的結果。9月28日早上他來到實驗室,發現細菌同樣被黴菌殺死了。經過鑑定,這種黴菌為青黴菌(Penicillium Genus),1929年弗萊明在發表論文時將這種分泌的物質稱為青黴素

（penicillin），中文過去對這種藥物按照發音翻譯成盤尼西林。

　　故事到這裡並沒有結束，弗萊明證實青黴素的殺菌功能，僅僅是人類發明青黴素這種藥品漫長過程中邁出的第一步，而不是一個終結，實際情況要複雜得多。弗萊明發現的「發黴的果汁」有點像我們前一節講的柳樹皮煮出來的水，雖然有藥用成分，但和成品藥還是兩回事。接下來的十年裡，弗萊明一直在研究青黴素，但沒有取得什麼進展。這裡面有很多原因。一方面，弗萊明不是生物化學專家，也不是製藥專家，因此一直沒能搞清楚青黴素的有效成分，更沒能分離提取出可供藥用的青黴素。另一方面，弗萊明培養的青黴素藥物含量太低，每公升溶液中只有兩個單位的青黴素。想想今天每針注射都有二十萬單位，就知道那種低濃度的「果汁」是多麼不實用。總之，單靠弗萊明偶然的發現，以及他後來十年的努力，是得不到青黴素的。

　　所幸的是，就在弗萊明想要放棄對青黴素的研究時，另一位來自澳大利亞的牛津大學病理學家、德克利夫醫院一個研究室的主任霍華德・弗洛里接過了接力棒。和弗萊明不同的是，弗洛里精通藥理，更重要的是，他有非凡的組織才能，手下有一批能幹的科學家。1938年，弗洛里和他的同事、生物化學家錢恩（Ernst Chain, 1906-1979）注意到了弗萊明的那篇論文，於是從弗萊明那裡要來了黴菌的母株，並開始研究青黴素。

　　弗洛里等人很快就取得了成果，他實驗室裡的科學家錢恩和愛德華・亞伯拉罕（Edward Abraham, 1913-1999）終於從青黴菌中分離和濃縮出了有效成分——青黴素。[31] 當然，從黴菌中分離出的少量的青黴素，和得到足夠多的青黴素用於實驗，完全是兩回事。這時，弗洛里的組織才能就體現出來了，他以每週兩英鎊的超低薪水

雇用了很多當地的女孩，她們每天只從事一項簡單的工作——培養青黴菌。由於沒有足夠多合適的容器，這些女孩就在牛津大學裡把能找到的各種瓶瓶罐罐都用上了，包括牛奶瓶、罐頭桶、廚房用的各種鍋，甚至浴缸。當時人們都說，這些「青黴素女孩」（penicillin girls）把牛津大學變成了黴菌工廠。

有了穩定的青黴菌供應，弗洛里實驗室裡的另一位科學家諾曼・希特利（Norman Heatley, 1911-2004）最終研製出一種青黴素的水溶液，並且調整了藥液的酸鹼度，這才使得青黴素從黴菌的一部分變成了能夠用於人和動物的藥品。

1940年夏，弗洛里和錢恩用了五十隻被細菌感染的小白鼠做實驗，其中二十五隻被注射了青黴素，另二十五隻沒有注射，結果注射了青黴素的小白鼠活了下來，沒有注射的則死亡了，實驗非常成功。[32] 不過，動物實驗雖然完成了，但將青黴素用於人體的臨床試驗卻遲遲無法開展，因為錢恩等人分離和提取的青黴素劑量太小，不夠進行人體試驗。這一年的冬天，當地的一名警官因細菌感染需要用青黴素治療，雖然一開始的治療顯示出了療效，但是弗洛里手上所有的青黴素很快就用完了，最終沒能保住這位警官的性命。

弗洛里和錢恩等人意識到單憑牛津大學的條件，無法完成青黴素藥品化的工作，於是找來了英國著名的製藥公司葛蘭素〔Glaxo，即今天的葛蘭素史克（GlaxoSmithKline）〕和金寶畢肖（Kemball Bishop，後來賣給了輝瑞製藥）等英國著名的藥廠參與研究。但是英國當時在二戰初期遭到重創，英國的製藥公司已經沒有能力獨立解決量產的問題。於是，弗洛里決定將研究團隊一分為二，他和希特利去美國尋求盟友的幫助，錢恩和愛德華・亞伯拉罕留在英國繼續搞研究。

在美國，弗洛里和當地的科學家合作解決了提高青黴素產量的難題。首先，他們發現用當地的玉米漿代替原來的蔗糖液做培養液，可以將產量提高二十倍，青黴素每公升培養液可提取四十個單位。後來，一個偶然的機會，一位叫瑪麗·亨特的實驗人員在水果攤上找到了一種長了毛的哈密瓜，發現上面的黃綠色黴菌已經長到了深層，就把它帶回了實驗室。弗洛里檢查了哈密瓜上的綠毛，發現這是能夠提煉青黴素的黃綠黴菌。採用了新的菌種，再加上後來的射線照射處理，青黴素的產量提高了一千倍，每升可提取兩千五百單位。

到此為止，青黴素依然停留在實驗室的水準，要生產出藥品，還需要很多製藥公司共同努力。此時，弗洛里的組織才能再一次發揮作用，他開始在美國廣泛地尋找合作研製青黴素藥品的製藥公司。這個過程非常曲折，我們就不贅述了。最終，弗洛里在和十多家製藥公司接觸之後，終於說服了默克、輝瑞、施貴寶和禮來四家製藥公司共同研製和生產青黴素。[33] 不過，這四家公司的工作開始時是獨立進行的，雖然共享一些研究成果，但是彼此並沒有合作。如果照此下去，青黴素的藥品化過程還需要很多年。

青黴素藥品最終被發明並量產得益於戰爭。1941年底，太平洋戰爭爆發，美國捲入了第二次世界大戰，這時默克和輝瑞等各大藥廠才開始攜手合作。青黴素的研製和生產同時得到了政府的巨大支持，這個項目是美國在二戰期間僅次於曼哈頓計畫的重要項目。最終，美國十幾家藥廠的上千名工程師通力合作，克服了一個又一個困難，終於使得青黴菌的濃度又增長了近百倍，而工程師也解決了量產青黴素的很多技術難題，工人們則夜以繼日地生產。到諾曼第登陸時，每一位盟軍傷員都能用上青黴素了。由於有了青黴素，英

軍雖然在第二次世界大戰中參戰的人數和第一次世界大戰相當，但
是死亡人數下降了很多。

　　當弗洛里等英國科學家在美國合作研製藥品化青黴素的時候，
他留在英國的同事愛德華‧亞伯拉罕透過對青黴素殺菌機理的研究，
在1943年發現了青黴素中的有效成分青黴烷，這就可以使藥用青黴
素保留有效的成分而濾除各種有害的雜質。* 1945年，牛津大學女
科學家桃樂絲‧霍奇金（Dorothy Hodgkin, 1910-1994）透過 X 射線
繞射，** 搞清楚了青黴烷的分子結構（beta 內醯胺，β -lactam），這
使得美國麻省理工學院的希恩（John C. Sheehan, 1915-1992）得以在
1957年成功地合成了青黴素。從此，生產青黴素不再需要培養黴菌。

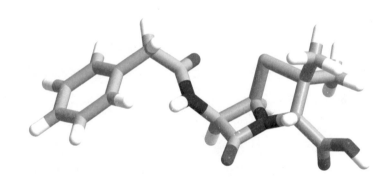

圖8.5 青黴烷的分子結構圖

　　青黴素的發明被授予了兩次諾貝爾獎，第一次是1945年的諾貝
爾生物學或醫學獎，授予了弗萊明、弗洛里和錢恩三個人。弗萊明

---

* 愛德華‧亞伯拉罕等人發現，青黴素之所以能夠殺死病菌，是因為青黴烷能使病菌細
　胞壁的合成發生障礙，導致病菌溶解死亡。而人和動物的細胞沒有細胞壁，因此不會
　受到這種藥物的損害。
** 可以閱讀延伸閱讀內容。

的貢獻是發現了青黴素這種物質，而弗洛里和錢恩則是發明了藥用的青黴素。當然，在後一個過程中有很多人做出了巨大的貢獻，但遺憾的是，諾貝爾獎有一個傳統，每個獎授予的人數不超過三個人，因此，像希特利和愛德華・亞伯拉罕等為青黴素的發明做出巨大貢獻的科學家只能與該獎無緣了。和青黴素有關的第二個諾貝爾獎被授予了霍奇金，她因為破解了青黴烷的分子結構而獲得1964年諾貝爾化學獎。霍奇金後來還取得了兩項諾貝爾獎級的研究成果——發現了維生素 B_{12} 的分子結構和胰島素的分子結構，為後來人工合成胰島素治療糖尿病做出了巨大貢獻。

在發明青黴素的過程中，很多人體現出的高風亮節讓我們感動。作為主要的發明人，弗洛里等人原本可以透過發明專利獲得巨大的財富，但是他覺得自己作為一名救死扶傷的醫生，從中拿錢是不道德的，便沒有申請任何專利，而是把技術完全公開。另一個可以透過專利獲利的是當時默克公司的老闆喬治・默克，他的公司在青黴素藥品化和量產方面有很多知識產權，但是他當時擔任美國負責統籌戰時藥品供應的官員，覺得自己需要做一個表率，因此讓默克公司放棄了對青黴素知識產權的訴求，允許沒有參加研製的公司參與生產青黴素，這使得青黴素很快在全世界普及。此外，長期資助世界醫療發展的洛克菲勒基金會對促成英美兩國在青黴素研究上的合作發揮了很大的作用，它不僅在二戰之前就為弗洛里團隊的科研提供了一些資金，還出錢促成了弗洛里和希特利的美國之行。[34]

二戰後，人類發明了很多新型的抗生素，包括頭孢類抗生素，而頭孢的發明者恰恰是研製青黴素的兩位元勳愛德華・亞伯拉罕和希特利。愛德華・亞伯拉罕後來透過頭孢的發明專利成了億萬富翁，他把很多錢捐給了母校牛津大學。他也曾經提出把八千萬英鎊的巨

資分給希特利（這筆錢在當時超過很多小國的 GDP），但是後者沒有拿，理由是牛津大學給他的薪水足夠生活了。從這些對青黴素的發明做出巨大貢獻的人身上，我們看到了人性善的一面。

抗生素的出現使得人類的平均壽命增加了十年，更重要的是，人類從此對醫生有了信心。從各種角度看，青黴素都稱得上是人類有史以來發明的最重要的藥品。透過藥用青黴素的發明，我們可以看出，研製出一款新藥，是一個非常複雜的過程，帶有偶然性的發現只是第一步，接下來還需要了解它的藥理及有效成分，並且最終透過化學的方法提煉或者合成純淨的藥品。這個過程從本質上講是一環套一環破解信息的過程，當一種物質的藥理信息得以破解，尤其是當它的分子結構得以破解，人類就可以合成各種藥品，而最難合成的則是我們自身（或者動植物）產生的、非常複雜的有機物，比如胰島素和大分子的維生素。

延伸閱讀

X射線繞射分析

X 射線繞射分析（Analysis of X-ray Diffraction）是利用 X 射線在（晶體）物質中的繞射效應進行物質結構分析的技術。很多有機分子結構的發現，包括前面講到的青黴素、維生素 B_{12}、DNA 和胰島素，都是利用 X 射線繞射分析獲得的。

利用光的繞射測量物質形狀的想法最早可以追溯到天文學家克卜勒。在隨後的幾百年裡，物理學家多次改進這種想法，但是一直沒有找到合適的應用，直到 1912 年德

國科學家馮‧勞厄（Max von Laue, 1879-1960）等人完善
了相應的光學理論，並且透過實驗證實了 X 射線與晶體相
遇時能發生繞射現象。勞厄之所以使用 X 射線，是因為它
的穿透力強，而且是單色光。勞厄因此獲得了 1914 年的
諾貝爾物理學獎。

　　在勞厄之後，英國著名科學家布拉格父子提出了 X 射
線繞射分析的數學模型，他們透過對入射的 X 射線經過晶
體後產生的繞射線在空間分布的方位和強度，就能「看清」
晶體的結構。父子兩人因此獲得了 1915 年的諾貝爾獎，也
留下了諾貝爾獎歷史上唯一一次父子兩人同獲一獎的佳話。

　　小布拉格（William Lawrence Bragg, 1890-1971）後來在
英國很多重要的科學研究項目中擔任了主管，包括雷達項
目和後來的 DNA 雙螺旋結構的研究。他特別鼓勵女性科學
家從事利用 X 射線繞射發現物質結構的研究，因為他覺得
這項研究是技術和（物質結構）美學完美的結合。在小布拉
格的倡導下，英國湧現出不少著名的 X 射線繞射領域的女
科學家，包括發現 DNA 雙螺旋結構的富蘭克林和獲得諾貝
爾獎的霍奇金等人。特別值得一提的是霍奇金，她不僅是
青黴素、維生素 B_{12} 和胰島素結構的發現者，而且是一個優
秀的老師，她的很多學生都成了世界著名的科學家，此外
還包括女政治家柴契爾夫人。霍奇金的肖像後來進入英國
國家肖像館。在英國，只有牛頓、馬克士威和拉塞福等不
多的科學家享受到這項殊榮。

■可合成的生命所需

在古埃及，人們就意識到缺乏一些特殊的物質會導致疾病，如夜盲症和缺乏一種來自動物肝臟的物質有關，這種物質就是維生素A。幾個世紀之後，人們又發現可以用檸檬汁預防壞血病（現在叫維生素 C 缺乏症），其實那是在補充維生素 C。不過，歐洲人真正發現橙類水果的果汁能夠預防壞血病還是 18 世紀中期的事情。1740～1743 年，英國的喬治‧安遜（George Anson, 1697-1762）爵士率領船隊進行了長達三年的環球旅行，出發時的 1854 人只有 188 人安全返回，其中大約 1400 人死於壞血病。1747 年，蘇格蘭醫生林德（James Lind, 1716-1794）經過研究發現了橙汁裡的一種酸可以治療壞血病，於是開始嘗試給海上航行的船員每日提供柑橘類水果（橙和檸檬），結果證明這樣可以預防壞血病。林德於 1753 年發表了他的研究成果，後來的醫生將具有酸味的維生素 C 起名抗壞血酸。[35] 在此之前，航海的水手們因為長期無法補充維生素 C 而死亡率極高。林德雖然不是第一個發現這種現象和治療方法的人，卻第一個透過科學而系統的實驗和研究，從根本上解決了困擾航海者幾個世紀的難題。

19 世紀前，困擾航海者的另一種疾病是腳氣病，這個常見的看似無關痛癢的小毛病在長時間航海時可是個大麻煩，它不但讓海員渾身乏力、行走艱難，時間一長還會導致精神疾病。1897 年，荷蘭醫生艾克曼（Christiaan Eijkman, 1858-1930）發現食用帶有稻糠的糙米，取代磨得光潔發亮的精米，可以避免腳氣病，從而提出米糠中的某種物質和腳氣病以及神經炎有關係。艾克曼在他生命的最後一年終於獲得了諾貝爾獎，因為他的研究促成了維生素的發現。

艾克曼雖然發現米糠中的某種物質的特殊功效，但並沒有分

離出這種物質。1911年，波蘭化學家馮克（Kazimierz Funk, 1884-1967）從米糠中分離出抗神經炎的物質，不過他並沒有搞清楚這種物質的化學結構。馮克把這種物質稱為「vitamine」（由 vita 和 mine 組成，即生命的元素），後來這個詞演變成今天的「維生素」一詞（vitamin）。1934年，美國化學家威廉姆斯（Robert Runnels Williams, 1886-1965）最終確定了這種物質的化學結構，並命名為硫胺素（thiamine，由 thio 和 vitamine 組成），即我們常說的維生素 B_1，而維生素成為各種維生素的總稱。在接下來的十多年裡，各種維生素被發現並且被命名。

維生素是一個大家族，它們各自的功能、化學性質和分子結構相差很大。其中有一些極為簡單，也非常容易合成，比如維生素 C（分子式 $C_6H_8O_6$），但是另外的一些卻極為複雜，比如維生素 B_{12}（分子式為 $C_{63}H_{88}CoN_{14}O_{14}P$），不僅合成非常困難，甚至搞清楚它的分子結構都是一件極為困難的事情。任何高等動植物都不能自己合成維生素 B_{12}，但它又是人體所必需的，缺乏這種維生素，人體的造血功能就會出問題。自然界中的維生素 B_{12} 都是微生物合成的，並透過飲食進入人體。

人類在20世紀30年代認識到了維生素 B_{12} 的用途，但是作為藥用品，藥廠過去只能從動物的肝臟裡提取 B_{12}，產量極低。1956年，英國著名女科學家霍奇金利用 X 射線測出了維生素 B_{12} 的分子晶體結構，使得人工合成維生素 B_{12} 成為可能。但是由於它的分子結構太複雜，因此這是一件極為困難的事情。20世紀60年代初，美國傑出的有機化學家伍華德（Robert Woodward, 1917-1979）開始涉足這個難題。1965年，伍華德因在有機合成方面的傑出貢獻而榮獲諾貝爾化學獎，這讓他有了足夠的聲望。後來他組織了十四個國家的

一百一十多名化學家，協同研究維生素 B_{12} 的人工合成問題。在研究過程中，伍華德和他的學生羅阿爾德・霍夫曼（Roald Hoffmann）發明了一種拼接式合成方法，即先合成維生素 B_{12} 的各個局部，然後再把它們拼接起來。這種方法後來成了合成所有有機大分子普遍採用的方法，被稱為伍華德－霍夫曼規則。[36] 今天，人們也把這種複雜有機化合物的多步合成稱為全合成。

伍華德在合成維生素 B_{12} 的過程中，一共做了近千個非常複雜的有機合成實驗，前後歷時十一年，終於在他辭世前的1972年完成了合成工作。後來，霍夫曼因此獲得了1981年的諾貝爾化學獎。遺憾的是，當時伍華德已去世兩年，學術界一致認為，如果伍華德還健在的話，他將成為少數獲得兩次諾貝爾獎的科學家之一。伍華德後來被認為是麻省理工學院校友中少有的天才。然而有趣的是，他在該校讀了一年後就因為成績差被開除，誰知他第二年再次成功地被該校錄取，並且僅僅用了一年時間就學完了學士課程，然後又用了一年時間拿到了博士學位。從他第一次進麻省理工學院到獲得博士學位，加上中間的各種曲折，也不過四年時間。

維生素 B_{12} 的全合成在有機化學和製藥領域具有里程碑式的意義，它不僅意味著成功地合成出一種藥物，還標誌著人類掌握了一套通用的複雜大分子有機物的合成方法。此後人類便可以合成人體自身的分泌物。在這方面，胰島素的合成非常具有代表性。

20世紀70年代末，美國加州大學舊金山分校的幾位科學家發現了人類合成胰島素的基因。1976年，加州大學舊金山分校的教授博耶（Herbert Boyer）成功地將細菌的基因和真核生物的基因拼接在一起，這實際上是一種基因改造技術。接下來，他在風險投資人的幫助下，成立了基因泰克公司（Genentech）。1978年，博耶和他的同

事利用這種技術成功地將大腸桿菌的基因和人類胰島素基因合成在一起，然後送回到大腸桿菌中，這樣大腸桿菌就產生出了人類的胰島素。[37] 接下來，基因泰克利用人工合成的胰島素進行了治療糖尿病的臨床試驗。1982 年，FDA 正式批准將這種合成的胰島素作為治療糖尿病的藥品，從此大幅度地改善了成千上萬糖尿病患者的生活品質，並延長了他們的壽命。基因泰克公司後來成為專門利用基因技術研製抗癌藥品的公司，並且成為今天全世界最大的生物製藥公司。

回顧上述幾種藥品發明的過程，可以發現它們都大致遵循下面這些步驟：

- 搞清楚發病的原因。
- 找到對治病有效的原始藥物。
- 找到藥物中的有效成分。
- 搞清楚藥理和副作用。
- 製造（合成）出副作用足夠小、療效足夠好的藥物。

上述過程雖然複雜，但是有了這樣一套統一的規範，人類在新藥的研究上就能取得巨大的進步。FDA 自 1927 年批准第一款藥品以來，至今一共批准了大約一千五百種藥品，其中大約 95% 是二戰後批准的，一半是最近三十年批准的。從中我們可以看出科學研究方法的重要性。

在農耕文明時代，人均壽命鮮有提升，但是世界各地在進入工業革命之後，人均壽命迅速提升，從不到四十歲增加到七十多歲，這除了因為財富的劇增解決了溫飽問題之外，良好的衛生環境和保健意識、醫學的成就和製藥業的發展功不可沒。

● ● ●

人類每一個世紀在能量的使用上都會有所突破，從18世紀的化學能到19世紀的電能，再到20世紀的原子能，在它們背後，是人類對世界本質和規律認識的巨大進步。第一次是力學、熱力學和化學，第二次是電磁學，第三次則是對微觀世界的全面認識。當對世界的認識進入基本粒子的層級之後，人類對外部世界的理解，以及對我們自身的理解都進入了更深的層次。人類不但可以利用世界上密度最高的能量，而且能夠在分子量級製造藥物、醫治疾病。從20世紀初到20世紀末，雖然經歷了兩次世界大戰，但是無論是東方還是西方，人均創造的能量都翻了一倍。*

20世紀科技發展相比之前的幾千年有一個明顯的區別，就是信息的作用以及圍繞信息發展出來的技術占比越來越高。雷達、人工合成大分子物質（包括很多藥物），以及重力波被證實，它們從本質上講都是檢測和破解信息。

世界科技常常呈現出平穩快速發展和相對停滯交替的狀態。每一個科技平穩快速發展的時期，其實都有它特殊的方法論，在某種程度上往往是在原有成果之上，沿用這種方法論的慣性往前走。從牛頓時代開始到19世紀末，確定性的機械思維起了主導作用，人類相信規律的可預知性和普適性。這在我們容易觀察的宏觀世界裡似乎沒有問題。但是，當我們進入微觀世界時，這種思維便不再適用，這在表象上體現為科學的危機，但是更深層的原因卻是對新的方法

---

* 1900～2000年，歐美人均創造的能量大約從10萬千卡增加到23萬千卡，而亞洲地區則從5萬千卡增加到10萬千卡。

論的需求。因此，當這個危機得到解決時，一套新的方法論也就隨之誕生了，這讓科技以更快的速度發展。接下來，我們就從新的方法入手來瞭解當代的科技。

第 **9** 章 信息時代

　　進入20世紀之後，人類不僅在科技水準上比19世紀有了巨大的進步，在認知方法上也有了新的突破，這主要體現在對不確定性的認識。理性時代之前，人類會將自己無法理解的事情歸結為非自然力，就是神的作用。在牛頓之後，人類相信一切都是確定的、連續的，可以用簡單明瞭的規律加以描述。物理學危機之後，人類承認不確定性和非連續性也是世界的本質特徵之一。在解決不確定性方面，也出現了相應的數學工具和方法論，包括機率論和數理統計、離散數學以及被稱為「三論」的系統論、控制論和信息理論（資訊理論）。在此基礎上，信息技術和信息產業有了巨大的發展，並且成為二戰之後世界科技發展和經濟增長的火車頭。

新數學和新方法論

　　18世紀之後，技術的發展已經離不開科學，而科學的發展則需

要更基礎的研究工具，那就是數學和方法論。到了20世紀，雖然不再有阿基米德、牛頓和高斯這樣的大數學家出現，也不再有歐氏幾何學、笛卡兒解析幾何和牛頓－萊布尼茲微積分那樣眾所周知的新的數學分支誕生，但是數學還是在飛速發展，數學和基礎科學的關係比過去更加緊密。為了適應新的科技發展，數學在20世紀產生了一些新的分支，同時一些過去處於數學王國邊緣的分支也開始占據中心位置，其中非常值得一提的是機率論和統計、離散數學、新的微積分和幾何學，以及數論等。今天的數學完全基於公理化體系，這一點雖然讓普通人難以理解數學的成果，卻讓數學變得比以前更加嚴密。因此，在介紹20世紀科學的具體成就之前，我們必須花一些篇幅回顧一下近代以來很多數學分支完成體系化和公理化的過程。

數學和自然科學不同，雖然數學會受到一些實驗和觀察現象的啟發，但是它並不是在假說之上，靠實驗來證實或者證偽建立起來的龐大的知識體系。數學完全是靠邏輯推導，從簡單的定義和很少不證自明的公理上演繹出來的。因此，數學和數學的分支在誕生之初未必能有極為嚴密、無法辯駁的邏輯，仍需要後世的數學家不斷補充改善，完成嚴密公理化的過程。

在古代，這方面最好的例子是我們前面提及的，歐幾里得在總結東西方歷史上幾個世紀積累的幾何學成就的基礎上，建立了公理化的幾何學。同樣，從19世紀到20世紀初，柯西（Augustin Louis Cauchy, 1789-1857）、黎曼（Bernhard Riemann, 1826-1866）、勒貝格（Henri Léon Lebesgue, 1875-1941）等人，在牛頓和萊布尼茲等人的基礎上不斷完善微積分的公理化。

柯西是法國歷史上最優秀的數學家之一，當然也可能沒有「之一」。他出生在法國大革命爆發的1789年，不過他並沒有因此成為

革命者，而是成了一個保皇派，因此，他也被後人戲稱為正統的數學家和科學家。柯西的父親是一位大律師，因此，他從小就受到良好的邏輯訓練。在柯西父親的好友中，有兩位大數學家——拉普拉斯（Pierre Simon Laplace, 1749-1827）和拉格朗日（Joseph Lagrange, 1736-1813），他們把柯西帶入了數學王國。不過，在柯西小的時候，拉格朗日給柯西父親的建議是讓他多學習文學。可能是出於這個原因，柯西後來成了歷史上論文和著作最多、邏輯最為嚴謹的數學家之一。

在柯西之前，微積分已經出現了一百多年，並發展成為數學的一個龐大分支，應用也非常廣泛。但是，微積分有一個先天的缺陷，即理論基礎並不牢固。事實上，早在牛頓的時代，哲學家貝克萊（George Berkeley, 1685-1753）就和牛頓在「無窮小量」是否為「0」的問題上發生了爭執，* 對此，牛頓也沒有很好的解釋方法。柯西在數學上的最大貢獻是在微積分中引入了極限概念，以運動的眼光看待無窮小量，並以極限為基礎建立了邏輯清晰的微積分。在柯西之前，包括牛頓和貝克萊在內都把無窮小看成一個固定的數。柯西的極限概念，是微積分的精華所在。在柯西工作的基礎上，經過19世紀德國數學家魏爾斯特拉斯（Karl Weierstrass, 1815-1897）、黎曼和法國數學家勒貝格的補充，微積分才成為數學一個極為嚴密的分支。

在數學界，既然一切定理和結論都是定義和少數公理（或者公設）自然演繹的結果，那麼，如果公理錯了怎麼辦？答案是很麻煩，一方面，數學某個分支的大廈會轟然倒塌，但另一方面，卻能使數學得到進一步的發展。幾何學的發展，便是如此。

---

* 數學史上把這個問題稱為「貝克萊悖論」。

我們知道歐氏幾何學的大廈離不開它的五條公設：

● 由任意一點到另外任意一點可以畫直線。

● 一條有限直線可以繼續延長。

● 以任意點為心及任意的距離*可以畫圓。

● 凡直角都彼此相等。

● 同平面內一條直線和另外兩條直線相交，若在某一側的兩個內角的和小於二直角的和，則這二直線經無限延長後在這一側相交。**

前四條大家都沒有異議，對於第五條（等同於「過直線之外一點有唯一的一條直線和已知直線平行」），一般人在學習幾何學時都沒有懷疑過，因為它和我們的常識一致。但是，如果過直線外的一點能做出來不只一條平行線怎麼辦？一條平行線也做不出來又怎麼辦？如果是這樣，歐氏幾何的大廈就塌了。[1]

19世紀初，俄羅斯數學家羅巴切夫斯基（Nikolai Lobachevsky, 1792-1856）就假定能做出不止一條平行線，從而推演出另一套幾何學體系，被稱為羅氏幾何。19世紀中期，德國著名數學家黎曼又提出了新的假設，即過直線外的一點，一條平行線也做不出來，從而又推演出了一套新的幾何學體系，被稱為黎曼幾何。[2]

面對三套相互矛盾但又各自非常嚴密的幾何學體系，數學家很快發現這三種幾何都是正確的，只是它們一開始的假設不同。至於應該用哪一套幾何學，則要看用在什麼場合。在我們的日常生活中，即一個不大不小、不遠不近的空間裡，歐氏幾何是最適用的；但是，要研究像珊瑚表面那種形狀的二維空間，羅氏幾何更符合客觀

---

* 原文中無「半徑」二字出現，此處距離即圓的半徑。

** 這就是大家提到的歐幾里得第五公設，即現行平面幾何中的平行公理的原始等價命題。

實際；而在地球表面研究航海、航空等實際問題時，黎曼幾何顯然更為準確。事實上，愛因斯坦廣義相對論所使用的數學工具就是黎曼幾何，它也是今天理論物理學重要的工具「微分幾何」（differential geometry）的基礎。在宇宙中，由於存在物質引力場，我們生活的空間實際上是黎曼所描述的那種彎曲了的空間，理想狀態中的歐氏空間並不存在。

柯西、黎曼等數學家的工作表明，數學內在的邏輯性比它們的假設前提更重要，而具有堅實基礎的數學分支必須是一個自洽的公理化體系。

進入20世紀後，數學的嚴密性比牛頓時代更強了，其中非常值得一提的有四項重大成就：

- 從黎曼幾何發展起來的微分幾何。它是今天理論物理學和很多科學的工具。
- 公理化的機率論和與之相關的數理統計。它是後來信息理論和人工智能技術的基礎。
- 離散數學。它是電腦科學的基礎。
- 現代數論。它是今天密碼學、網路安全和區塊鏈的基礎。

這裡我們僅以機率論和離散數學為例，說明從近代到現代數學發展的規律和特點。

機率論（probability theory）的歷史其實很悠久，16世紀，義大利文藝復興時期百科全書式的學者，也是賭徒的卡爾達諾（Girolamo Cardano, 1501-1576）在其著作《論賭博遊戲》*中就提出了一些機率論的基本概念和定理。

---

* 該書寫作於1564年左右，但直到1663年才出版。

到了17世紀，法國宮廷開始玩一種擲骰子的遊戲，連續擲四次骰子，如果有一次出現六點，就是莊家贏，否則是玩家贏。大家為了贏錢，就去請教數學家費馬（Pierre de Fermat, 1607-1665），費馬用機率的方法算出莊家略占上風，贏面是52%。* 這是機率論和數學相關的第一次記載。

不過，直到18世紀都沒有像樣的機率理論，大家對機率通常也算不清楚，以致在發行彩券時，對特定組合該如何支付完全憑經驗，這讓數學基礎非常好的大思想家伏爾泰找到了法國發行彩券的漏洞，從中賺了一輩子也花不完的錢。

從17世紀到19世紀，包括貝努里、拉普拉斯、高斯在內的很多數學家都研究過機率論，但直到19世紀末，它依然是支離破碎的不完備的理論，主流的數學家甚至不覺得機率論能算數學，而把它看成是一種經驗理論。機率論能有今天的崇高地位，則要感謝俄國數學家柯爾莫哥洛夫（Andrey Nikolaevich Kolmogorov, 1903-1987）。

柯爾莫哥洛夫和牛頓、高斯、歐拉等人一樣，是歷史上少有的全能型數學家，而且同樣是少年得志。柯爾莫哥洛夫在二十二歲的時候（1925）就發表了機率論領域的第一篇論文，[3] 三十歲時出版了《機率論基礎》一書，將機率論建立在嚴格的公理基礎上，這標誌著機率論成了一個嚴格的數學分支。1931年，柯爾莫哥洛夫發表了在統計學和隨機過程方面具有劃時代意義的論文《機率論中的分析方法》，它奠定了馬爾可夫過程（Markov process）的理論基礎。從此，馬爾可夫過程成為後來信息理論、人工智能和機器學習強有力的科學工具。沒有柯爾莫哥洛夫奠定的數學基礎，今天的人工智能

---

* 〔1-(5/6)^4〕×100%=52%

就缺乏理論依據。

柯爾莫哥洛夫一生在數學上的貢獻極多，甚至在理論物理和電腦演算法領域也有相當高的成就，他的成果如果要列出來，一張紙都寫不下。因此，今天很多數學家把柯爾莫哥洛夫譽為二十世紀數學第一人，並非過譽。

事實上，電腦科學的基礎也是數學，但是電腦使用的數學和過去有很大的不同，因為在本質上電腦所處理的都是離散的而不是連續變化的數值，比如整數、集合、圖、二元邏輯等。對象不同，工具也就不同，這些數學分支因為都是處理離散的結構及其相互關係，被統稱為離散數學（discrete mathematics），包括數理邏輯、抽象代數、集合論和組合數學等。當然，也有人將與密碼學息息相關的數論歸到離散數學中。

數理邏輯的核心是布爾代數（Boolean algebra，或譯作布林代數），它是利用二進制實現電腦運算的數學基礎，因最早由19世紀英國一個叫喬治‧布爾（George Boole, 1815-1864）的中學數學老師提出而得名。雖然今天人們認可布爾是一位響噹噹的數學家，但是在他生前沒有人這樣認為。布爾的研究工作完全是出於個人興趣，他喜歡閱讀數學論著，思考數學問題。1854年，布爾完成了在近代數學史上頗有影響力的著作《思維規律》。在書中，他第一次向人們展示了如何用數學方法解決邏輯問題，將兩個最古老的學科聯繫在一起。[4] 依靠布爾代數，電腦才能用二進制實現所有的運算。

抽象代數（abstract algebra）也被稱為近世代數（modern algebra），後者是20世紀初發明這個數學分支的學者對它的稱呼，前者則是從含義上對它做出解釋。19世紀末20世紀初，數學研究的趨勢是要求越來越嚴謹，數學家的注意力轉移到了一般性的抽象

理論上，而不再滿足於解決具體問題。在這樣的環境下，伽羅瓦（Évariste Galois, 1811-1832）、希爾伯特（David Hilbert, 1862-1943）等數學家拋開代數中的具體問題，發明了一套基於簡單定義和公理來研究代數結構的方法，形成了一個數學分支。

　　類似地，19世紀中期，數學家開始研究抽象的數與函數的關係。他們把一個個抽象的、能夠描述清楚或者描述不清楚的對象放到一個大盒子中，這就是集合；又把這些對象之間抽象的關係和運算，用集合的函數來描述，這就形成了早期的集合論。但是和早期的機率論一樣，早期的集合論並不嚴謹。到了20世紀初，德國數學家澤梅洛（Ernst Zermelo, 1871-1953）和弗蘭克爾（Abraham Fraenkel, 1891-1965，後來移民到以色列）將集合論公理化，把它變成了數學的一個分支。

　　數學家早期並不知道這些工具有什麼用途，只是覺得這樣能夠把數學變得純粹而完美。這批數學家大多一生清貧，但是對抽象的概念和邏輯有著極大的興趣，他們幾十年如一日，演繹出精妙的數學體系。後來，這些理論成為今天電腦科學的理論基礎。

　　當然，科學技術的工具遠不止數學一種，很多新的方法論對科技進步的影響也是巨大的。在這方面，影響力最大的是被稱為「三論」的系統論、控制論和信息理論。

　　系統論研究的是複雜系統內部的關係。隨著現代科技的發展，人類面對的系統越來越複雜，這些系統既包括人和生物本身，也包括物理學、經濟學和社會學等學科的研究對象。進入20世紀後，人們發現過去的機械思維不再適用於研究一個複雜系統的整體特性，因為在一個複雜的系統中（比如人體），整體並不等於部分之和，將一個個部分分開研究，最後得不出整體的特性。20世紀30年代，奧

地利學者貝塔朗菲（Ludwig von Bertalanffy, 1901-1972）等人發表了一些以生物系統為研究對象的系統論論文。[5] 但是第二次世界大戰很快爆發，對系統論的研究被迫中斷，直到二戰後，完整的系統論觀點才被提出來。系統論強調複雜系統的本質屬性，認為它不可能是內部各部分屬性簡單的疊加，而是必須考慮各部分之間的關聯性和統一性，才能從根本上認識整個系統。

系統論在二戰中有一個非常好的應用，就是美國的原子彈計畫，即曼哈頓計畫。計畫的負責人格羅夫斯和歐本海默應用了系統工程的思路和方法，大大縮短了研製的時間和成本。而這項工程的成功，也成為第二次世界大戰之後系統論被認可的原因之一。

控制論是由天才科學家諾伯特·維納（Norbert Wiener, 1894-1964）於1948年正式提出，[6] 但是他的很多想法在二戰時期，甚至更早在中國清華大學擔任訪問教授時就形成了。此外，蘇聯偉大的數學家柯爾莫哥洛夫幾乎在同時提出了和維納相似的想法，而與控制論有關的理論可以一直追溯到18世紀拉普拉斯的時代。不過，控制論成為一門完整的理論則要歸功於維納的貢獻——此前不過是知識點，而此後則是一個完整的知識體系。簡單地講，控制論研究的是在一個動態系統中，如何在很多內在和外在的不確定因素下，保持平衡狀態的方法。它的思想核心是如何利用對各種輸入信號的回饋來控制系統。控制論在科技上有很多直接的應用，我們在後面會講到它在阿波羅登月計畫中所發揮的巨大作用。[7] 此外，它在管理學和經濟學上的用途也不亞於在工程上的用途。

信息理論是關於信息處理和通信的理論，由另一位天才科學家夏農在第二次世界大戰時提出，並在戰後發表。夏農採用了物理學中「熵」的概念，把虛無縹緲的信息進行了量化，從此人類可以準

確地度量信息的多少，並且從理論上解決了數據壓縮儲存和傳輸的效率問題。信息理論也是今天密碼學和大數據的理論基礎。

和控制論一樣，信息理論也是一種新的方法論，它否認了機械論把一切看成是確定性的思維方式，認為無論是一個系統還是傳輸的信道，都有不確定性，都有干擾，而消除這些不確定性所需要的正是信息。

以微積分為代表的高等數學和隨後以機械和電為核心的工業革命緊密相連，而20世紀初確立的抽象的、完全公理化的新的數學體系（特別是離散數學）為後來的信息革命提供了數學基礎。可以說，整個20世紀科技的發展離不開新的數學工具，只是它們常常在幕後默默地起作用，不為人關注。在方法論方面，如果說機械論代表了工業時代的方法論，那麼「三論」則代表了信息時代的方法論，它們都出現在二戰期間，和電腦的發明時間契合。這並非巧合，而是科技發展的必然結果。

在人類進入20世紀之前，人類的智力是能夠處理身邊所接觸到的信息的。但是由於通信的發展、無線電的出現、雷達和信號檢測技術的產生，信息的產生和傳播的速度劇增，信息傳播的手段也越來越多。人類開始進入信息時代，而儲存和處理大量的信息需要新的工具，電腦遂應運而生。

從算盤到機械計算機

計算機是一個既年輕又古老的工具。說它年輕，是因為今天我們使用的電子計算機（電腦）在1946年才誕生；說它古老，是因為在邏輯上類似於計算機、能夠實現計算功能的工具的歷史其實很久

遠。在美國矽谷的山景城（Mountain View）有世界上最大的計算機博物館，一進門最顯眼的地方立著一個大展牌，上面寫著「計算機有兩千年的歷史」。為什麼說計算機的歷史長達兩千年呢？因為科學史專家將中國的算盤算作最早的計算機。

算盤這個物件本身並非最早誕生於中國，這一點和絕大部分中國人的認知不同。最早的算盤（或者說類似算盤的計算工具）出現在美索不達米亞地區。西元前5世紀，古希臘出現了用小石塊或者銅球幫助計算的銅質（或木質）計算工具，今天英文裡面算盤一詞abacus便是源於古希臘文（άβακασ）。後來古羅馬人在古希臘算盤的基礎上發展出羅馬算盤（外觀和中國的算盤頗為相似，見圖9.1）。中國最早出現算盤可能在東漢至三國時期。中國今天使用的算盤出現在宋代，比古希臘晚了很多。不過算盤能夠被稱為計算機，則要感謝中國人發明了珠算口訣。

古希臘和古羅馬的算盤實際上是用來幫助計算過程中的計數，很多計算工作還是要靠心算。也就是說，它們有了儲存的功能，但並不是用指令控制的，因此它們只是輔助計算工具，而不能被看作計算機。中國的算盤（見圖9.2）與古希臘和古羅馬的算盤最大的不同之處是，它有了一套珠算口訣，也就有了一套指令。真正會打算盤的人，不是靠心算，而只是執行珠算口訣的指令而已。在整個計算的過程中，人所提供的不過是動力，而非運算能力，計算是算盤在口訣指令的控制下完成的。比如我們都知道一句俗話「三下五除二」，其實就來自一句珠算加法口訣。它的意思是說，用算盤加3，可以先把算盤上面代表5的珠子落下來，再從下面扣除2個珠子，其實就是把 3=5−2 這個數學公式程序化了。其他的珠算口訣也是類似的程序。有了這些程序，操作算盤的人就不需要熟悉數學，只要

背下這些口訣，操作的時候別撥錯珠子即可。這就是中國算盤和之前的算盤最大的不同之處，也是中國的算盤能夠被看作計算機的原因。

圖9.1 計數功能的羅馬算盤

圖9.2 中國算盤，配合珠算口訣使用。

　　當然，中國算盤也有不少缺陷，比如要求使用者必須熟記上百條四則運算的口訣，另外撥打的過程完全是手工操作，所以很難避免由於疏忽而產生的錯誤。萬一不小心撥錯了一顆珠子，出了差錯可是很麻煩，因此打算盤的人通常至少要打兩遍。過去一些會計有時會因為兩分錢對不上帳，要來回打一晚上算盤。算盤作為計算工具還有一個更深層的缺陷，就是它難以採用機械動力，只能使用人作為動力，這最終會限制它的運算速度。

　　為了解決自動計算的難題，人們需要設計一種能夠透過機械傳動完成計算的機器，即機械計算機，有時也被稱為機械計算器。第一個用機器實現簡單計算功能的是法國著名的數學家帕斯卡（Blaise Pascal, 1623-1662），1642年，他發明了帕斯卡計算器（見圖9.3）。

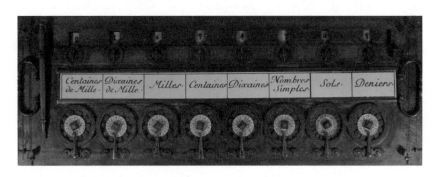

圖9.3 矽谷計算機博物館中帕斯卡計算器的複製品

　　帕斯卡計算器的原理很簡單，它由上下兩組齒輪組成，每一組齒輪可以代表一個十進制的數字，在齒輪組外面有對應的一排小窗口，每個窗口裡有刻了數字 0～9 的轉輪，用來顯示計算結果。該計算器的動力來自一個手工的搖柄。

　　帕斯卡計算器的原理並不複雜，比如我們要做加法運算

24+17，就把第一組最後兩個齒輪（分別代表十位數和個位數）分別撥到 2 和 4 的位置，在第二組齒輪上，依樣將最後兩個齒輪分別設置到 1 和 7 的位置，然後轉動手柄直到轉不動為止。在這個過程中，齒輪帶動有數字的小轉輪運轉，最後停到應該停的位置，這時計算結果就出現在計算器上方的小窗口裡。同樣地，帕斯卡計算器還可以做減法，並且可以透過重複加法或減法來做乘法和除法。

帕斯卡計算器操作很簡單，但不可能算得很快，操作者要先把每個齒輪的計數歸零，然後仔細地將齒輪的位置撥到運算數字對應的位置，這個速度甚至比算盤還要慢很多。不過即便如此，帕斯卡計算器也是一個巨大的進步，因為計算是自動的。依靠齒輪的設計，只要輸入的數字正確，答案就錯不了。帕斯卡機械計算器，以及後來的各種機械計算器還有一個算盤所沒有的優點，就是它們由機械動力來驅動，這就為未來的計算機進行連續運算提供了可能性。

第二個對機械計算機做出重大貢獻的科學家是德國數學家萊布尼茲。今天很多人知道萊布尼茲，是因為他發明了電腦所用的二進制，而且發明過程是受到了中國八卦的啟發。當然，八卦並不是二進制，因為作為數學的一種進制，有嚴格的要求，比如要有一套計算規則，要有零元素和一元素等，這些與八卦並不符合。

萊布尼茲在機械計算機上的直接貢獻有兩個。首先，為了改進帕斯卡計算器，1671 年，萊布尼茲發明了一種能夠直接執行四則運算的機器（在之前加法和減法的基礎上，實現了直接運算乘法和除法），並在此後數年不斷改進。其次，他在研製機械計算機時，還發明了一種轉輪——萊布尼茲輪，可以很好地解決進位問題。在隨後的三個世紀裡，各種機械計算器都要用到萊布尼茲輪。

當然，萊布尼茲對計算機技術的最大貢獻不在於改進了帕斯卡

計算器，而是在1679年發明了二進制。不過，他發明二進制不是為了改進計算機，而是出於哲學和宗教目的，所以萊布尼茲並沒有把二進制和計算機結合在一起，甚至沒有看到它們之間的相關性。因此，二進制在發明後長達兩個半世紀的時間裡沒有發揮什麼作用。

當機械計算機可以完成四則運算後，數學家開始考慮如何設計能夠計算微積分的計算機。直到19世紀英國著名數學家巴貝奇（Charles Babbage, 1791-1871）設計出差分機（difference engine），才解決了這個問題。1823年，英國政府出資讓巴貝奇製造差分機。但是由於這個機器太複雜，裡面有包括上萬個齒輪在內的兩萬五千個零件，當時的工藝水準根本無法製造。直到1832年，巴貝奇用了近十年的時間，僅造出一台小型的工作模型（只完成整體設計的七分之一），該項目後來也被暫停。

圖9.4 內部構造非常複雜的巴貝奇差分機複製品，現收藏於矽谷的計算機博物館。

巴貝奇用了一輩子時間也沒有能造出差分機。不過他的設計後來被證明是正確的。1840年，英國發明家舒茨（Georg Scheutz, 1785-1873）製造出世界上第一台可以工作的差分機。

巴貝奇的困境說明，到19世紀末，機械思維就快走到盡頭。當時人們需要解決的問題越來越複雜，相應的機械也越做越複雜，因此對於計算機這樣超級複雜的設備，需要在設計思想上有所突破。最初將計算的設計和製造簡單化的，是德國的工程師楚澤（Konrad Zuse, 1910-1995）。

電腦的誕生

楚澤是一位數學基礎非常好的德國工程師。大學畢業後，他在一家飛機製造廠從事飛機設計，這項工作涉及大量繁瑣的計算，而當時真正能幫上忙的工具只有計算尺。楚澤發現很多計算其實使用的公式都是相同的，只需代入不同的數據即可，這種重複的工作似乎可以交給機器去完成。有了這個想法後，1936年，二十六歲的楚澤乾脆辭職專心研究這種機器。

楚澤並沒有多少關於計算機的知識，雖然當時圖靈（Alan Mathison Turing, 1912-1954）已經提出了計算機的數學模型，但是楚澤對此一無所知。不過，楚澤知道布爾代數，並將它用於計算機的設計。他想到了用二值邏輯控制機械計算機的開關，搭建起了實現二進制運算的簡單機械模塊，然後再用很多這樣的模塊搭建起了計算機。1938年，楚澤獨自一人研製出了由電驅動的機械計算機，代號 Z1。這台計算機擁有今天計算機的很多組成部分，比如控制器、浮點運算器、程序指令和輸入輸出設備（35毫米打孔膠片）。[8] 更重

要的是，Z1是世界上第一台依靠程序自動控制的計算機，在計算機發展史上是一個重大突破。此前的各種計算機無論結構多麼複雜、動力來自人還是電，都無法自動運行程序。

楚澤接下來又研製出採用繼電器代替機械的 Z2計算機，以及能夠實現圖靈機全部功能的 Z3計算機。雖然楚澤研製的幾台計算機的工作效率和不久之後美國人研製的電子計算機相去甚遠，但是它們仍然具有劃時代的意義。它們改變了在巴貝奇時代計算機越來越複雜的設計理念，透過編程把複雜的邏輯變成簡單的運算，這才讓後來的計算機能夠不斷進步。遺憾的是，楚澤畢竟不是理論家，無法將他的工作上升到理論的高度。在理論上解決電子計算機問題還要靠夏農、圖靈和馮‧諾伊曼（John von Neumann, 1903-1957）等人。

圖9.5 楚澤的Z3計算機複製品，收藏於德意志博物館。

今天，夏農主要是作為信息理論的提出者而被大家熟知，當然，他還有一大貢獻，就是設計了能夠實現布爾代數，也就是用二進制進行運算和邏輯控制的開關邏輯電路。今天，所有的計算機處理器裡面的運算功能，都是由無數個開關邏輯電路搭建出來的，就如同用樂高積木搭出一個複雜的房子一樣。夏農是什麼時候提出這個理論的呢？是1937年他做碩士論文的時候，當時他只有二十一歲。夏農的那篇論文《繼電器與開關電路的符號分析》[9] 後來也被譽為20世紀最重要的碩士論文。

夏農解決了計算本身的問題，而圖靈解決了一個更重要的問題——計算機的控制問題。1936年，年僅二十四歲的圖靈用一種抽象化的數學模型描述了機械進行計算的過程，這個數學模型就是圖靈機。[10] 至此，計算機的數學模型便準備好了。

圖靈機本身並不是具體的計算機，而是為後來各種計算機劃定的一種設計原則。在圖靈機被提出七年之後，即1943年，美國出於戰爭的需要，開始研製世界上第一台電子計算機，以幫助解決長程火炮中的計算問題。美國軍方將這個任務交給了賓夕法尼亞大學的教授莫奇利（John Mauchly, 1907-1980）和他的學生埃克特（John Eckert, 1919-1995）。他們研製出的那台計算機的代號為埃尼亞克（ENIAC）。

在埃尼亞克之前，人類研製的計算機都是為了特殊運算，並不是用於解決通用計算的問題。同樣，莫奇利和埃克特在設計人類第一台電子計算機時也是為了計算火炮的彈道，而把它設計成了專用計算機。所幸的是，一件偶然的事讓人類在計算機發展過程中少走了很多彎路。1944年，也就是埃尼亞克項目啟動一年之後，當時正在研製氫彈的馮·諾伊曼聽說了莫奇利和埃克特正在研製計算機。

因為馮‧諾伊曼需要解決大量計算的問題，所以也參與了電子計算機的研製。這時，馮‧諾伊曼等人發現，埃尼亞克除了計算彈道軌跡，無法進行其他的計算，而這時設計已經完成，並且建造了一半，因此只能按原來的設計繼續做下去。不過與此同時，美國軍方決定按照馮‧諾伊曼的想法再造一台全新的、通用的計算機。於是，馮‧諾伊曼和莫奇利、埃克特一起，提出了一種全新的設計方案：愛達法克（electronic discrete variable automaticcomputer，EDVAC，離散變量自動電子計算機）。1949年，愛達法克被製造出來，並投入使用，這才是世界上第一台通用的電子計算機。[11]

圖9.6 埃尼亞克計算機

事實上，埃尼亞克研製出來的時候已經是1946年，這時二戰已經結束一年，再也不需要計算火炮的彈道軌跡了，因此它的象徵意義大於實際意義。埃尼亞克是個龐然大物，重量超過三十噸，占地

一百六十多平方公尺，使用了兩萬多個真空管、七千多個晶體二極管、七萬多個電阻和一萬多個電容，以及約五百萬個焊接頭，耗電量大約是十五萬瓦。當時它一啟動，周圍居民家的燈都要變暗。埃尼亞克的運算速度是每秒五千次，雖然只有今天智慧手機的百萬分之一，但是當時大家都覺得它已經非常快了，於是觀看計算機演示的英國元帥蒙巴頓（Louis Mountbatten, 1900-1979）稱它是「電腦」，電腦一詞由此而來。

埃尼亞克之所以能比過去的機械計算機和繼電器的計算機快上千倍，最根本的原因在於，哪怕再小的物體，機械運動本身也具有慣性，克服這個慣性不但需要大量的能量，而且往返運動的頻率不可能太高；而電子質量（或者說能量）非常小，控制它們的運動容易得多，運動頻率也很容易達到機械物件的上百萬倍。從此，電子產品開始全面取代機械產品。

摩爾定律的動力

早期計算機使用的真空管，不僅速度慢、耗電量大，而且價格昂貴，還容易損壞。因此，要大規模生產計算機就需要有一種比真空管更加便宜、耐用又省電的電子元件。而恰恰在計算機誕生後不久，一項新發明解決了這個問題。

1947年，AT&T貝爾實驗室的旅美英國科學家蕭克利（Willian Shockley, 1910-1989）和他的同事巴丁（John Bardeen）、沃爾特・布拉頓（Walter Brattain, 1902-1987）發明了半導體電晶體。使用電晶體取代真空管後，計算機不僅速度提高了數百倍，耗電量下降了兩個數量級，價格也有望降低一個數量級，並且計算機的營運和維護

成本也降低了很多。

1956年，蕭克利辭去貝爾實驗室的工作，在舊金山灣區創辦了自己的蕭克利半導體實驗室。利用自己的名氣，蕭克利很快就網羅了一大批科技界的年輕英才，包括後來發明了積體電路的諾伊斯（Robert Norton Noyce, 1927-1990）、提出摩爾定律的摩爾（Gordon Moore），以及凱鵬華盈的創始人克萊納（Eugene Kleiner, 1923-2003）等。為了保證找到的人都絕頂聰明，蕭克利將招聘廣告以代碼的形式刊登在學術期刊上，一般人根本讀不懂他的廣告。不過，蕭克利雖然是科學天才，卻對管理一竅不通，也沒有商業遠見。他將努力方向放在降低電晶體成本上，而不是研發新技術。

1957年9月18日（這一天後來被《紐約時報》稱為人類歷史上十個最重要的日子之一），蕭克利手下的八個年輕人向他提交了辭職書。蕭克利勃然大怒，稱他們為「八叛徒」（Traitorous Eight）。* 因為在蕭克利看來，他們的行為不同於一般的辭職，而是學生背叛老師。此後，「叛徒」這個詞在矽谷的文化中成了褒義詞，代表著一種叛逆傳統的創業精神。

1957年，離開蕭克利的八個年輕人創辦了另一家半導體公司——快捷半導體公司（Fairchild Semiconductor，又稱作「仙童半導體」），而其中一位創始人諾伊斯和德州儀器公司的基爾比（Jack Kilby, 1923-2005）共同發明了積體電路。積體電路將很多電晶體以及它們組成的各種複雜的電路集成到一個指甲蓋大小的半導體芯片

---

* 他們是摩爾、羅伯茨（Sheldon Roberts）、克萊納（Eugene Kleiner, 1923-2003）、諾伊斯、格里尼奇（Victor Grinich, 1924-2000）、布蘭克（Julius Blank, 1925-2011）、赫爾尼（Jean Hoerni, 1924-1997）和拉斯特（Jay Last）。

中。這種方式不僅可以將計算機的性能大幅提升，還可以降低功耗和成本。

快捷半導體公司開創了全世界的半導體行業——它就像一隻會下金蛋的母雞，孵化出了許許多多的半導體公司，因此被譽為「世界半導體公司之母」。20世紀60年代，全世界各大半導體公司的領導者在一起開會時，驚奇地發現百分之九十的與會者都先後在快捷公司工作過，而這些公司大部分集中在舊金山灣區。由於積體電路使用的半導體原材料主要是矽，靠積體電路產業發展起來的舊金山灣區後來被外界稱為「矽谷」。

1965年，當時積體電路還不為大多數人所知，快捷半導體公司的另一位創始人摩爾就提出了著名的「摩爾定律」（Moore's law），並大膽預測積體電路的性能每年增加一倍。十年後的1975年，他將預測修改為每兩年增加一倍。後來人們把翻倍的時間改為十八個月，而這個趨勢持續了半個多世紀。今天，任何一部智慧手機的計算能力都遠遠超過了當時控制阿波羅登月的巨型電腦系統的能力，這是後來電腦能夠進入家庭、普及到個人的基礎。

隨著積體電路的發明，電腦進入商業領域的硬體技術條件已經具備。但是要讓電腦從單純的科學技術拓展到商業和管理上，還需要一門便於處理商業數據的高級程序語言，COBOL語言（Common Business Oriented Language，意為「通用的面向商業的語言」）便在這時應運而生。

有了硬體基礎和語言，1964年，IBM（國際商業機器公司）研製出採用積體電路的大型電腦IBM／360系列，以及後來升級的370系列，這兩個系列的大型機大獲成功，使得IBM靠它們就占到了當時全球市場份額的一大半。不過，由於IBM的大型機實在太

貴，中小企業和學校根本用不起，因此當時就出現了一些公司，如
DEC（數字設備公司）和惠普，製造相對廉價的小型電腦，作為在
低端市場對 IBM 產品的補充。但是，後者價格依然不菲。這麼昂貴
的電腦顯然無法進入家庭。

此時，作為看不見的手的「摩爾定律」開始發揮作用。隨著積
體電路的性能持續提升，並且伴隨著價格持續下降，一個讓電腦便
宜到個人可以消費得起的轉折點出現了。從這時起，小小的半導體
芯片的影響力就不再侷限於電腦行業，而是開始改變整個世界的經
濟結構。這個轉折點出現在1976年。

這一年，矽谷地區的工程師史蒂夫·沃茲尼克（Steve Wozniak）
設計並手工打造了世界上第一台個人電腦——Apple I（見圖9.7），
他的朋友史蒂夫·賈伯斯（Steve Jobs, 1955-2011）則提出銷售這台
電腦，並且成立了蘋果公司，從此開始了個人電腦時代。

圖9.7 Apple I型個人電腦

Apple I 的速度連今天智慧手機的十萬分之一都不到，卻比世界
上最早的電子計算機埃尼亞克快了幾十倍，而售價只有666.66美元，

是一個中產家庭所能接受的價格。當然，Apple I 只是一台主機，顯示器要用家裡的電視機，鍵盤要單買，內建記憶體也很小，而且沒有外接的記憶體，更沒有什麼現成的軟體可以使用。因此 Apple I 的使用者一般都是電子計算機愛好者，而非普通的老百姓。不過，沃茲尼克很快就開發出一種新的機型——Apple II。雖然它的處理器還是和 Apple I 一樣，並且需要連接電視機作為顯示器，但是可以接入家庭的卡式磁帶機作為儲存設備，也可以配置軟碟驅動器，這樣寫的程式再多也不會丟了。不過對大部分家庭更有意義的是，Apple II 提供了遊戲卡的接口，這讓它變成了很多家庭的遊戲機。

摩爾定律本身只是解決了電腦的成本問題，但沒有解決易用性問題。20 世紀 70 年代，因為沒有適合家庭使用的軟體，就連英特爾公司的已故 CEO（首席執行官）格魯夫（Andy Grove, 1936-2016）都說，他「看不到電腦進入家庭的可能性」。但是這個情況很快得到了改變。

1975 年 1 月，工程師保羅·艾倫（Paul Allen, 1953-2018）和還在學校裡讀書的比爾·蓋茲（Bill Gates）在美國的《大眾電子》（*Popular Electronics*）雜誌上，看到了一篇 MITS（微型儀器和遙感系統公司）介紹其 Altair 8800 電腦的文章。於是蓋茲聯繫了 MITS 公司總裁愛德華·羅伯茨（Ed Roberts），並表示自己和艾倫已經為這款機器開發出了 BASIC 程式。實際上當時他們一行代碼也沒有寫。不過，MITS 公司回覆同意幾週之後見面，並看看蓋茲的東西。1975 年 2 月，經過夜以繼日的工作，蓋茲和艾倫編寫出可在 Altair 8800 上運行的程式，並出售給 MITS 公司。1976 年 11 月 26 日，蓋茲和艾倫註冊了「微軟」（Microsoft）商標。當時艾倫二十三歲，蓋茲二十一歲。1980 年，IBM 公司為了要用最快的速度推出個人電

腦，便公開尋找合適的作業系統。蓋茲看到了機會，他用七萬五千美元從西雅圖電腦產品公司（Seattle Computer Products）買來磁碟作業系統（DOS），轉手賣給了 IBM。蓋茲的聰明之處在於，他沒有讓 IBM 買斷 DOS，而是從每台收益中收取一筆不太起眼的授權費。隨著相容機種的出現，IBM 淪為眾多個人電腦製造商之一，而所有的作業系統只有 DOS，比爾・蓋茲被譽為「機器背後的人」。

當然，DOS 也有明顯的缺陷，它需要使用者牢記各種指令，而且不易操作。1985 年 11 月，微軟公司推出了零售版本的 Windows 1.0。該產品是 MS-DOS 作業系統的演進版，並提供了圖形用戶介面。不過在 1990 年微軟推出 Windows 3.0（見圖 9.8）之前，它的 Windows 作業系統並不算成功，新版的推出給當時蘋果的打擊是致命的。

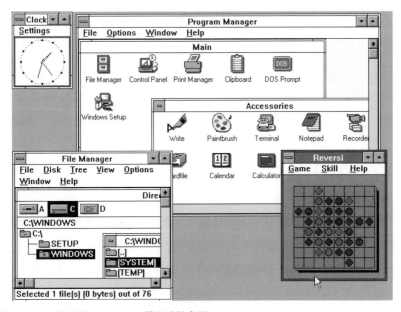

圖9.8 1990年發布的Windows 3.0操作系統介面

　　Windows 3.0（更確切地說，應該是其後的更新版本 Windows 3.1）的出現具有劃時代的意義。首先，它讓廣大個人電腦用戶透過簡單地點擊圖標就能操作電腦，這對電腦的普及起到了至關重要的作用。其次，它大大激發了硬體開發商提高硬體性能的動力。最後，也是非常重要的一點，它使得整個電腦工業的生態鏈從此定型，而微軟處於生態鏈的上游。至此，微軟在軟體業的壟斷地位便形成了，一個新的帝國誕生。

　　講到這裡讀者可能會有一個疑問，蘋果不是早就有了圖形介面操作系統，為什麼它的電腦沒有成為主流呢？因為軟體的應用與發展受限於硬體性能的提升速度，微軟的成功除了 Windows 操作的便捷性，也受益於摩爾定律，可謂生逢其時，當然，這也帶來了另一個問題。

　　摩爾定律對於用戶來講是個福音，但對於電腦製造廠家卻未必。如果十八個月後電腦的價格不變，性能翻了一倍，或者性能不變，價格降了一半，誰還會急著買電腦呢？幸好在個人電腦時代，還有一個「安迪－比爾定律」（Andy-Bill's law）也在支配這個領域的商業行為。這個定律的原文是「安迪所給的，比爾都要拿去」（What Andy gives，Bill takes away），其中安迪是指今天全球最大的個人電腦零件和 CPU（中央處理器）製造商英特爾公司的創始人兼當時的 CEO 安迪・格魯夫，而比爾就是比爾・蓋茲。

　　這條定律的意思是，微軟等軟體公司的新軟體總是要比從前的軟體耗費更多的硬體資源，以致完全覆蓋了英特爾等硬件公司帶來的性能的提升。事實也是如此，我們並沒有覺得今天的個人電腦比一年半以前快了很多，而在十八個月前的電腦上運行最新的軟體，大家會發現慢得不得了。

　　從 20 世紀 80 年代個人電腦進入美國家庭開始，造就了開發作業系統的微軟和生產處理器的英特爾這兩個帝國。在整個個人電腦時代，用戶可以自由選擇自己喜歡的電腦品牌，卻無法選擇作業系統和處理器，否則自己的電腦就無法和其他人的相容。

　　微軟和英特爾的崛起對 IT 行業可以說是喜憂參半，往好裡講，它們不僅幫助個人電腦打破了 IBM 對整個電腦產業的壟斷，而且透過推出大眾易學易用的 Windows 作業系統，以及提供高性能、低價格的處理器，讓幾乎每一個人都可以在家裡使用便宜的電腦，同時也催生出很多生產相容機的小型電腦公司。往壞裡講，微軟透過和英特爾公司合作形成的「WinTel」聯盟，* 完全控制了 20 世紀最後十年的 IT 領域，形成了比 IBM 更危險的壟斷，以至於很多創新被扼殺。但是，隨著網際網路的發展，雲端運算和便攜式行動設備的普及，特別是智慧手機的普及，微軟和英特爾的這種優勢不再，取而代之的是谷歌的安卓手機作業系統和 ARM 公司（全球領先的半導體知識產權供應商）的低功耗處理器。

　　20 世紀下半葉，電腦的歷史幾乎等同於這個時期的半部科技史。1946 年是人類文明史的一個分水嶺，人類的進步從以能量為核心轉變為以信息為核心，而作為處理信息中心的電腦的出現是一個標誌。此後，依靠電晶體和積體電路的發明，電腦開始進入商用，並逐漸普及到個人，這背後都是摩爾定律這隻看不見的手在引導前行。

　　摩爾定律帶來的結果是，在過去的半個多世紀裡，電腦處理器的性能提升了上億倍，耗電量卻下降了上百倍，而價格可以便宜到

---

* WinTel是微軟的 Window 和英特爾公司（Intel）處理器的合稱。

和一杯星巴克咖啡差不多。從能量的角度看，摩爾定律其實反映出人類在單位能耗下所能完成的信息處理能力的巨大提升。我們如果採用埃尼亞克的技術實現 AlphaGo*的程式和李世石下棋（如果能實現的話），至少需要四百萬個三峽水電站峰值的發電量，** 而 2016年谷歌使用的 AlphaGo 實際耗電量大約是 200～300 千瓦，雖然看上去依然不小，但是在信息處理上，能量使用的效率比1946年提高了三千億倍。

從20世紀60年代開始，摩爾定律成了全球經濟的根本動力。如果扣除摩爾定律對社會帶來的進步，世界的經濟總量不僅沒有增加，反而在減少。從能量和信息的角度看，從20世紀70年代開始，能量消耗在發達國家要麼增長緩慢或者停滯，要麼乾脆在減少，而產生的信息量和傳輸信息的能力卻在翻倍增長。今天全球數據的增長速度，大約是每三年翻一倍，並且趨勢還在延續。因此，我們這個時代被稱為人類的信息時代是非常準確的。

「便民設施」網際網路

1962年，當電腦科學家利克里德（J. C. R. Licklider, 1915-1990）離開麻省理工學院到美國高等研究計畫署（Advanced Research Projects Agency, ARPA）籌建信息處理處的時候，他恐怕想不到這個部門的一項「便民」措施後來變成了改變世界的網際網路。當

---

* 和李世石對弈的 AlphaGo使用了1920個CPU和280個GPU（圖形處理器）。當時每個CPU每秒可完成五千億至七千億次浮點運算，每個GPU每秒可完成7萬億次運算。這些處理器的計算能力相當於六千億台埃尼亞克。
** 六千億台埃尼亞克的耗電量為90拍瓦（10的15次方瓦）而三峽的裝機容量為21吉瓦。

時電腦非常貴，美國百分之七十的大型電腦都是由高等研究計畫署這個有軍方背景的機構支持的，而要想使用那些大型機器裡面的信息，就要出差。1967年，美國高等研究計畫署的勞倫斯・羅伯茨（Lawrence Roberts, 1937-2018）負責建立一個網路，讓大家可以遠端登錄使用大型電腦，共享信息。這個網路被稱為「阿帕網」（ARPANET，顧名思義，是由 ARPA 建設的電腦網路），它就是網際網路的前身。

最初的阿帕網只連接了四台電腦，它們被分別放置在美國西部的四所大學裡。1969年10月29日，加州大學洛杉磯分校（UCLA）計算機系的學生查理・克萊恩（Charley Kline）向史丹佛研究中心發出了 ARPANET 上的第一條信息──login（登錄），遺憾的是這條五個字母的信息剛收到兩個字母，系統就當掉了。工程師又忙了一個小時，克萊恩再次嘗試，才將這五個字母發送過去。

後來阿帕網的發展速度遠遠超出了設計者的最初設想，很快，美國很多大型的電腦都聯入了網路。與此同時，歐洲也建設了相應的科研網路。

20世紀80年代初是全球網際網路誕生的關鍵時期。1981年，美國國家科學基金會（National Science Foundation, NSF）在阿帕網的基礎上進行了大規模的擴充，形成了 NSFNET，這就是早期的網際網路。建設這個網路的直接目的是為了方便研究人員（主要在大學裡）遠端使用美國幾個超級計算中心的電腦。由於是為了科研，美國國家科學基金會提供了網路營運的費用，讓大學教授和學生免費使用。這個免費的決定定下了今天網際網路免費的傳統。20世紀80年代末，一些公司也希望接入網際網路，當然，美國國家科學基金會沒有義務為它們買單，因此就出現了商業目的的網際網路服務

供應商。不過，由於網際網路最初的規定是不允許在上面從事商業活動，比如做廣告、賣東西，因此影響了網際網路的發展速度。

網際網路從 20 世紀 90 年代開始快速發展，得益於美國政府退出對網際網路的管理。1990 年，美國高等研究計畫署首先退出了對網際網路的管理，5 年後，美國國家科學基金會也退出了。從這時起，整個網際網路迅速商業化，大量資金的湧入使得網際網路開始爆發式增長。網際網路的發展說明，政府需要在技術發展的初級階段出資扶植那些暫時產生不了效益的新技術，而當技術成熟、可以靠市場機制發展時，就不應再由政府扶持。

世界其他國家網際網路的發展歷程和美國類似。歐洲在 20 世紀 6、70 年代開始了早期網際網路的研究。中國雖然今天是網際網路大國，但是起步較晚，而最初的發展也和科研有關。20 世紀 90 年代初，諾貝爾獎獲得者、美籍著名物理學家丁肇中教授和中國科學院高能物理研究所展開科研合作。為了方便雙方每天及時彙報交流實驗結果，經批准，高能物理研究所連通了一條 64kbit/s 專線，直連到美國史丹佛大學線性加速器中心，這樣中國開始了和網際網路的聯繫。1994 年初，高能物理研究所允許研究所之外的少數知識分子使用該網路，這是中國社會第一次接觸網際網路。很快，中國就建立起自己的教育科研機構網絡，並且在一年多的時間裡走完了美國人二十年走的從教育科研到商用的發展之路。

網際網路從本質上來講，解決的是信息傳輸問題。它屬於有線雙向通信，也就是說和固網電話屬於一類。但是和固網電話不同的是，它不僅效率高、成本低，而且能夠傳輸的信息形式也從過去的語音電話擴展到你所能想得出來的幾乎所有形式。

網際網路快速發展的背後，有很多技術作為支撐，同時它也催

生出新技術。網際網路最底層的技術是 TCP/IP 網路控制協議，由文頓・瑟夫和羅伯特・卡恩兩人主導開發，最初只用於美國的阿帕網，後來透過競爭戰勝和取代了其他一些網路協議，成為今天網際網路的基礎。TCP/IP 協議的本質是把各種物理真實的信息分成統一的數據包，按照它們所要傳輸的目的地（網際網路上那些具有 IP 地址的設備），利用網路把數據包一一傳輸過去。TCP/IP 協議是否是所有網路協議中最好的？未必，但是一旦它成為整個網際網路的標準，同類的技術方案就變得毫無意義。這也讓人們意識到，在通信高度發達的時代技術標準的重要性。標準是技術發展的結果，但是今天它們常常會反過來影響技術的發展。

在個人電腦時代，也就是所謂的 WinTel 時代，儲存在各台電腦上的信息是相對孤立的，信息的處理本身很重要，因此，當微軟和英特爾公司主導了信息處理之後，就沒有哪家公司知道如何與它們競爭了。但是到了網際網路時代，信息的傳播變得更重要了。如果要問今天全世界最風光的科技公司是哪些，絕大部分人恐怕首先會想到一些網際網路公司，比如谷歌、臉書，或者中國的阿里巴巴和騰訊。原因很簡單，我們無論是搜索信息，還是在網際網路上社交、購物，都是在交流信息，因此，掌握了信息流通的公司就開始唱主角了。

網際網路的發展還帶來一個結果，就是個人不再需要購買速度很快、很耗電的電腦，人們完全可以使用在計算中心的那些計算和儲存資源，這其實是網際網路誕生的初衷。當然，今天它被賦予了一個新的名詞──雲端運算。有了雲端運算，無論是個人還是企業，只要有一個便攜的終端，就能隨時隨地訪問各種信息，並且使用數據中心的服務器處理各種業務。於是，從2007年開始，相應的各種

設備，包括智慧手機和平板電腦等便應運而生。

全世界個人電腦的出貨量在2011年達到頂峰之後就開始逐年下降，[12] 而智慧手機和平板電腦的出貨量卻在不斷上升，且至今增勢不減。當年帕斯卡、萊布尼茲、圖靈和馮・諾伊曼思考電腦所能做的事情時，絕對想不到人類今天會對電腦有如此大的依賴。當然，這背後也有行動通信的功勞。

前仆後繼的行動通信之路

今天，全世界有一個人們未必很關注，但市場規模堪稱巨大的產業──電信產業。事實上，網際網路、人工智能或者區塊鏈雖然更容易吸引眼球，但它們的產業規模遠不及電信產業。2016年，全球網際網路公司的收入一共只有3800億美元左右，其中谷歌一家就占了四分之一，再算上中國的阿里巴巴、騰訊和百度，美國的臉書、亞馬遜和 eBay，就剩不了多少市場份額了。而同時期全球電信產業，包括設備和服務，總收入高達 3.5 萬億美元。即便扣除華為、思科和愛立信這些設備廠商的收入，只算電信服務，也高達 1.2 萬億美元。[13] 可以說，通信在人類文明中的重要性是如何強調都不過分的。

當人類進入 21 世紀，貝爾等人所開創的傳統電信行業就一直在走下坡。但同時，行動通信卻以極快的速度發展，以致我們今天甚至會把通信等同於行動通信。行動通信是雙向無線通信，它最為方便，但難度也最大。相比有線通信，無線通信有三個難點。

首先，傳輸率受限制。說到傳輸率，就要說說它的理論極限──夏農第二定律。1948 年，夏農發表了信息理論，在這個關於信息表示、壓縮和傳輸的理論中，他的第二定律提出了任何信息傳輸

方式的理論極限，即傳輸率不能超過頻寬。在無線通信中，無線電波是有頻寬限制的，因此傳輸率不可能很高。相比之下，有線通信，比如採用雷射的光纖通信，頻寬則可以很高，傳輸率可以很快。

有人以為，無線通信進入5G時代之後，速度可以和光纖相比了，其實這是誤解。5G行動通信每秒10Gbit的傳輸率比同時代的光纖每秒1Pbit（1000000Gbit）的傳輸率還是差出五個數量級。

其次，無線通信使用的無線電波信號會在空氣中衰減，因此，信號要想傳得遠，就需要很大的發射功率。這一來做不到，二來誰也不想把城市變成一個大的微波爐。

最後，無線電信號很容易受到干擾，這既包括人為的因素，又包括非人為的因素，比如建築物的牆壁等。我們通常有這樣的經驗，手機訊號不好時，走兩步路換一個地方就好了，這就是建築物干擾所致。當我們為了增加無線傳輸率而提高頻率時，它受到的建築物干擾會越來越明顯。

無線通信面臨的這些困難使得它的發展落後於有線通信，而最初推動它發展的恰恰也是戰爭的需要和太空競賽。

二戰之前，美國軍方已經認識到無線電通信的重要性，於是開始研製便攜式無線通信工具，並且研製出了一款步話機 SCR-194，但是非常笨重，很不實用。當時做汽車收音機起家的摩托羅拉公司有一些工程師參與了這項研究，他們將研究繼續了下去。1940年，摩托羅拉研製出能夠真正用於戰場的步話機 SCR-300[14]（見圖9.9），它既是一個無線電接收機，也是發射機，可以進行雙向通信，這讓戰場上的指揮和通信變得實時有效了許多。不過從圖9.9中可以看出，它又大又重，根本無法實現民用。

1942年，摩托羅拉公司再接再厲，研製出手提式的對講機

SCR536（見圖9.10）。這比步話機 SCR-300已經小了很多，但是依然重四公斤，在開闊地帶通信範圍有一千五百公尺，在樹林中只有三百公尺。即使如此，也讓當時的美軍在通信上高出其他軍隊一大截。

20世紀60年代，摩托羅拉深度參與了阿波羅登月計畫，並且提供了登月所需的通信設備，這時它的行動通信技術遙遙領先於世界。1967年，在紐約舉行的全球消費電子展（International Consumer Electronics Show, CES）上，摩托羅拉展出了民用的行動通信設備，但是當時的價格和性能還達不到實用的水準。

20世紀80年代，行動電話真正開始民用。當然，要聯入已有的電話網絡，並且能夠撥打任何號碼，就不可能像對講機那樣只考慮點對點的通信，而需要建立很多基地台，讓無線信號能夠覆蓋人們活動的區域。工程師們從數學上很容易得知，把無線通信的網路修建得像蜂窩那樣呈六角形分布，相互重疊，是最為經濟有效的。因此，民用行動通信又被稱為蜂窩式行動通信。今天我們說的手機（cellphone）就是蜂窩（cellular）和電話（telephone）兩個詞合併的結果。

行動電話剛被生產出來時，民用通信領域之爭主要集中在美國電話電報公司和摩托羅拉之間，美國電話電報公司的主營業務是固網電話，因此，它認為家庭用的無線電話是未來發展的方向，而以行動通信見長的摩托羅拉則看準了行動電話。當時美國電話電報公司認為，即便發展二十年，到2000年，全球使用行動電話的人數也不會超過一百萬，結果它少估計了一百倍。摩托羅拉主導了全球第一代行動電話的發展。

不過，摩托羅拉的輝煌沒有持續太久，因為第二代行動電話（2G）很快開始起步。第一代行動電話是基於模擬電路技術，設備

昂貴而且笨重。第二代行動電話一方面採用新的通信標準，另一方面將很多過去通用的芯片重新設計，做成一個專用積體電路，使得

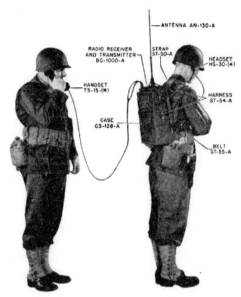

圖9.9 步話機SCR-300

圖9.10 摩托羅拉的手提式對講機SCR-536

　　手機的體積和功耗都大大降低。從能耗上講，第二代行動通信電話的重量比第一代降低了一個數量級，而通信的速率卻提高了半個到一個數量級。2G 的誕生給諾基亞和三星等公司後來居上的機會，而固守原有技術和市場的摩托羅拉開始落伍。

　　摩托羅拉失敗的原因有很多，其中一個重要的原因在於美國在第二代行動通信標準上最終沒有競爭過歐洲。當時，歐洲為了和美國競爭，營運商和設備製造商最終達成了一致，形成了一個統一的 2G 行動通信標準 GSM，而美國一個國家卻推出三種標準。諾基亞是 2G 通信最大的贏家，它一度占據近一半的全球手機市場。由此也可以看出標準在通信領域的重要性。

　　不過，諾基亞的輝煌隨著 3G 時代的到來戛然而止。2007 年，作為一家電腦公司的蘋果開始進入行動通信市場，它所推出的觸控智慧手機 iPhone 與其說是一部行動電話，不如說是一個小的電腦終端機。事實上，iPhone 作為手機，話音並不清楚，相比其他老品牌完全沒有優勢，因此，諾基亞對這種花稍的手機嗤之以鼻。不過，市場很快證明諾基亞不可避免地在重複摩托羅拉的失敗。不僅蘋果超越了以諾基亞為代表的上一代手機製造商，而且在谷歌推出通用、開源的手機作業系統安卓之後，以華為和小米為代表的新一批手機製造商進入人們的視野，並最終成為新時代的佼佼者。技術就是這樣不斷迭代地向前發展，而每一次新的變革則常常讓現有的從業者退出市場。是什麼讓諾基亞積累了幾十年的行動通信技術和經驗在一瞬間變得全無用途？因為時代變了。在 3G 時代，語音通話已經變得不重要，重要的是無線上網。而到了 4G 時代，透過行動設備上網的通信量甚至超過了透過個人電腦上網的通信量。

　　今天，全世界數據傳輸速率的提高要遠遠快過任何技術進步的

速度。2007年，當蘋果推出智慧手機時，全世界網際網路上信息傳播的速率是每秒鐘 2Tbit，而到了 2016年，提高到 27Tbit。[15] 正是因為有這個變化，才撐起了全球巨大的電信市場，才有了我們對未來的許多遐想。

20世紀，除了原子能技術、IT 技術，還有一項令人振奮的技術成就，那就是航太技術，它同時體現出人類在能量和信息利用上的水準。

太空競賽

航太事業的發展最初源於火箭技術，而發展火箭的目的是為了戰爭。在軍事上，能用火炮進行遠程攻擊的一方通常會占有優勢。第二次世界大戰之前，人們在遠程打擊方面能做的，只是把火炮的炮管長度加長，讓炮彈在出膛前能夠有足夠長的時間加速，以獲得更大的初速度。德國在第一次世界大戰期間製造出了炮管超過三十公尺的超級大炮。這種火炮雖然射程超過一百公里（最遠紀錄為一百二十二公里），但是實在太笨重，而且打不了幾次，炮管就會變形，從而無法準確射擊。因此，這種靠慣性打擊的火炮很不實用。二戰期間，德國人開始研製射程更遠、更有威力、打擊更精準的祕密武器。由於它的保密工作做得很好，盟軍對此所知甚少。

1944年秋的一天，正當盟軍從四面八方向德國挺進，歐洲的戰爭看似沒了懸念的時候，一個龐然大物從天而降，落在倫敦西南部的奇司威克（Chiswick）地區，並引起了大爆炸，炸死三人，炸傷二十二人。和往常不同，這次來自空中的襲擊沒有預兆，沒有警報，甚至在爆炸發生後，附近的居民才聽到空氣中傳來的炸彈的呼嘯

聲。因為這種飛行物的速度是音速的四倍，它的聲音比它本身來得更晚。在接下來的幾個月裡，這種飛彈（當時德國人給它起的名字）的襲擊持續不斷，英國人再次陷入恐慌。雖然希特勒想利用這種特殊的武器扭轉戰局的想法最終落空，三萬多枚飛彈並沒有對英國的軍事和工業設施構成重要的威脅，但是這種能夠進行遠程打擊的祕密武器，卻讓全世界看清了未來遠程攻擊武器的發展方向。

為了保證德國研製火箭的科學家不落入蘇聯人之手，1945年，美國派出了以馮‧卡門（Theodore von Kármán, 1881-1963）為首的一個小組，搶在蘇聯人之前找到了德國火箭的負責人、當時年僅三十二歲的火箭專家馮‧布勞恩（Wernher von Braun, 1912-1977），並且說服他來到美國。[16]

馮‧布勞恩在美國幾乎賦閒了五年，因為二戰後美國一直在裁軍。1950年韓戰爆發，才給了他重新研製火箭的機會。而在冷戰的另一邊，身分是囚徒的科羅廖夫（Sergei Korolev, 1907-1966）則帶領蘇聯人走在了前面。科羅廖夫是蘇聯最傑出的航太科學家，他在年僅二十五歲的時候就成了蘇聯火箭研製小組的負責人，但是在史達林的大清洗中，他因為莫須有的陰謀顛覆罪遭到逮捕，先是在勞改營裡做苦工，後來在沒有人身自由的情況下，被安排從事火箭的研究。二戰後，蘇聯加緊了對火箭的研究。

科羅廖夫蒙受冤屈，長期遭受非常不公正的待遇，他一生中的大多數時間是在沒有人身自由的情況下工作。但即便如此，他對蘇聯始終忠心耿耿，為自己的國家和整個人類做出了卓越貢獻，被全世界尊敬。在科羅廖夫的領導下，蘇聯的火箭研究一度領先於美國很多年。1953年，蘇聯成功發射了R-5彈道飛彈，射程可達1200公里，射程和運載能力都比德國當年的V-2提高了很多。隨後，科羅

廖夫研製出著名的 R-7 火箭，其運載能力和射程都有巨大的提高。1957年10月4日，蘇聯使用 R-7 火箭成功發射了世界上第一顆人造地球衛星史普尼克一號（Sputnik-1），這標誌著人類從此進入了利用太空飛行器探索外太空的新時代。史普尼克一號被賦予了太多的「第一」，《紐約時報》當時發表的評論說，該衛星的發射不亞於原始人第一次學會直立行走。[17] 這是一個極高的讚譽。

美國人在稱讚蘇聯人時，也實實在在感到了危機，史稱「史普尼克危機」。在歷史上，美國人認為自己有太平洋和大西洋做天然屏障，不論外面打成什麼樣子，自己的本土總是安全的。但是，當蘇聯成功發射人造衛星後，美國人第一次認識到自己的本土不再安全，因為能將衛星送上天的火箭也能把核彈頭打到美國任何一個角落，這導致了美國全國上下的恐慌。作為回應，美國採取了一系列措施以奪回技術優勢。美國國會在當年就通過了《國防教育法》，並由艾森豪總統立即簽署生效。[18] 該法案對美國接下來二十年的科技發展產生了重大的影響。它授權超過十億美元支出（在當時是一筆巨款），廣泛用於改造學校，為優秀學生提供獎學金（和助學貸款），以幫助他們完成高等教育，發展技職教育以彌補國防工業的人力短缺，等等。當時，美國天天都在宣傳學習科學、發展科技，這些宣傳影響了一代人。同時，美國也因此誕生了一大批世界一流大學，包括史丹佛大學。

在太空競賽中追趕蘇聯的任務最終落到馮・布勞恩等人的肩上。在史普尼克一號升空半年後，馮・布勞恩將美國的第一顆人造衛星也送上了太空。接下來，美蘇兩國的太空競賽進入白熱化，雙方下一個目標都是實現載人太空旅行。在這方面，以科羅廖夫為首的蘇聯再次獲勝。他們在經過數次失敗後，終於在1961年4月12日

這一天迎來了全人類歷史性的時刻。當天上午,蘇聯太空人尤里・加加林(Yuri Gagarin, 1934-1968)登上了聳立在拜科努爾太空發射站的東方一號宇宙飛船(見圖9.11)。9點零7分,火箭點火發射,飛船奔向預定的地球軌道,加加林在完成環繞地球一週的航行後,成功跳傘著陸。雖然加加林的整個太空旅行只持續了108分鐘,中間還遇到了不少小問題,但是這次飛行意義非凡,它標誌著人類第一次進入了外太空。

美國人在載人飛行的競爭中雖然輸給了蘇聯,但是他們在接下來的競賽中顯示出了後勁,那就是載人登月。1961年,白宮的新主人、年僅四十三歲的總統約翰・甘迺迪(John Fitzgerald Kennedy, 1917-1963),雄心勃勃地宣布了一個雄偉的太空計畫──十年內完成人類登月,這個計畫以太陽神的名字命名,就是著名的阿波羅計畫,而該計畫中火箭的總設計師就是馮・布勞恩。

圖9.11 尤里・加加林成為第一個進入太空的人。

　　美國在實施阿波羅計畫的過程中顯示出強大的國力，有上百家大學、研究機構和公司，兩萬多名科學家和四十萬人直接或間接地參與了這項太空計畫。為了加快研究速度，美國在阿波羅計畫中採用了高密度的流水線式的研發方式，也就是當第一號火箭發射時，第二號在測試，第三號在組裝，第四號在製造，第五號在設計研製……每一枚火箭發射的間隔只有半年甚至更短的時間。當然，這裡面也存在一個問題，如果中間某個環節發現了問題，已經在流水線上的所有火箭只能全部報廢，所有工作得推倒重來，這個成本非常高。事實上，在阿波羅計畫和之前的雙子星計畫中，就有三枚火箭因此報廢。毫無疑問，美國這是在用錢換時間，以便搶在蘇聯人的前面。

　　登月遠比載人進入地球軌道難得多，這需要火箭技術和信息技術的革命。在火箭方面，馮‧布勞恩成功地設計了人類迄今為止最大的火箭土星五號，最終實現了將人類送上月球並且安全返回的夢想。土星五號的長度超過一個足球場，第一級火箭的推力高達3.4萬千牛頓（一千牛頓約等於102公斤力），這是人類有史以來製造的最大的發動機，這個紀錄一直保持至今。

　　說到登月，很多人只想到和火箭以及太空飛行器相關的技術，其實登月離不開信息技術的革命。因為從飛行控制到遠程通信，都需要解決很多過去從未遇到過的難題。

　　登月首先要保證在月球上著陸的地點準確，而且要保證返回火箭和太空船能夠在月球軌道上準確對接，這就要用到控制論了。在控制論被提出之前，德國的 V-2 火箭完全靠事先的預測確定落點，而一點點誤差和各種很小的意想不到的干擾因素，就會讓火箭偏離十萬八千里。二戰後期德國向英國發射了三萬枚火箭，目標是泰晤

士河上的倫敦塔橋，但是所有火箭都沒有命中目標。

　　阿波羅登月需要解決飛行控制問題，數學家卡爾曼（Rudolf Emil Kálmán, 1930-2016）在維納的控制論基礎上提出了卡爾曼濾波（Kalman filtering），確保了火箭能夠準確無誤地抵達登月地點。在實現卡爾曼濾波的過程中，原始的數學模型有八階，這在當時的電腦上完全無法實時計算。於是，許多控制專家經過努力，將控制模型簡化成三階，使得當時的電腦能夠實現控制。要知道，當時控制阿波羅登月的大型電腦運算速度還沒有今天一台智慧手機快。

　　在信息技術方面，另一個關鍵問題是遠程無線通信。為了確保相距三十八萬公里的地球跟月球之間通信暢通，美國發射了很多環月的太空飛行器，專門測試地球跟月球之間的通信情況。最後，由摩托羅拉公司提供了月球和地球之間的對講設備，確保了登月計畫通信的暢通。此外，為了在月球上拍攝清晰的影像，瑞典的哈蘇公司研製出了特殊的照相器材，記錄了阿波羅登月寶貴的科學和歷史資料。

　　最後，人在月球環境下生存以及安全返回，在20世紀60年代也是一個似乎無解的難題，特別是如何保證太空人能夠從月球安全返回到地球上。阿波羅計畫一開始，美國太空總署提出了四種返回方案。最初，專家們考慮隨登月艙一起帶一枚大火箭發射到月球上，然後用那枚大火箭將登月艙直接發射回地球。這種方法最為簡單，但登月設備的總重量非常大，需要建造超級大火箭，這在當時還難以完成。後來，科學家約翰・霍保特（John Houbolt, 1919-2014）堅持認為，登月設備的總重量越輕越好，並想方設法說服了大多數人。[19] 於是，包括馮・布勞恩在內的專家決定，讓帶一枚小火箭的登月艙登月，同時一艘太空船環繞月球飛行。在登月完成後，小火

箭只要把登月艙送回月球軌道，在那裡和環月飛行的太空船對接後一同返回地球。這個方案可以極大地降低登月總設備的重量，但是需要卓越的太空對接技術。阿波羅計畫最終採用了這個方案並獲得成功。美國歷史學家認為，如果不是因為美國太空總署最終採用了少數人的意見，就不可能在20世紀60年代末實現登月。

從1961年甘迺迪宣布實施登月計畫，到1969年阿波羅11號將阿姆斯壯（Neil A. Armstrong, 1930-2012）等三人成功送上月球並安全返回，中間僅僅相隔八年時間（見圖9.12）。

圖9.12 阿波羅11號登月艙，圖片來源於美國國家航空暨太空總署。

相比美國，蘇聯的登月計畫進行得非常不順利。1966年，蘇聯航太之父科羅廖夫因為長期積勞成疾，不幸去世。兩年後，作為蘇聯太空旗幟的加加林也在一次飛行訓練中因意外空難死亡。而科羅廖夫設計的登月火箭 N1，因為受制於蘇聯的整體工業水準，發射計畫一直被推遲。1969年之後，雖然有四次發射，但都失敗了。最

終，蘇聯放棄了這個計畫。

美蘇太空競賽產生了很多正面結果。首先是讓人類飛出了地球。雖然人類目前只能在月球上短暫停留，距離真正的太空旅行乃至太空移民相去甚遠，但是人類的太空探索只有短短幾十年的歷史，相比人類的歷史只是一瞬間而已，和幾千年的文明相比也非常短暫。當人類的祖先第一次抱著樹幹漂過一條湍急的河流時，一定想不到自己的後代能夠遠渡重洋到達新的大陸。在哥倫布眼裡，原始人過河的行為再簡單不過，但這卻是探索未知的開始。當然，哥倫布也無法想像今天登月的壯舉。千萬年後，當我們的後代可以自由地在太空旅行時，他們到達月球就如同我們現在過河一樣，那時，他們看待科羅廖夫、馮·布勞恩、加加林和阿姆斯壯，就如我們今天看待哥倫布。

太空競賽的第二個結果是促進了科技的大幅進步，產生了很多今天廣泛使用的新技術、新材料。我們今天使用的很多東西，比如數位相機使用的 CMOS（互補式金屬氧化物半導體）影像感應器，最初都是為太空探索的需要而發明的。

如果沒有美蘇兩國出於國家安全考慮的太空競賽，航太科技進步不會這麼快。20世紀70年代之後，雖然人類在航太領域開展了相互合作，照理說在航太科技上的進步應該更快，但是事實上它的進步速度明顯放緩，遠不如60年代。60年代成功登月的第二個原因，是當時人類對能量的利用已經達到有史以來的最高水準，同時，電腦和控制論的出現使得人類可以進行遠端控制。

在信息時代，我們對外部世界的信息瞭解得越來越多，對我們自身信息的瞭解也是如此。在很長的時間裡，人類都試圖搞清楚一個問題：我們是誰，為什麼我們和自己的父母長得很像？而在人類

之外，為什麼種瓜得瓜，種豆得豆，動物是龍生龍、鳳生鳳？這個困擾了人類上萬年的問題，終於在20世紀有了答案。

從豌豆雜交開始的基因技術

「遺傳」和「基因」這兩個詞對於今天的人來說再普通不過了，它們經常在媒體上出現，即便對它們的含義未必有非常準確的理解，大意大家都明白。然而退回到一百多年前，人們雖然能看到遺傳現象，也注意到一些遺傳規律，比如男性色盲人數要比女性多得多，但並不明白遺傳是怎麼回事，更不明白物種為什麼能繼承父輩的很多特徵。

最早試圖回答這些問題的是19世紀奧地利的教士孟德爾（Gregor Johann Mendel, 1822-1884）。孟德爾從年輕時起就是神職人員，他堅信上帝創造了我們這個豐富多彩的世界，但是同時，他懷著一顆無比虔誠的心，試圖找到上帝創造世界的奧祕。二十九歲那年，孟德爾獲得進入奧地利最高學府維也納大學全面學習科學的機會。在那裡，他有系統地學習了數學、物理、化學、動物學和植物學。三十一歲時，他從維也納大學畢業並返回修道院，隨後被派到布魯恩技術學校教授物理學和植物學，並且在那裡工作了十四年。在此期間，孟德爾進行了他著名的豌豆雜交實驗。

孟德爾選用豌豆做實驗主要有兩個原因。首先是豌豆有很多成對出現、容易辨識的特徵。比如從植株的大小上看，有高、矮植株兩個品種；從花的顏色來看，有紅、白兩種；從豆子的外形看，有表皮光滑和表皮皺兩種。其次是豌豆通常是自花受精，也叫閉花授粉，不易受到其他植株的干擾，因此品種比較純，便於做實驗比較。

孟德爾在幾年時間裡先後種了兩萬八千株豌豆，做了很多實驗，發現了兩個遺傳學規律。

首先，決定各種特徵的因子（當時他還不知道「基因」這個概念）應該有兩個，而不是一個，其中一個是顯性的（比如紅花），另一個是隱性的（比如白花），這被他稱為「顯性原則」。在授粉時，每一親體分離出一個因子留給後代。對於後代而言，只要有一個是紅花的因子（顯性的），它就呈現出紅花的特性，而白花的因子是隱性的，除非兩個都是隱性的白花因子，否則表現不出來。

豌豆從雙親獲得遺傳因子對和植株在顏色上的表現如表9.1所示。

表9.1 豌豆遺傳因子和花的顏色的對應關係

遺傳因子對	植株表現
紅、紅	紅
紅、白	紅
白、紅	紅
白、白	白

這就解釋了孟德爾在第一代純種的紅花豌豆和白花豌豆的雜交實驗時，得到的雜交豌豆（第二代）花的顏色全都是紅的，因為它們的遺傳因子是：紅（顯性）、白（隱性）；而再用雜交（紅花）豌豆接著繁衍後代（第三代），卻有四分之一是白的，因為有四分之一的遺傳因子是兩個白的隱性因子。由於兩個遺傳因子在繁殖時要分離，這個規律也被稱為遺傳學的「分離定律」。

圖9.13 左圖為第一代純種紅花豌豆與純種白花豌豆雜交的情況，右圖為第二代雜交後得到的紅花豌豆繼續繁殖的情況。

其次，孟德爾還發現，如果將豌豆植株按高矮和顏色兩個特性混合雜交實驗，結果豌豆的多種遺傳特徵在遺傳時，彼此之間沒有相互影響，他把這個發現稱為自由組合定律。*

由於孟德爾並不是職業科學家，他和學術界少有來往，因此他的研究成果在1866年發表後的三十五年裡都鮮為人知，孟德爾的論文在此期間僅被引用了三次。直到1900年，孟德爾的研究成果才得到學術界的認可，這距孟德爾去世已經十六年了。當然，這也得益於他以論文的形式發表研究成果，[20] 才讓後人有機會瞭解到這位遺傳學先驅的工作。

孟德爾還做了類似的動物實驗，可能並不成功，也沒有留下什麼有意義的結果。在動物實驗中證實孟德爾的理論，並且由此建立起現代遺傳學的是美國科學家摩爾根（Thomas Hunt Morgan, 1866-1945）。

摩爾根出身於美國馬里蘭州的一個名門望族，父母雙方上幾輩中出過很多政治家、將軍和其他社會名流。但是摩爾根並沒有像他

---

* 後來人們發現，自由組合定律並非在任何時候都成立，它的成立是有條件的。

父母所期望的去從政，而是一生致力於科學研究。後來他自嘲道，他的基因變異了。1890年，摩爾根從約翰・霍普金斯大學獲得博士學位，他專攻的是生物學。1904年，他在哥倫比亞大學擔任教授，研究興趣轉到了遺傳學上。

在摩爾根的時代，很多生物學家都試圖在動物身上驗證孟德爾的理論，但是都不成功，其中一個重要的原因是實驗對象沒有選好。大家嘗試用老鼠做實驗，結果雜交得到的後代五花八門，以至於不少人對孟德爾理論的普遍性產生了懷疑，摩爾根也在其列。不過摩爾根意識到，實驗失敗的原因可能是老鼠彼此之間的基因相差太大所致，而非孟德爾的理論出了錯，於是他改用基因簡單（這樣雜訊少）、繁殖快的果蠅進行遺傳實驗。果蠅這種小飛蟲兩個星期就能繁殖一代，而且只有四對染色體，因此直到今天都是做實驗的好材料。但是果蠅不像豌豆那樣特徵明顯，要在小小的果蠅身上找到可對比的不同特徵並不容易。摩爾根透過物理、化學和放射等各種方式，經過兩年的培養，終於在一堆紅眼果蠅中發現了白眼果蠅，從此開始進行果蠅雜交實驗，並證實了孟德爾的研究成果。

隨著對後來一系列果蠅遺傳突變的研究，摩爾根首先提出了「性聯遺傳」（sex-linked inheritance）的概念，即在遺傳過程中的子代部分性狀總是和性別相關，例如色盲和血友病患者多為男性。發現性聯遺傳後，摩爾根經過進一步研究發現了基因的連鎖和交換。

我們知道一個生物的基因數目是很大的，但染色體的數目要小得多。以果蠅為例，它只有四對染色體，而當時經摩爾根發現和研究的果蠅基因就有幾百個，因此一條染色體上存在著多個基因。基因連鎖的意思是，在生殖過程中只有位於不同染色體上的基因才可以自由組合，而同一染色體上的基因應當是一起遺傳給後代，在表

現上就是有一些性狀總是相聯出現，它們組成一個連鎖群。

在發現基因連鎖的同時，摩爾根還發現，同一連鎖群基因的連鎖並不是一成不變的，也就是說，不同連鎖群之間可能發生基因交換。此外，他還發現在同一條染色體上，不同基因之間的連鎖強度也不同，距離越近則連鎖強度越大，越遠則發生交換的機率越大。後來，人們把摩爾根的這個理論稱為基因的連鎖互換定律。摩爾根不但成功地解釋了困擾人類幾千年的性聯遺傳疾病問題，而且最終建立起了完善的現代遺傳學理論。

1933年，摩爾根被授予諾貝爾生理學或醫學獎。後來，為了紀念摩爾根對遺傳學的貢獻，遺傳學界使用他的名字「摩爾根」作為衡量基因之間距離的單位，* 並且將遺傳學領域的最高獎也命名為「摩爾根獎」（Thomas Morgan Medal）。

摩爾根開創了現代遺傳學，卻也給後世留下了一系列謎團：基因到底是由什麼構成的（或者說它裡面的遺傳物質是什麼）？它的結構是什麼樣的？是什麼力量讓它能夠連接在一起，在遺傳時又為什麼會斷開？基因又是怎麼複製的……

今天我們知道基因裡面的遺傳物質是由 DNA 構成的，人類從觀測到 DNA 到確定它為基因的遺傳物質並搞清楚它的結構，花了將近一個世紀的時間。早在1869年，一位瑞士醫生就在顯微鏡下觀測到細胞核中的 DNA，由於 DNA 是在細胞核中被發現的，「核酸」一詞因此得名。但是當時人們並沒有將它和遺傳聯繫起來。1929年，美國俄裔化學家利文（Phoebus Levene, 1869-1940）提出了關於 DNA

---

* 由於摩爾根這個單位太大，大家更多使用的是厘摩（centimorgan，即1%摩爾根）。1厘摩大約相當於一百萬個人類基因中的鹼基對。

的化學結構的一些假說，其中一部分假說後來被證明是正確的，比如 DNA 包含四種鹼基、醣類以及磷酸核苷酸分子，但是 DNA 分子是怎麼排列的，利文並不清楚。

1944年，洛克菲勒大學（當時叫洛克菲勒醫學院）的三名科學家埃弗里（Oswald Theodore Avery, 1877-1955）、麥克勞德（Colin Munro MacLeod, 1909-1972）和麥卡蒂（Maclyn McCarty, 1910-2005）證實 DNA 承載著生物的遺傳因子，並且分離出純化後的 DNA。遺憾的是，埃弗里等人卻沒有獲得諾貝爾獎，這是因為埃弗里並不善於宣傳自己，以致諾貝爾獎委員會沒有意識到他們工作的重要性，再加上個別評委對這個領域不是很擅長，於是早早地就將埃弗里等人的工作篩選掉了。後來，諾貝爾獎委員會就這件事專門向埃弗里道了歉。

在確定 DNA 是遺傳物質後，科學家的研究就轉向尋找 DNA 的分子結構和它的複製原理。這個祕密的破解有著極其重要的生物學和哲學意義。在生物學上，它可以讓我們瞭解生命的本質和起源；從哲學上講，它有希望回答「我們從哪裡來」「我們是誰」這兩個難題。

第二次世界大戰結束後的十年，即從 20 世紀 40 年代末到 50 年代末，是生命科學和醫學發展最快的時期，很多重要的發明發現都出現在這個時期。除了破解抗生素的分子結構並且實現了人工合成抗生素，科學家還發現了 DNA 的結構，發明了利用限制酶切割 DNA 的技術，發現了 RNA（核糖核酸）的結構以及 DNA-RNA 雜交的機制。如此多的重大成果能夠在極短的時間裡取得，主要有兩個原因。首先是儀器的突破，特別是電子顯微鏡（包括 X 射線繞射儀）的出現，使得生物學的研究從細胞級別進入分子級別。其次，也可

能是更重要的原因，就是大量頂尖的物理學家和一些頂尖的化學家（比如萊納斯‧鮑林）轉行到了生物領域，大量年輕學者也選擇了生物專業。而這個趨勢的形成要感謝一個人，就是著名的物理學家薛丁格。他寫的科普讀物《生命是什麼》讓很多科學家和年輕學者決定投身生物學研究。

1946年，受到薛丁格的影響，在二戰中負責盟軍雷達技術的物理學家藍道爾將他負責的英國倫敦大學國王學院物理系的研究方向轉到生物物理上。藍道爾手下的化學家羅莎琳‧富蘭克林（Rosalind Franklin, 1920-1958）、物理學家威爾金斯（Maurice Wilkins, 1916-2004）和富蘭克林的博士生戈斯林首先透過 X 射線繞射儀得到了 DNA 的結構照片，但是他們沒有很好地提出關於 DNA 的模型結構。

事實上，當時英國主要有兩個實驗室從事 DNA 的結構研究，一個是藍道爾領導的國王學院物理系，一個是劍橋大學著名的卡文迪實驗室，當時該實驗室負責人是英國物理學家小布拉格。國王學院和卡文迪實驗室團隊之間雖然有所交流，但是為了率先破解 DNA 之謎，他們彼此保密，暗中較勁。

1951年，當時還是博士生、後來成為生物分子學家的克里克（Francis Crick, 1916-2004）加入了卡文迪實驗室，並在小布拉格的指導下，與從美國前來學習的詹姆斯‧華生（James Watson）共同研究 DNA 的模型結構。

相比藍道爾的團隊，小布拉格手下的兩個新人華生和克里克不僅顯得稚嫩，而且他們當時的生物學造詣都不是很高，也不是 X 射線繞射方面的專家。在觀察 DNA 結構、獲取實驗數據（照片）方面，自然比不上藍道爾的團隊。不過，作為生物學領域的新人，兩人都敏而好學，不恥下問，心態開放，願意接受新的理論，他們甚至還

去請教藍道爾團隊的成員。

當然，華生和克里克也有他們的學科優勢。華生化學基礎相對較好，而克里克的物理學背景對他在生物學上的研究幫助也很大。克里克後來回憶說，長期的物理學研究幫助他掌握了一整套科學的方法，這種方法與學科無關。克里克還認為，正因為他原本不是學生物的，才會比典型的生物學家更加大膽。更重要的是，華生和克里克與富蘭克林和威爾金斯等人的思維方式不同，後者希望透過 X 射線繞射看出 DNA 的結構，而這兩個初出茅廬的人則不斷想像著 DNA 可能的合理結構，他們是先構想結構，然後再用 X 射線繞射圖片去驗證。

當然，華生和克里克研究出來的模型離不開數據的驗證。藍道爾團隊等人自然不會直接把數據提供給華生和克里克使用，不過藍道爾拿了英國政府醫學研究委員會的研究經費，需要向委員會彙報研究成果，因此華生和克里克透過委員會獲得了藍道爾團隊的數據。最終，華生和克里克在綜合了很多科學家的工作後完成了 DNA 分子結構的研究。

1953 年 4 月，在藍道爾和小布拉格的協調下，《自然》雜誌同時發表了兩個實驗室三篇關於 DNA 研究的重要論文，它們分別是華生與克里克的《核酸的分子結構》、[21] 威爾金斯等人的《去氧核酸的分子結構》[22] 以及富蘭克林與戈斯林的《胸腺核酸的分子結構》。[23] 華生與克里克在論文中雖然提及他們受到了威爾金斯與富蘭克林等人的啟發，但並沒有致謝。而威爾金斯與富蘭克林則在論文中表示自己的數據與華生和克里克的模型相符。鑑於此，學術界一直對華生和克里克頗有微詞。

1962 年，華生、克里克和威爾金斯因為發現 DNA 的分子結構

而獲得諾貝爾生物學或醫學獎。遺憾的是，富蘭克林因為1958年早逝，與諾貝爾獎失之交臂。在20世紀所有的諾貝爾生物學或醫學獎中，DNA結構的發現被認為是最有價值的一個獎項。

瞭解了DNA的分子結構，不僅使人類破解了生物遺傳的奧祕，而且有助於解決很多醫學、農業和生物學領域的難題。關於這一點，我們在下一章還會詳細論述。

●　　●　　●

對比19世紀和20世紀的科技發展，前者更多的是以能量為驅動力，而後者則是以信息為中心。信息無論在產生、傳輸還是使用上，都呈現指數級暴漲態勢，特別是在電腦出現之後。1946年，世界上第一台電腦「埃尼亞克」的處理能力為每秒5000次運算，2018年6月，美國橡樹嶺國家實驗室（ORNL）發布的新一代超級電腦「高峰」（Summit）每秒能進行多達20億億次（200PFlops）運算。1956年第一條跨大西洋的電話電纜 TAT-1 成功開通的時候，通信的速度僅 72Kbps（36路4KHz的信道），而當西班牙電信、微軟和臉書在2018年2月開通最新的跨大西洋光纜時，它的傳輸率高達160萬億 bps，增長了20多億倍。全球數據增長的速度大約是每三年翻一倍，[24] 也就是說，在過去三年裡產生的數據總量，相當於之前人類產生數據量的總和。毫無疑問，在這樣一個世界裡，信息技術是科技發展的主旋律。

不過，能量和信息並非沒有交集，航太技術就是這兩條主線的交會點。20世紀，很多重大的發明都和戰爭有關，從雷達、核裂變到火箭技術，這說明戰爭具有推動科技進步的一面。很多發明雖

然最初是用於軍事目的，但是很快便開始用於民用，造福人類。直到今天，幾乎所有的發明創造和技術進步帶來的好處都遠遠大於危害。技術本身並沒有善惡之分，它們產生的結果完全取決於人類如何使用它們。

人類從軸心時代開始，到工業革命之前，科技的進步大致是均速的，但是工業革命之後，科技進步的速度明顯加快，重要科技成果出現的密度越來越高。這個趨勢在 21 世紀還會持續。工業革命之後，科技進步的另一個特點是，重大的發明和科學發現會有很多人幾乎在同一時刻做出。因此，從人對科技的貢獻來說，個別天才及偶然性因素的作用在相對變弱，而系統的作用、方法論的作用，包括資金甚至綜合國力的作用則在提升。在未來，每個人都有透過掌握有效的科技創新方法發揮自己作用的可能性。

第 **10** 章 │ 未來世界

　　在 21 世紀接下來的時間裡，科技會取得什麼重大突破呢？到 2100 年，我們今天的哪些夢想會成為現實？人是否能夠活到兩百歲？人類是否能走出太陽系，開始探索鄰近的恆星？可再生能源是否能夠完全取代化石能源？能否透過淡化海水徹底改造沙漠？這些問題我們今天無法給出肯定或者否定的回答。不過，如果我們沿著能量和信息這兩條思路，或許可以摸清一些未來的脈絡。

癌症的預測性檢測

　　癌症是人類依然沒有攻克的頑疾，不過，今天如果能夠及早發現癌症，治癒它，至少控制它的可能性還是很大的。因此，很多國家開始對常見的癌症進行早期篩檢。但遺憾的是，目前早期篩檢的效果並不十分令人滿意。

　　美國從幾十年前就開始對五十歲以上的婦女進行一年一度的乳

癌篩檢，而男性則在同樣的年齡進行攝護腺癌篩檢。近十多年來，醫生透過統計發現了這樣一個現象，從而顛覆了原有的認知。

醫生們發現，在一萬名進行了癌症篩檢的婦女中，以十年為一週期，結果是這樣的：

- 有3568人完全呈陰性，沒有問題，當然她們也就完全放心了。
- 有6130人比較倒楣，她們至少一次被發現為假陽性，即本身沒有問題，但是 X 光診斷的結果說有疑問。這些人的心情會受到不同程度的影響，其中940人會做穿刺確認排除。
- 真正有問題的只有302人。其中173人是良性腫瘤，不用擔心，甚至不用急於醫治；有57人是過度診斷（惡性腫瘤，但屬於不會擴散的，因此早一點發現、晚一點發現都容易治癒）；有62人是惡性腫瘤，即使早發現，也治不好；有10人屬於早發現就能治癒，晚發現就沒有救的那種。

上述數據來源於《美國醫學協會會刊》（Journal of American Medical Association）。也就是說，一萬個人中只有十個人，或者說千分之一真正得益於篩檢。對攝護腺癌的篩檢情況也類似。這倒並不是說癌症篩檢沒有必要，而是說現有的技術實在是太落後了。那麼問題出在哪裡呢？簡單地說是信息不準確，而這種狀況光靠醫生的努力遠遠不能改善，或者說進步速度太慢。因此，從幾年前開始，工程師加入進來，幫助尋找答案，當然，他們的方法和醫生傳統的做法有些不同。

2016年，矽谷成立了一家叫作 Grail 的公司。你或許在媒體上聽到過這家公司，因為它僅僅成立不到兩年就尋求在香港證券交易所上市了。在此之前，這家明星公司已經創造了新創公司融資最快的紀錄。2016年它剛成立時，第一輪融資（相當於天使輪）就拿到

了 1.5 億美元的現金。投資方包括大名鼎鼎的比爾‧蓋茲、亞馬遜的創始人貝佐斯（Jeff Bezos）、谷歌公司、世界上最大的基因測序儀器公司億明達（Illumina），以及賈伯斯家族基金等。僅僅一年之後，Grail 的第二輪融資額更是高達 11.75 億美元，由高盛（集團）基金管理投資有限公司領投，著名的風險投資機構凱鵬華盈，以及中國公司騰訊跟投了該項目。此外，世界上一半著名的製藥廠，包括強生、默克和施貴寶等也都參與其中。為什麼一半的金融界、科技界和醫藥界公司會給這樣一家成立時間不長的公司背書呢？因為它的早期癌症檢測技術非常先進。

Grail 的創始人是傑夫‧胡貝爾（Jeff Huber），曾經是谷歌的高級副總裁，主管谷歌最賺錢的廣告業務。胡貝爾之所以放著賺大錢的生意不做，要離開谷歌去創業，是因為幾年前曾經和他共患難的妻子不幸患癌症去世。他在傷心之餘，下決心要尋找更好的癌症早期篩檢辦法。恰巧這時，他擔任董事的億明達公司給了他機會。而這件事情要從億明達幾年前的一個偶然事件說起。

億明達作為全世界最大的基因測序（DNA 定序）設備公司，有十幾萬孕婦的基因數據。在這十幾萬人中，有二十個人的某項數據有點怪。由於人數少，而且這些人也沒有什麼不健康的徵兆，因此沒人在意。

億明達新上任的一位首席醫療官是一位醫學專家，恰巧有一天他無意中看到了這些數據，認為這二十個人都患有癌症。醫生們都不相信，說這怎麼可能，她們都很年輕、很健康。但是這位首席醫療官堅持給她們做了進一步檢查，果然都確診患有癌症。

這件事之後，億明達成立了一個部門，專門致力於利用基因檢測發現早期癌症。而當胡貝爾在谷歌內部開始考慮利用 IT 技術

做早期癌症檢測時，億明達找到了他，讓他把公司內部的研究部門分離出去，於是雙方便成立了 Grail 公司。Grail 這個奇怪的名字在英語裡有一個特殊的含義，就是傳說中的「聖盃」（也被稱為 Holy Grail）。據說，喝了聖盃裡的水，人就能百病不侵，長生不老。

Grail 檢測癌症的方法是透過抽血進行基因檢測。如果人體內出現了癌細胞，死去的癌細胞和被白細胞吞噬的癌細胞會進入血液中，因此，血液裡就會有癌細胞的基因。透過檢測血液裡各種細胞的基因，就有可能在早期發現癌症。當然，這裡面涉及基因的測序和大量的計算，這些也是這項檢測成本最高的地方。目前，Grail 可以透過驗血給出四個結論：

- 是否患有癌症。
- 如果有，病灶在哪裡，因為不同癌症的癌細胞基因不同。
- 如果有，發展的速度如何，一些癌症發展很慢，有些甚至會自癒，但是有些發展很快。
- 如果有，它對放射性是否敏感，對某種藥物是否敏感，這樣就知道如何治療了。

目前，Grail 公司已經能夠準確地發現直徑在 2 公分左右的腫瘤（或者癌變區域），而今天腫瘤在被發現時的平均尺寸是 5 公分，因此，Grail 透過跟蹤人體內基因的技術，比現有的癌症檢測技術已經有了進步。Grail 的目標是在腫瘤小於 0.5 公分時發現它。至於為什麼不能更早地發現癌變，Grail 認為沒有必要，因為人體內時不時地會有基因突變的細胞，但是它們大部分會自癒，不會對我們的身體造成什麼傷害。如果對不必要的病變過度預警，反而會引起人們的恐慌，對健康不利。

說到 Grail 的核心技術，除了基因技術外，最重要的是 IT 技術，

具體說就是機器學習和雲端運算技術。採用驗血測序基因來診斷癌症，基因測序的工作量和後續的計算量非常大。Grail 公司一半左右的科學家和工程師，是來自谷歌的雲端運算和人工智能專家，他們成功地解決了計算的問題，這才使癌症檢測的成本能夠降低到人們可以接受的程度。

該公司預計，在不久的將來，可以將全身癌症篩查的成本控制在五百美元以下。在這樣低的成本基礎上，可以進行全民癌症篩檢，這無疑將極大地改善我們的生活。目前，Grail 已經開始在英國和美國進行癌症篩檢的試驗，並且透過併購香港的早期癌症檢測公司 Cirina，開始在中國華南地區進行相應的研究。

目前，Grail 癌症檢測的準確性雖然還有待提高，但是它的技術水準提升很快。根據該公司的估計，在五到十年間就可以解決大部分癌症的早期篩檢問題，並且可以開始普及。這項技術一旦成熟並普及應用，將會給人類帶來福音。

Grail 技術的核心，其實是對人體基因變化的跟蹤。今天一輛汽車裡面有上百個感測器，監控和跟蹤運行情況，一個噴射發動機裡面有上千個感測器，記錄運行的每一個細節。有了這些跟蹤，就能及早發現機器的隱患，很快解決機器的故障，達到延長使用壽命的目的。但是，我們對自身身體狀態的跟蹤其實才剛剛開始。Grail 的工作其實只是對人體非常複雜的新陳代謝的一種追蹤。在未來，類似的技術還會不斷出現。因此，保健問題在很大程度上就變成了一個信息處理問題。

如果癌症能夠及早地被發現，接下來能否有效治療它呢？這在很大程度上取決於基因技術的發展。

基因編輯的成就與爭議

　　人類對自身的瞭解常常比不上對外部世界的瞭解。早在三百多年前，人類就透過牛頓等人的工作了解了宇宙萬物運行的規律，但是人類瞭解自身遺傳信息的載體，不過是近一百年的事情。在這一百年間，人類瞭解了自身（和所有生物）體內的遺傳物質 DNA 的基本作用，比如它決定了我們是誰，主導著我們身體內的新陳代謝。隨著人類對基因的瞭解越來越全面，以及與之相關的科學的進步與發展，我們會發現基因對整個人類社會的作用遠比想像的大──它會給我們帶來很多驚喜，比如治癒癌症。

　　我們知道，如果正常的細胞發生了某些基因突變，就可能引發癌症。而癌症細胞的基因和正常細胞有所不同，利用這個原理，就能研製抗癌藥。但遺憾的是，不同癌症的基因突變是不同的，而且這種基因變化還和人有關，很難找到一種萬靈藥，可以徹底醫治哪怕一種癌症。今天所謂的抗癌特效藥，其實只能做到對一部分患者非常有效，副作用較小，對另一些人，可能副作用比療效更大。這是癌症難以治癒的第一個原因。

　　癌症很難治癒的第二個原因是癌細胞本身的基因也會變化。既然癌細胞是在複製的時候基因出了錯，就有可能第二次、第三次出錯。因此，對一個患者，即便一開始為他找到了一種有效的抗癌藥，但是如果癌細胞基因再次發生突變，曾經管用的藥物也會變得不管用。我們經常會聽到這樣的故事，有的人得了癌症後，一直控制得很好，病情穩定，一些人甚至看上去已經痊癒了，但是忽然有一天，他的病復發了，然後病情變得無法控制，很快就過世了。這其實是因為癌細胞本身的變化造成的。

　　當然，如果能有一個團隊專門根據患者特定的基因為他研製一款新藥，那麼是可以維持他的生命的，但是這樣做的成本高達十億美元以上。所幸的是，結合大數據和基因技術，可以低成本地解決個人化製藥的問題。目前，在人和動物身上發現的可能導致腫瘤的基因錯誤只有幾千種，所有的癌症不過上百種，即使考慮導致癌變的基因複製錯誤和各種癌症的全部組合，也不過在百萬數量級，這個數量對於 IT 領域來說是非常小的，但是在醫學領域則近乎無窮大。如果利用大數據技術，在這上百萬種組合中找到各種真正導致癌變的組合，並且對每一種組合都找到相應的藥物（這個工作量又大到必須依靠機器智能），那麼所有可能的病變都能夠得到治療。

　　未來，醫治癌症的方法可能是這樣的：針對不同人不同的基因病變，只要從藥品庫中選一種藥即可，比如對某個患者，醫生給他開了第1203號抗癌藥物，如果發生新的病變，經過檢查確認後，改用第256號藥品……這樣並不需要每一次重新研製藥品。雖然開發出這麼多種抗癌藥的總成本不低，但是如果攤到全世界每一個癌症患者身上，就不會很高。據《麻省理工學院科技評論》報導，只需要人均五千美元。[1] 如此一來，癌症就變成了像感冒一樣的普通疾病，不再對生命產生威脅。

　　當然，還有人從另一個角度考慮治療癌症和眾多疾病的問題。

　　既然很多疾病是因為我們的基因「變壞了」，那麼我們能否把「壞掉的」基因修改好呢？這不僅可以治病，或許還能讓我們變得更聰明，身體更加健康。因此，修復基因的基因編輯技術近年來不僅成了非常熱門的研究課題，也成了不斷在媒體上曝光的熱議話題。人們覺得，只要能修復好有缺陷的基因，就能讓各種絕症得到治癒，但是這件事遠不像人們想像的那麼簡單。

　　修改基因這個想法和嘗試其實人類很早就有了。當然，科學家最初的目的並不僅限於治病，而是有很多應用。要修改基因，首先需要能夠將基因剪成一段段的。基因很小，剪斷基因當然就需要非常小的、分子級別的剪刀。20世紀60年代，遺傳學家、分子生物學家梅瑟生（Matthew Meselson）和微生物學家、遺傳學家亞伯（Werner Arber）就發現了「限制性核酸內切酶」（restriction enzyme，也被稱為「限制酶」），它能夠將DNA長鏈從需要的地方切開。由於對限制酶的發現和相關研究工作，1978年，亞伯與美國微生物學家那森斯（Daniel Nathans, 1928-1999）、史密斯（Hamilton O. Smith）共同獲得諾貝爾生理學或醫學獎。

　　我們在第八章提到了人工合成胰島素，這其實就是基因技術在醫學上很好的應用。這種合成的胰島素今天作為治療糖尿病的主要藥品，極大地改善了成千上萬糖尿病患者的生活品質，並延長了他們的壽命。基因泰克和其他公司在應用基因技術方面的工作，派生出了一個新的工程領域——基因工程，而它們所用的技術，其實就是今天所說的基因改造。

　　今天大家對基因改造的爭議，其實並不是在基因泰克這種合成胰島素或其他生物製藥方面，而是在利用剪斷和拼接基因的技術創造出新的物種方面，例如諸多基因改造的食品。自然界的物種，無論是動物還是植物，都不是完美的，比如很多植物就缺乏抗病蟲害的基因，一些魚類也缺乏抗病基因。當人類知道什麼樣的DNA序列具有上述功能，就人為地加到原有物種之上，由此得到抗病蟲害的物種。這種做法的好處顯而易見，人類可以得到廉價的食品。但是這件事本身依然有爭議——不僅是在科學和倫理上的爭議，也反映出背後各種巨大的利益，既有商業上的利益，也有科學家所爭的名譽上的利益。

當然，今天人們所談論的編輯修改身體裡的基因雖然也是改變基因，但人們不會把它和上述基因改造相混淆，畢竟人類還不想把自己改變成新的物種。人們所關心的是，能否把體內那些致病的基因，比如導致癌變或者心血管疾病的基因修復好，使我們免於罹患癌症和其他疾病。這件事情從理論上說是完全有可能的，但是以目前的技術，做起來仍非常困難。

首先，雖然我們知道一些疾病和基因有關，但是由單個基因出錯引起的疾病並不多，比如色盲和血友病。大部分疾病都是由很多基因組合錯誤引起的，比如癌症和心臟病。前者透過基因編輯（或者重新注入健康的幹細胞）比較容易醫治，而後者還有很長的路要走，因此我把它歸結為明天的科技。

人類透過修復基因治療疾病的想法，其實早在20世紀70年代就有了。但是，這個問題實在是太複雜了，以致二十年後FDA才批准臨床試驗。在接下來的十年裡（1990-2000），全世界陸續有少量的臨床試驗獲得成功，比如1993年美國加州大學洛杉磯分校的科恩（Donald B. Kohn）教授利用基因修復技術治療了一名先天沒有免疫功能的嬰兒。[2]這個小孩因為基因缺陷無法產生免疫系統所需的一種酶，如果不救治很快就會死亡。科恩的辦法是用一種病毒將一段正常的基因替代患者幹細胞中錯誤的基因，然後得到正常的幹細胞，再將這種幹細胞注回小孩的體內。這個小孩從此就有了免疫力，但是，四年後他的免疫力又消失了，需要再來一遍。到2000年，全世界一共有兩千例基因修復，有些成功了，但很多並不成功。

在接下來的十年裡，基因修復的臨床試驗進展非常緩慢，很重要的原因是1999年一系列失敗的臨床試驗讓科學家認識到，基因修復遠比想像的複雜得多。這一年，醫生們給一個名叫基爾辛格（Jesse

Gelsinger, 1981-1999）的年輕人做了基因修復。基爾辛格缺乏一種消化酶，使得他體內的氨氣無法排出，時間長了會中毒，因此只能吃低蛋白的食物，並且要定期服藥。那一年，醫生成功地透過基因修復恢復了猴子和狒狒體內消化酶的產生，於是開始做人體的臨床試驗。醫生們將帶有正確基因的病毒注入基爾辛格體內，他有基因缺陷的肝臟細胞得到了修復，但是不該被影響的免疫細胞（巨噬細胞）也被感染了，導致整個免疫系統失控，基爾辛格很快便死亡了。

為什麼基因修復會產生這樣的結果呢？其實這很容易理解。比如說我們要用 Word 編輯一份文件，發現裡面有很多「地」字寫成了「的」字。一個簡單的辦法就是用編輯器裡面的取代功能，將所有的「的」替換成「地」即可。但是這樣會帶來新的問題，那就是很多地方本來就該用「的」而不是「地」，比如說「目的」中的「的」。過去的基因修復遇到的問題就是如此，本來正確的反而被改錯了。不僅在美國，在歐洲，醫學人員也遇到了很多基因修復的副作用病例，一些還是致命的。比如歐洲為了醫治兒童先天免疫功能缺乏，進行了基因修復，二十人中有五人因此得了白血病，因為正常的細胞被改成了癌細胞，其中一人很快死亡。因此，2003 年，FDA 終止了所有的基因修復臨床試驗。

2012 年，事情有了轉機，歐洲成功地用基因修復技術治好了一些罕見的疾病。2017 年，FDA 又重新批准了使用基因編輯技術治療癌症的臨床試驗。

今天，最為成熟的基因編輯技術是 CRISPR-Cas9 技術。CRISPR 是一個非常長的英語詞組（clustered regularly interspaced short palindromic repeats）的首字母縮寫，翻譯成中文的意思是「常間迴文重複序列叢集」。當然這個新名詞並不比 CRISPR 本身更容易理解，

它其實是在細菌（和古菌）身上發現的一種免疫系統——當病毒入侵細菌體內，並且將自己的 DNA 嫁接到細菌的染色體後，這個系統會啟動，並找到病毒的 DNA，然後不動聲色地把它們從自己的染色體上切除掉。而 Cas9 是 CRISPR 用來切掉目標 DNA 的工具，即一種酶。既然 CRISPR-Cas9 本身具有切除和修復基因的功能，其原理是否可以用於人類和動物基因的修復呢？

從 2010 年開始，詹妮弗·杜德納（Jennifer Doudna）、埃馬紐埃爾·夏彭蒂耶（Emmanuelle Charpentier）和美籍華裔科學家張鋒各自開始獨立探索利用 CRISPR-Cas9 進行基因編輯。其中杜德納和夏彭蒂耶獲得了 2015 年突破獎*中的生命醫學獎，而張鋒的工作在2013 年被《科學》雜誌評為當年十大科技突破之首。同年，張鋒等人成立了 Editas 醫藥公司（Editas Medicine Inc）。這家公司既不銷售產品，也不研製藥品和治療方法，只是提供技術服務，於 2016 年上市，而且市值高達二十億美元（2017 年底）。這說明全世界對這項技術的前景非常看好。

隨著我們對自己的基因越來越瞭解，我們就越來越能夠把握自己的未來，比如容易得糖尿病或者某種癌症的人，及早防治，就會有效地延長生命。至於何時能夠透過修復 DNA 治療疾病，現在還處於臨床階段，但是在十到二十年內這項技術應該有比較廣泛的應用。

從本質上說，基因檢測是人體信息的發現，個性化製藥是人體信息的應用，基因編輯是人體信息的修復，因此，今天的生物醫藥科學也是信息科學。

---

* 突破獎由布林夫婦、祖克伯夫婦、米爾納夫婦（俄羅斯著名投資人）以及馬雲夫婦設立。這是迄今為止金額最高的科學獎項。和諾貝爾獎不同的是，它所授予的研究成果強調新穎性，而不是看是否已被證實或產生效益。

　　當人類不斷繁衍，人口越來越多，壽命越來越長，創造能量和使用能量的水準越來越高時，我們可以看到文明進步。但是在進入工業化社會之後，也帶來一個相反的結果，就是我們的地球可能因為人類活動而不堪重負，並且過快地消耗掉經過萬億年才積累起來的化石能量。雖然今天有很多可再生性能源可供使用，但是它們同樣會帶來新的問題：水能的利用會嚴重影響環境和生態的平衡，太陽能板本身的製造和銷毀就伴隨著高能耗和高汙染，風力發電的不穩定性和輸電問題使得風電難以利用。要維持人類科技水準和文明程度繼續高速發展，需要有更大、更清潔的能量來源。

可控核融合還要多久

　　1964年，蘇聯天文學家尼古拉‧卡爾達舍夫（Nikolai Kardashev）提出了一種劃分宇宙中文明等級的方法，即以掌握不同能量等級為標準，具體如下：

- I 型文明：掌握文明所在行星以及周圍衛星能源的總和。
- II 型文明：掌握該文明所在的整個恆星系統（太陽系）的能源。
- III 型文明：掌握該文明所在的恆星系（銀河系）裡面所有的能源，並為其所用。

　　很顯然，人類連 I 型文明也沒達到，因為人類還未能控制地球上能夠產生的最大的能量——核融合。

　　愛因斯坦早在1905年就指明了人類可以獲得的最大的能量所在，即將物質轉化成能量。原子彈中的核裂變，以及氫彈中的核融合，都是遵循這個原理。人類控制核裂變是在原子彈誕生之前，因此在二戰後，人類很快就開始利用核裂變發電了。比核裂變更有效

獲得能量的是核融合。核融合的原理和太陽發光的原理相同，它是將原子量較小的元素（在元素週期表中必須排在鐵前面）快速碰撞，變成原子量較大的元素。在這個反應中，因為有質量的損失，所以將產生巨大的能量。

核融合比核裂變有很多優勢。首先，從理論上講，在同等質量下，核融合所產生的能量比核裂變高出上百倍，這也是氫彈的當量要比原子彈高出上百倍的原因。其次，核融合所需的材料氘和氚在海水中大量存在，一公升海水中的氘和氚如果完全發生核融合反應，釋放的能量相當於三百公升汽油的能量，這種能量可以說取之不盡，用之不竭。而用於核裂變的放射性元素在地球上的含量很有限。最後，核融合反應沒有放射性，因此更安全。目前人類對核電站最大的擔心是萬一出現故障而導致的核輻射。但遺憾的是，人類在發明核融合武器氫彈之後六十多年，依然沒有能力控制核融合反應。

最早提出核融合的是著名的美籍俄羅斯物理學家喬治·伽莫夫，他在1928年，即人類發現核裂變之前就提出了核融合的理論。伽莫夫認為，當兩個核子足夠接近時，強作用力可以克服靜電力（也稱為庫侖障壁）結合到一起。一年後，英國物理學家羅伯特·阿特金森（Robert d'Escourt Atkinson, 1898-1982）和德國物理學家弗里茨·霍特曼斯（Fritz Houtermans, 1903-1966）根據伽莫夫的這個理論，預見了當兩個輕原子核中高速度下碰撞時，可能會形成一個更重的原子核，並且釋放出大量的能量。1933年，英國科學家馬克·奧利芬特（Mark Oliphant, 1901-2000）發現用氫的同位素重氫和超重氫（拉塞福把它們稱為氘和氚）的原子核發生反應，可以獲得巨大的能量。二戰之前，伽莫夫和美籍匈牙利科學家愛德華·泰勒（Edward Teller, 1908-2003）推導出了進行核融合反應所必需的條件，即極高

的溫度。在人類製造出原子彈之前，根本無法達到核融合所必需的高溫，因此這項研究一直沒有進展。原子彈被研製出來後不久，泰勒就利用原子彈爆炸形成的高溫，實現了核融合。1952年，第一顆氫彈試爆成功，其原理就是核融合。人們發現，氫彈釋放的能量是同樣質量的原子彈的幾十倍（由於氫彈可以做得比原子彈大，真正大氫彈的威力是後者的上百倍，甚至上千倍），但遺憾的是，氫彈裡的核融合反應是不可控的，釋放的能量無法利用。不過，人類從那個時候開始，就致力於可控核融合的研究。

核融合反應需要幾百萬度的高溫。在這樣的溫度下，沒有任何容器可以「盛」參加反應的物質，因此，人類一方面知道地球上最多的能量所在，另一方面卻無法利用。

我們都知道物質有三態：固態、液態和氣態。其實當物質的溫度高到一定程度後，就會處於電漿（等離子體）狀態，這時電子基本上和原子核分開，處於游離狀態的原子核就可以互相接近，開始核融合反應。於是科學家就想到產生出高溫的電漿，讓它們進行核融合。至於怎麼才能盛得住這樣高溫的物質，英國物理學家、諾貝爾獎得主喬治・佩吉特・湯姆森（George Paget Thomson, 1892-1975）在1946年提出，利用自束效應＊使電漿離開容器壁，並加熱到熱核反應所需溫度來實現可控核融合反應。再後來，著名物理學家塔姆（Igor Tamm, 1895-1971）和薩哈羅夫（Andrei Sakharov, 1921-1989）提出，在環形電漿中通以巨大電流，所產生的強大的極向磁場和環

＊ 根據電磁感應原理，電流會在其周圍空間建立磁場，使得相互平行的載電導體或者帶電粒子束相互吸引。若載電導體是液體或電漿，則由於離子的運動所產生的磁場可使導體產生收縮，猶如其表面受到外來力，產生向內的壓力。導體的這種收縮稱為「自束效應」。

向磁場一起形成一個虛擬的容器，可以將電漿約束在磁場內部。根據這個原理，物理學家發明了一種被稱為托卡馬克（Tokamak）的可控核融合裝置。Tokamak 一詞是俄文單字環形（тороидальная）、空腔（камера）、磁（магнитными）和線圈（катушками）的縮寫，它最初是由蘇聯的阿齊莫維奇等人發明的。

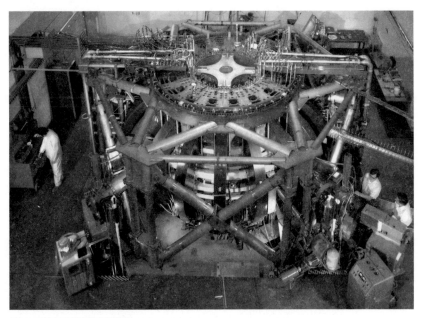

圖10.1 托卡馬克核融合裝置

托卡馬克雖然可以產生能量，但是維持強大的磁場卻要大量消耗能量，因此從產生能量的效率來說，目前所有的托卡馬克裝置都是得不償失的。不過好消息是，產生能量和消耗能量的比值（被稱為 Q 值）在不斷上升，也就是說，科學家可以用更少的電能產生出更多的核能。此外，在核融合反應中，產生的能量大約有五分之一可以利用，也就是說，Q 值必須大於 5，消耗的能量和獲得的能

量才平衡。再考慮到熱能轉換成電能，電能再轉換成磁場的過程損失，國際上公認的能量收支平衡點 Q 必須達到 10 以上。而要使得核融合發電具有商業競爭力，則 Q 值需要達到 30。因此，目前實驗階段的核融合和實用相去甚遠，樂觀估計還需要三十到四十年。

另一種實現可控核融合的方法是採用極強的雷射光束打在固態氫原子靶球上，讓它們發生核融合反應，不過產生極強的雷射光本身也需要巨大的能量。2014 年 2 月，美國勞倫斯利弗摩國家實驗室的科學家宣布，經過數十年的研究，他們在雷射光可控核融合方面取得了重大突破，核融合產生的能量第一次超過了激發核融合所需的能量。當然，這項技術距離實用還有非常大的距離，比如目前的成本高得讓人難以接受。除了設備造價高昂之外，原料的成本也很高。就拿固態重氫或者超重氫來講，因為要求絕對圓，一個直徑 2 毫米的靶球造價就高達百萬美元，不過勞倫斯利弗摩國家實驗室的成功至少讓人類看到了利用可控核融合獲得能量的希望。

在歷史上，科學家們有好幾次覺得看到了可控核融合的曙光，但是隨後的十幾年又證明路途還很遙遠。漸漸地，很多人對它就不太抱希望了。然而，很多時候技術的突破就在一瞬間，此前沒有任何徵兆，或許核融合就是如此。

實現可控核融合的意義遠不止獲得足夠多清潔能源那麼簡單，而是標誌著人類文明水準將達到一個新的高度。目前採用化石能量推進的火箭最多把人送到火星或者金星附近的距離，不可能完成飛出太陽系的使命。如果人類能夠像控制火一樣自由地控制核融合，至少在能量方面可以讓人類在太陽系內自由地航行。

人類在挖掘和使用能量時，會帶來很多好處，但是也帶來了問題，比如今天大家擔心的汙染和全球暖化問題。而那些問題需要用

新的技術來解決，而不是簡單退回到過去。目前人類一年的發電量（2017）不過25拍瓦時，[3] 相當於太陽十分鐘照射到地球的能量。從人類目前利用能量的水準來看，技術發展的潛力還非常大。類似地，信息的利用也會帶來巨大的負面作用，而人類也需要新的信息技術解決相應的問題，這個前景同樣廣闊。

「新生產關係」區塊鏈

今天我們一方面享受著網際網路和大數據所帶來的好處，另一方面也擔心數據被盜所造成的傷害，而這件事情顯然不是杞人憂天。2017年，美國爆出三大徵信機構之一的艾可飛（Equifax）遭到駭客攻擊，導致1.43億用戶的個人信息（美國總人口為3.2億）洩漏，幾乎每個有信用記錄的成年人都「中槍」了。甚至有不法之徒使用別人的信用記錄開辦信用卡，然後刷卡不還錢，已經對社會造成了巨大的危害。在未來，能否一方面使用每個人的數據，另一方面卻無法得知那個人是誰呢？這是可能的，今天非常熱門的區塊鏈技術就有望實現這種想法。

區塊鏈在今天是一個非常熱門的詞彙。那麼什麼是區塊鏈呢？簡單地說它是一個不斷更新的帳本，我們不妨以它今天最普遍的應用比特幣來說明這個帳本是如何工作的。區塊鏈的英文是 block chain，顧名思義，它有兩層含義，即一個區塊（block）和一個鏈條（chain）。一個比特幣在被創造出來的時候，需要記下它原始的信息，這些信息儲存在區塊中，其中最重要的信息是這個比特幣的密碼，即一長串隨機數字，它是比特幣的標識。外界不知道這個密碼，只有比特幣的擁有者知道，因此它也被稱為私鑰。在交易時，比特幣

的接受者會得到一個公鑰，用以驗證擁有者對比特幣的所有權，但是接受者無法透過公鑰得知相應比特幣的私鑰。因此除非交易完成，否則接受者拿不走所有者的錢。如果比特幣的交易完成，從所有者的手裡交到接受者的手裡時，系統就會為接受者產生一個新的密碼，而擁有者的密碼就作廢了，區塊鏈帳本就記錄下這個交易。當然，它同時要通知整個網際網路，這個比特幣已經換主人了。

從這個過程中能夠看出區塊鏈的一個特點，即擁有它和驗證它是兩回事。絕大部分時候，使用數據並不需要擁有它，只需要能驗證它的特性，比如在醫學上做的任何統計工作就是這樣。在比特幣受到關注之後，很多密碼學家開始研究區塊鏈，這極大地提升了它的安全性和使用的便利性，使得它在未來有可能成為一種安全的數據儲存和使用平台。

區塊鏈中的區塊，還可以被看成是一種智能合約，而這種合約一旦達成，就可以一步步地被執行，但是原始的合約本身無法更改，這種性質可以解決今天商業上的很多糾紛。在這樣的合約中，交易的細節可以規定得很具體，然後自動執行，我們平時經常遇到的拖欠款項及交易過程中可能產生的人工費問題就可以迎刃而解。

如果我們說人工智能代表一種新的生產力，那麼區塊鏈就更應該被看成是一種新的生產關係，而不僅僅是一種虛擬貨幣的載體。作為一種生產關係，它需要重新定義生產關係中的三個要素。

首先是所有制形式的改變。區塊鏈強調去中心化，其實就是淡化原來集中控制網際網路資源的大公司的作用，只有所有制形式改變了，才能從根本上解決數據和其他網際網路資源所有權和使用權的問題。當然，這不等於說大公司不能透過它們的雲端運算中心提供區塊鏈服務，但是對大公司壟斷的打破將使得大公司的話語權有所減弱。

其次是分配制度的改變。區塊鏈的一個最重要的功能就是記帳，它可以非常準確地記錄經營活動中每一方的貢獻，並且透過虛擬貨幣化的形式分配利益。今天所有 ICO（Initial Coin Offering，首次代幣發行）的賣點都在這一點上。

最後，在經營活動中，各方的地位和關係更加合約化。現代商業和工業的一個特點就是由簡單的雇傭關係變成各盡其職的契約關係。但是由於生產資料所有權和資源的不對稱，契約雙方並不是平等的，而契約的執行也難有很好的監督和保障。區塊鏈本身也是一種智能合約，從理論上講，它能提供一種更公平合理的契約形式。

從理論上講，利用區塊鏈能解決今天在網際網路、數據和商業上遇到的很多問題，但是從技術上講，以比特幣協議為代表的第一代區塊鏈技術還有很多缺陷，比如交易的成本極高，雖然宣傳區塊鏈技術的人總是說它的成本低。此外，目前的區塊鏈技術能夠支持的交易頻度也很低，無法支撐大量的查詢、訪問、跟蹤和交易。這兩點決定了目前它既不能用於證券交易，也無法進行購買商品時的結算。所幸的是，在比特幣的協議被證明可行之後，很多密碼學家開始投身區塊鏈技術的升級，同時一些大公司也開始投入技術力量幫助提高區塊鏈的效率，這就誕生了以以太坊（Ethereum）為代表的第二代區塊鏈。這一代區塊鏈技術相比前一代，更像是一種平台技術，它讓使用區塊鏈的人可以在上面做二次開發，解決實際問題。當然，前面提到的效率和成本問題，依然沒有很好地解決。不過，隨著開源社區和大公司對它投入的增加，區塊鏈技術在未來十年內開花結果是有可能的。

除了算法的進步能夠解決信息安全的難題，以及很多相關的問題，新的通信手段也能從另一個角度解決這些問題。

利用量子通信實現數據安全

今天我們每天都在和數據打交道，因此數據的安全就變得非常重要。到目前為止，還沒有絕對的信息安全，數據洩漏的事情時有發生。

數據的丟失無外乎發生在兩個地方，數據源和傳輸過程中。即使能夠保證數據安全地存取，不被盜用，是否也能保證在傳輸過程中不被截獲呢？這個問題換一種問法就是，是否存在一種理論上無法被破譯的密碼呢？其實，信息理論的發明人夏農早就指出，一次性密碼從理論上說永遠是安全的。但這裡面依然存在一個問題，就是信息的發送方如何將加密使用的密碼通知接收方。如果密碼本身的傳輸出了問題，加密就無從談起了。

近年來，比較熱門的量子通信技術便試圖解決上述問題。

量子通信的概念來自量子力學中的量子糾纏（quantum entanglement），即一對糾纏的粒子，其中一個狀態改變時，另一個狀態也會改變。因此，利用這種特性可以進行信息傳播。但是這僅僅在很有限的實驗裡被證實，離應用還很遠。今天所說的量子通信實際上是另一回事，它是一種特殊的雷射通信，在這種通信中，利用光子的一些量子特性，具體說是偏振的特性，來傳遞一次性加密的密碼。當通信雙方有了共同的一次性密碼，而又不被第三方知道，可靠的加密通信就實現了。這個過程也被稱為量子密鑰分發（quantum key distribution，QKD），其原理是利用光子的偏振方向進行信息傳遞。在傳遞的過程中，發送方和接收方透過幾次通信彼此確認偏振光方向的設置，實際上相當於雙方約定好了一個密碼，而這個密碼只使用一次。

接下來就是透過調整偏振光的方向發送加密信息，而接收方在

接收到信息後，則用約定好的密碼解碼。

在傳輸的過程中，如果中間有人試圖檢測光子的偏振方向，它原來的狀態就會改變，信息就會產生錯誤。當接收方接收到帶有大量錯誤的信息時，就知道有人試圖截獲信息，可以馬上中斷通信。由於密碼只使用一次，根據夏農的理論，只要密碼足夠長，它就是完全無法破譯的。

但是，量子通信絕不像很多媒體說的那樣是萬能的，假如通信衛星真的被駭客攻擊了，或者通信的光纖在半途被破壞了，雖然通信的雙方知道通信過程出現問題，能夠及時中斷通信，不丟失保密信息，但是就不能保證信息被送出去了。就如同情報機關雖然抓不到對方的信使，卻能把對方圍堵在家裡，不讓消息發出。但不管怎樣，量子通信還是給我們帶來了加密通信的一種新選擇。

量子通信的概念早在20世紀80年代就被提了出來，上述量子密鑰分發協議也被稱為BB84協議，其中84代表協議最後定稿的時間。從2001年開始，美國、歐盟、瑞士、日本和中國先後開始了量子通信的研究，通信的距離從早期的十公里左右發展到了今天的一千多公里。[4] 但是，要想進行長距離、高速度的通信，還有很長的路要走，離應用至少還有十年甚至更長的時間。

可想像的未來科技

對於21世紀的科技發展，我們唯一能夠準確預言的就是它的進步速度和成就的數量要遠遠高於20世紀。人類通常會高估一到五年的科技進步速度，而低估十到五十年的發展水準。在21世紀，會有很多今天尚在萌芽階段，甚至還沒有出現苗頭的科技成就，我們無法將它

們一一列舉出來，畢竟生活在今天的人很難想像未來的世界。不過，從我們今天的需求出發，根據今天已經有的技術積累，沿著能量和信息所提示的方向，至少可以看到下面一些比較重要的研究領域。

■IT器件的新材料

在過去的半個多世紀裡，人類的發展在很大程度上依賴於半導體技術的進步，或者說過去的半個多世紀是摩爾定律發揮作用的時代。摩爾定律一方面體現了信息技術的進步，另一方面可以看成是人類利用能量效率的提升。同樣的能耗，人類可以讓電腦處理和儲存更多的信息。

但是，隨著半導體積體電路的密度越來越高，它內部的能量密度也在不斷提高。今天的半導體芯片單位體積的功耗，已經超過了核反應爐內部單位體積的功率，同時，積體電路所消耗的絕大部分能量，都浪費在控制發熱上，沒有用於計算。同時，為了給大型電腦設備降溫，又需要耗費更多的能量。今天，能耗已經成為信息技術發展的瓶頸，對此，我們每一個使用手機的人都有體會。

要解決這個問題，沿用今天的技術是辦不到的，需要有革命性的新技術。在諸多未來的新技術中，可以分為開源和節流兩類。開源技術包括使用能量密度更高的供電設備，比如電極距離非常近的奈米電池；而在節流方面，幾乎不用能量的拓撲絕緣體被看成是有可能取代矽成為未來信息技術的新載體。這種表面呈現超導*特徵，而內部是絕緣體的新材料，其原理是物理學上的量子-霍爾效應（quantum Hall effect）。

---

* 超導性指在某一溫度下，電阻為零。

　　量子霍爾效應即量子力學版的霍爾效應，* 需要在低溫強磁場的極端條件下才可以被觀察到，此時霍爾電阻與磁場不再呈線性關係，而出現量子化平台。包括史丹佛大學著名物理學家張首晟教授在內的學者們已經在理論上證明了拓撲絕緣體的存在。

　　2016 年的諾貝爾物理學獎就被授予了在拓撲絕緣體領域研究的三位物理學家：戴維・杜列斯（David Thouless）、鄧肯・哈爾丹（Duncan Haldane）和邁克爾・科斯特利茨（Michael Kosterlitz）。當然，找到製作這種材料的方向，並且將它們用於產品，還有很長的路要走。

■星際旅行

　　2018 年 2 月，SpaceX（美國太空探索技術公司）的重型獵鷹運載火箭成功發射，讓很多人又一次燃起了登陸火星的激情，一時間這件事成了關心科技的中國讀者熱議的話題。不過，這件事情在海外得到的回饋卻和中國截然相反，比如英國著名的《衛報》是這樣評論的：

　　觀看一個億萬富豪花費九千萬美元把一輛十萬美元的汽車送入太陽系的盡頭，沒有比這更能體現21世紀全球不平等的悲劇了。

　　你可以說這段文字寫得酸溜溜的，但是它陳述了一個事實，就

---

* 霍爾效應是電磁效應的一種，這一現象是美國物理學家霍爾（E.H.Hall, 1855-1938）於1879年在研究金屬的導電機制時發現的。當電流垂直於外磁場通過半導體時，載流子發生偏轉，垂直於電流和磁場的方向會產生附加電場，從而在半導體的兩端產生電勢差，這一現象就是霍爾效應。

是在阿波羅計畫實施五十年之際，人類並沒有在載人航太領域取得什麼突破性的進展。對於 SpaceX 的重型獵鷹運載火箭技術，中外航太專家都不看好。但是，SpaceX 創始人馬斯克的另類航太思路，倒是給了各國政府支持的航太機構一個啟發，即能否回收火箭，透過重複使用來降低火箭發射的成本，讓航太變得有利可圖，從而得到長期可持續性的發展，而不是像當初阿波羅計畫那樣舉一國之力，做一些象徵意義大於實際意義的事情。

人類探索太空的意義非常重大，除了滿足好奇心，從長遠來說，還需要為人類找到地球的備份系統。但是，星際旅行對於人類自身來講是難以完成的任務，因為在地球上演化了上百萬年的人類並不適合長期在太空生活，而移民到哪怕是條件和地球很相似，離地球距離不算太遠的火星，都不是一件容易的事情。按照阿波羅計畫的思路進行載人火星飛行是不現實的，人類必須在能量利用和信息利用上有質的飛躍，才能實現這個任務。

早在完成阿波羅計畫之後，馮・布勞恩就考慮過使用核動力火箭進行登陸火星的探索，並提出了名為 NERVA（Nuclear Engine for Rocket Vehicle Application）的火星計畫，很多技術都已試驗成功，但是由於成本太高而被尼克森總統否決了。載人航太在冷戰之後被各國放在了科技戰略中不重要的位置還有一個原因，就是遠程通信、人工智能和機器人技術的發展，使得很多原本需要人完成的任務可以由機器人完成了，比如火星的早期探測。如果人類在未來真的會親自到火星探索，就需要先搭建供人類居住的火星站，這件事也將交給機器人去完成。

如果按照這種方案實施人類的星際探索，SpaceX 的低成本、重複使用火箭的做法就變得非常有意義，因為在人類真正進入載人星

際探索之前，會由機器人打前站。在人類大航海時代，從歐洲到美洲早期的殖民者，如果沒有當地原住民的幫助是無法生存和立足的，而在未來的星際探索中，或許那些被人類事先派去工作的機器人，將扮演太空移民時代原住民的角色。

我們在前面講到，只要人類掌握可控核融合技術，星際旅行的能量將不是問題。在太陽系內，有足夠多可供核融合的氫元素供我們使用（木星的主要成分就是氫）。

■人造光合作用

如果人類想在火星或者其他沒有生命的星球上長期生存，就需要解決食品問題，而從地球上運輸食品並非好的解決辦法。今天，技術能夠實現的一個解決辦法就是透過人造光合作用，利用太陽光直接將水和二氧化碳，在奈米催化劑的作用下，合成出澱粉等碳水化合物（或者碳氫化合物）和氧氣。這項技術的可行性不但在幾家實驗室裡（包括哈佛大學、美國能源部的人工光合作用聯合中心）已經被證實，而且透過以奈米材料為催化劑的人工光合作用，能量轉換率可以達到植物光合作用的十倍左右（分別為 10% 和 1%）。這項技術不僅可以為太空旅行的人類提供能源和食物，還能徹底解決因二氧化碳含量上升引起的全球氣候暖化問題，並且能夠在很大程度上解決人類所需的能源。

很多人覺得太陽的能量強度不夠，這其實是一個誤解。太陽能到達地球大氣層的總功率大約是 170 拍瓦，[5] 相當於八百萬座三峽水電站的發電能力。到達火星表面的太陽能總功率也高達 20 拍瓦，對於人類在那裡生存來講是綽綽有餘的，關鍵是如何利用那些能量。

■延緩衰老

隨著醫學的進步和全社會保健水準的提高，人類的壽命在不斷延長。根據聯合國2008年做出的預測，到2020年前後，世界人均壽命會超過七十歲，而發達國家會超過八十歲。而僅僅在半個世紀之前，即20世紀60年代末，世界人均壽命還只有五十五歲左右，發達國家也沒有超過七十歲。由此可見人類平均壽命增長之快，而這又讓人們對人類未來的壽命有了更高的期許。

今天，很多人一直有這樣一個疑問：如果我們能夠編輯自己的基因，是否能夠長生不老呢？對於這個問題簡單的回答是：完全沒有可能。

雖然絕大部分人不想死，但是不得不接受人終究難免一死的宿命。一些富豪雖然投入巨資試圖找到導致衰老的基因，從而逆轉衰老的趨勢，但是在可預見的未來，這種努力是不可能有結果的。我曾經專門請教過約翰‧霍普金斯大學、麻省理工學院、人類長壽公司（Human Longevity）、美國國立衛生研究院（NIH）、基因泰克公司，以及Calico（谷歌成立的一家生物科技公司）的一些頂尖專家，詢問他們透過基因編輯或者基因修復能否讓人的壽命突破目前的極限（最新研究表明，正常人壽命的極限可能是一百一十五歲，[6] 極個別超過這個年齡的人只是個案。當然這個極限也帶有爭議，並非醫學界一致的看法），答案都是否定的。用基因泰克公司前CEO、Calico公司現任CEO李文森博士的話說，衰老最後體現在人類身體的全面崩潰，就像一面千瘡百孔要倒的牆，即使能修好一兩個基因，也不過是堵住了一兩個小洞，對那面要倒的牆沒有多大幫助。因此，人到了年齡，諸多毛病遠不是修復一兩個病變基因就能解決的。李文森博士認為，

即便人類能夠治癒癌症，也不過是將人均壽命延長3.5歲而已*。

　　人類人均壽命提高之後，另一個大問題就是會出現大量與衰老相關的疾病。在過去的十多年裡，導致美國人死亡的前四種疾病中，心血管疾病、癌症和中風這三類疾病的死亡率都在下降，唯獨和衰老相關的疾病（諸如阿茲海默症）在上升。李文森博士認為，最有意義的事情，是找到那些導致人類衰老的原因，防止病變甚至修復一部分機能，讓人能夠健康地活到一百一十五歲，最好直到生命的前一天還非常健康。因此，美國未來學家庫茲韋爾（Ray Kurzweil）說要堅持到人能夠永生的那一天，可能更多是安慰自己罷了。比長生不老更有意義的可能是延緩衰老，讓每一個人過得更好。

　　在最後的這一章裡，雖然我們展望了21世紀的科技發展，但是實際上我們的眼光也只能看到十年，至多二十年之內的事情，即所謂的可預見的未來。雖然科幻小說家可以就五十年後的事情不受限制地狂想，但是這其實沒有多大的現實意義。2017年底，俄羅斯開封了五十年前的時間膠囊，裡面有蘇聯人給今人的五封信。當時人們對今天的暢想完全侷限於當時的技術水準，對於當時快速發展的太空技術期望過高，而對於網際網路和行動通信技術完全沒有提及，因為蘇聯幾乎沒有電腦網路。因此，今天談論五十年後的科技，也難以做出準確的判斷。我們唯一能知曉的是，人類能夠掌握更多的能源，利用更多的信息。

---

* 大部分人並非死於癌症，因此治癒癌症對人類平均壽命的提高意義很有限。

| 後 記 | # 人類歷史最精彩的部分
是科技史 |

今天介紹科技的書籍已經很多了，各種歷史書也不少，但是我為什麼還要寫這本《全球科技大歷史》呢？促使我下決心動筆寫這本書的原因有這樣四個：

第一，瞭解科技的歷史很重要，而市面上又缺乏一本給大眾閱讀的科技史圖書。因此我希望透過這本書傳達一個信息，即人類歷史最精彩的部分是科技史。

雖然人類自有文字記載以來所記述的歷史可謂跌宕起伏，精彩紛呈，但是，如果對比一下從西元前後一直到工業革命開始之前人類的生活水準，你就會發現，其間其實沒有什麼實質性的改善。根據英國歷史學家安格斯的研究，西方的人均 GDP 不過是從六百美元增加到了八百美元左右，東方的情況更糟糕。不論出了多少偉人，不管今天歷史學家如何分析王朝和世界的興衰背後的政治和軍事原因，其結果就是人類的生活沒有多大改善。但是，自從人類進入科學理性時代，開始了工業革命，一切就改變了，這就是科技的力量。

　　為什麼科技在歷史上對人類的文明進程如此重要？因為科技是幾乎唯一能夠獲得可疊加式進步的理論。今天沒有人敢說自己的詩寫得比李白、杜甫或者莎士比亞好，沒有音樂家敢說自己超過了貝多芬或者莫札特，但是今天的物理學家卻可以非常肯定地說他們的研究超過了牛頓和愛因斯坦，這就是疊加式進步帶來的結果。中國在過去的四十年裡，一直保持著經濟高速增長，這和全民重視科技、中國的科技水準不斷提升直接相關。我們在發展科技的同時，有必要了解它的歷史。

　　今天大部分科技類圖書是供專家學者閱讀的參考書。而一些比較通俗易懂的科技讀物，比如霍金的書，一般只涵蓋一個專題的內容。霍金是我非常喜歡的作者，作為劍橋大學的「盧卡斯教授」，他在物理學上有極高的造詣。但遺憾的是，他的書只涵蓋一部分物理學的內容。大部分善於寫通俗讀物的科學家的書也是如此。於是，在讀者朋友的建議和鼓勵下，我便勉為其難地接受了透過一本小書介紹科技發展全貌的重任。

　　第二，近年來，全世界出現了一種科技虛無主義和反智的傾向，社會上出現了一種娛樂至死的思潮，值得我們警惕和反思。

　　美國一些科學家嘲笑總統川普缺乏科技知識，甚至反智，但是恰恰是這位沒有科技知識的總統知道科技的作用，並且致力於改進中小學的 STEM 教育，同時在移民的配額上向大學中學習 STEM 的外國學生傾斜。反倒是反對川普的人試圖在美國中小學中減少 STEM 的教育，以便讓那些不能努力學好相應課程的學生覺得有些面子。以擁有矽谷而自豪的加州居然有議員提出取消高中部分數學課程，以便照顧不努力學習的學生。很多人問我今後的二十年是美國有希望還是中國有希望，其實答案很明顯，但前提是，中國不

能學習美國那些冠以公平名義的不理性的做法，不能變成一個娛樂至死的社會。因此，在社會上樹立一種崇尚科技的精神是有必要的。

今天的中國，全民科學精神和科學素養依然有著極大的提升空間。近年來，在全國提倡「雙創」＊時，照理應該是透過技術革命提升工業水準和生產力水準，但是絕大部分的創業都和科技無關。更有很多人以沒有科技含量而能融資上億為榮，很多機構還在為這種公司背書。至於出現保健品氾濫這樣的怪現象，其實反映了全民的科學常識和科學素養還亟待提高。

第三，長期的工作和生活經歷告訴我，科學的思維訓練對人的幫助非常大。在科學上我們強調從實際出發，不做任何主觀的假設，而是要根據事實，透過邏輯得到結論。這樣的結論是摒棄了偏見的結論，是可信的、可重複的和有意義的結論。在工作中，我們強調就事論事，對事不對人，這是大家能夠合作的基礎。科技的發展，離不開這種尊重客觀事實的做事方式。

第四，瞭解科技的歷史，有助於我們把握未來技術發展的方向，這個必要性就不多說了。需要強調的是，任何一個歷史事件，任何一項發明發現，都需要放到一個大的歷史時期、一個大的社會環境中去考察，才能看出它的意義，這也就是所謂的大歷史方法。當我們把一個個歷史事件、一個個發明創造串聯起來，並且和社會發展聯繫起來時，就能看出幾千年來科技發展有兩條非常清晰的脈絡，就是能量和信息。它們不僅可以將整個人類科技史貫穿起來，還可以幫助我們瞭解當下和未來科技的動態。

＊ 編按：2015年大陸國務院總理李克強提出「大眾創業、萬眾創新」的口號，簡稱「雙創」。

　　1597年，英國著名哲學家法蘭西斯・培根喊出「知識就是力量」，它成了隨之而來的歐洲理性運動的宣言。這句話至今依然振聾發聵，也是對人類文明史最好的詮釋。

　　在本書的寫作過程中，我得到了很多人的鼓勵和幫助。清華大學的錢穎一教授、北京大學的高文教授給了我極大的鼓勵。鄭婷、王若師、孟幻、王錚幫助我完成了這本書的策劃、編輯、推廣等工作。中信出版集團的朱虹副總編輯，經管分社趙輝副社長及其同事張豔霞、張剛、李淑寒、范虹軼、賈順利、王振棟、鄭愛玲完成了本書的策劃出版和發行工作。此外，在全書的寫作過程中，羅輯思維的創始人羅振宇先生和 CEO 李天田（脫不花）女士知道我在創作這本書時，專門安排了「得到」的資源向讀者介紹本書的大綱（「科技史綱60講」），羅輯思維的編輯寧志忠先生和白麗麗女士幫助我整理和核對了書中很多內容。在此我要向他們表示最誠摯的感謝。當然，這本書的出版離不開我家人的支持，因此我將此書獻予她們。

　　人類的文明與科技還在不斷地發展，同時新的發現也在迭代人們的認知，加上本人學識有限，書中不免有這樣或那樣的錯誤，敬請讀者指正。

參考文獻

前言

[1]　數據來源：世界知識產權組織。

[2]　https://www.uspto.gov/web/offices/ac/ido/oeip/taf/cst_all.htm.

第一篇 遠古科技

第一章 黎明之前

[1]　Gowlett, J.A.J., Harris, J.W.K., Walton, D. and Wood, B.A. 1981.Early archaeological sites, hominid remains and traces of fire from Chesowanja, Kenya. *Nature*. 294, 125-129.

[2]　Larson G, Bradley DG (2014). "How Much Is That in Dog Years? The Advent of Canine Population Genomics". *PLOS Genetics*. 10 (1).

[3]　Russia and East Asia: Informal and Gradual Integration, edited by Tsuneo Akaha, Anna Vassilieva, P. 188.

[4]　Kittler, R., Kayser, M. Stoneking, M. Molecular Evolution of Pediculus Humanus and the Origin of Clothing. *Current Biology*, 13, 1414 - 1417，(2003).

[5]　Hartmut Thieme.「Lower Palaeolithic Hunting Spears from Germany」，Nature 385，807 – 810 (27 February 1997).

[6]　Monte Morin. "Stone-tipped spear may have much earlier origin", *Los Angeles Times*, November 16，2012.

[7]　Rick Weiss. "Chimps Observed Making Their Own Weapons", *Washington Post*, February 22，2007.

[8]　https://www.nytimes.com/1997/03/04/science/ancient-german-spears-tellof-mighty-hunters-of-stone-age.html.John Noble Wilford, march 4, 1997.

[9]　Jennifer Viegas. http://www.nbcnews.com/id/28663444/ns/technology_and_science-science/t/neanderthals-lacked-projectile-weapons/#.WtFULtPwa8U.

[10]　約翰‧謝伊（John Shea），紐約州立大學石溪分校人類學副教授。

[11]　http://www.nature.com/nature/journal/v491/n7425/full/nature11660.html.Kyle S. Brown, Curtis W. Marean, et al. "An early and enduring advanced technology originating 71,000 years ago in South Africa," *Nature*, 491, 590-593 (November22, 2012) doi:10.1038/nature11660.

[12]　https://www.nature.com/articles/nature19474.

[13]　https://www.nature.com/articles/nature19758 .

[14]　Wolfgang Enard, Molly Przeworski, Simon E. Fisher, Cecilia S. L. Lai, Victor Wiebe, Takashi Kitano, Anthony P. Monaco & Svante Pääbo. "Molecular Evolution of FOXP2, a gene involved in speech and language," *Nature* 418, 869-872 (22 August 2002).

[15]　伊恩‧莫里斯，文明的度量〔M〕，李陽，譯。北京：中信出版社，2014.

第二章 文明曙光

[1]　Marshall Sahlins. Stone Age Economics, Aldine Atherton Inc., 1972. https://libcom.org/files/Sahlins%20-%20Stone%20Age%20 Economics.pdf.

[2]　瓦爾‧赫拉利。人類簡史〔M〕.林俊宏，譯。北京：中信出版社，2014.

[3]　大衛‧克里斯蒂安。極簡人類史〔M〕.王睿，譯，北京：中信出版社，2016.

[4]　Zhang Wenxu, Yuan Jiarong. "A Preliminary Study on the Ancient Rice Excavated from Yuchanyan，Daoxian，Hunan Province", *ACTA Agronomica Sinica*, 1998-04.

[5]　Özkan H et al. "AFLP analysis of a collection of tetraploid wheats indicates the origin of emmer and hard wheat domestication in southeast Turkey." *Molecular Biology and Evolution*, 19:1797-1801 (2002).

[6] Ian KuijtNigel Goring-Morris. "Foraging, Farming, and Social Complexity in the Pre-Pottery Neolithic of the Southern Levant: A Review and Synthesis". *Journal of World Prehistory*, December 2002, Volume 16, Issue 4, pp 361-440.

[7] 新華社2003年12月12日新聞報導，Archeologists Gather in Guilin to Discuss Cave Discoveries, http://www.china.org.cn/english/culture/82314.htm。

[8] Moorey, Peter Roger Stuart. "Ancient Mesopotamian Materials and Industries: The Archaeological Evidence". *Eisenbrauns*, 1999.

[9] Liverani, Mario, Zainab Bahrani, Marc Van de Mieroop. *Uruk: The First City*. London: Equinox Publishing, 2006.

[10] Jack Goody. *The Logic of Writing and the Organisation of Society*, Cambridge University Press，1986.

[11] Neugebauer, O., Sachs, A. J. (1945). Mathematical Cuneiform Texts，American Oriental Series, 29, New Haven: American Oriental Society and the American Schools of Oriental Research, pp. 38-41.

第二篇 古代科技

第三章 農耕文明

[1] Karin Sowada, Peter Grave. *Egypt in the Eastern Mediterranean during the Old Kingdom*. Academic Press, 2009.

[2] Chaniotis, Angelos. 2004. *Das antike Kreta. Munich: Beck*.

[3] 伊恩・莫里斯．西方將主宰多久〔M〕錢峰，譯。北京：中信出版社，2011。

[4] 個別學者認為從馬基因的變化來看，可能早在一萬年前，人類就開始將一些母馬馴化為寵物，參見：Alessandro Achilli etc. "Mitochondrial genomes from modern horses reveal the major haplogroups that underwent domestication", *PNAS* February 14, 2012 109 (7) 2449-2454。

[5] Anthony, David W. *The Horse, the Wheel, and Language: How Bronze Age Riders from the Eurasian Steppes Shaped the Modern World. Princeton*, NJ: Princeton University Press, 2007.

[6] 數據來源：聯合時裝網站。https://fashionunited.com/global-fashionindustry-statistics.

[7] 歐粵．棉紡織業改變了明清松江府社會生活〔J〕.文匯報，2018-6-1.

[8] 大衛・克里斯蒂安。極簡人類史〔M〕.王睿，譯，北京：中信出版社，2016.

[9] William Kennett Loftus. *Travels and researches in Chaldaea and Susiana*, Robert Carter & Brothers, 1857.

[10] Mark Lehner.*The Complete Pyramids: Solving the Ancient Mysteries*，Thames and Hudson，2008.

[11] 伊恩・莫里斯。文明的度量〔M〕.李陽，譯。北京：中信出版社，2014.

第四章 文明復興

[1] Early Writing. Harry Ransom Center-University of Texas at Austin. October 2015. https://www.hrc.utexas.edu/educator/modules/gutenberg/books/early/.

[2] Tallet, Pierre. "Ayn Sukhna and Wadi el-Jarf: Two newly discovered pharaonic harbours on the Suez Gulf". British Museum Studies in Ancient Egypt and Sudan, 2012.

[3] 普林尼. 自然史〔M〕.李鐵匠，譯。上海：上海三聯書店，2018。

[4] Meggs, Philip B. A History of Graphic Design. John Wiley & Sons, Inc.1998

[5] McDermott, Joseph P., *A Social History of the Chinese Book: Books and Literati Culture in Late Imperial China*. Hong Kong: Hong Kong University Press, 2006.

[6] Buringh, Eltjo; van Zanden, Jan Luiten. "Charting the 'Rise of the West': Manuscripts and Printed Books in Europe, A Long-Term Perspective from the Sixth Through Eighteenth Centuries", *The Journal of Economic History*, Vol. 69, No. 2 (2009), pp. 409-445 (417, table 2)。

[7] 張樹棟，龐多益，鄭如斯，等。中華印刷通史〔M〕.財團法人印刷傳播興才文教基金會，1998.

[8] Peter Sager. *Oxford and Cambridge*, Thames and Hudson, 2005.

[9] Christopher Hibbert, *The House of Medici*, William Morrow Paperbacks, 1999。

[10] 《烏爾巴諾八世傳》，源自美國里斯大學的伽利略計畫。Pope Urban VIII Biography. Galileo Project, http://galileo.rice.edu/gal/urban.html.

第三篇 近代科技

第五章 科學啟蒙

[1] Debru, Armelle. "Galen on Pharmacology: Philosophy, History, and Medicine: Proceedings of the Vth International Galen Colloquium", *Lille*, 16-18 March 1995.

[2] Haddad SI，Khairallah AA (1936). "A Forgotten Chapter in the History of the Circulation of the Blood". AnnSurg, 104: 1-8.

[3] Robert T. Balmer. *Modern Engineering Thermodynamics*. Academic Press, 2010.

[4] Laennec，René. De l'auscultation médiate ou traité du diagnostic des maladies des poumon et du coeur. Paris: Brosson & Chaudé，1819.

[5] Harrison J. *The Sphygmomanometer, an instrument which renders the action of arteries apparent to the eye with improvement of the instrument and prefatory remarks by the translator.* Longman，London, 1835.

[6] Laura J. Snyder. *Eye of the Beholder*, W. W. Norton & Company, 2016.

[7] Feinstein, S, Louis Pasteur: *The Father of Microbiology*. Enslow Publishers, Inc, 2008.

[8] Pitt，Dennis，Aubain，Jean-Michel. 「Joseph Lister: father of modern surgery」. *Canadian Journal of Surgery*. 2012，55 (5): E8-E9.

[9] 哈爾・海爾曼。醫學領域的名家之爭：有史以來最激烈的10場爭論〔M〕.馬晶，李靜，譯。上海：上海科學技術文獻出版社，2008.

[10] Mariko J. Klasing, Petros Milionis. Quantifying the Evolution of World Trade, 1870-1949. *Journal of International Economics*, Volume 92, Issue 1, January 2014, Pages 185-197.

[11] Peter Ackroyd. Isaac Newton, Chatto and Windus, 2006.

[12] Duveen, Denis I. "Antoine Laurent Lavoisier and the French Revolution". *Journal of Chemical Education*. 1954, 31 (2): 60-65.

第六章 工業革命

[1] Morris, Charles R. Morris. illustrations by J.E.. *The Dawn of Innovation the First American Industrial Revolution*. New York: Public Affairs, 2012.

[2] Uglow, Jenny. *The Lunar Men: Five Friends Whose Curiosity Changed the World*. London: Faber & Faber, 2002.

[3] Frances Perry. *Four American Inventors*. Smith Family Books, 2012.

[4] 同上。

[5] Charles Thurber's First Printing Machine, U.S. Patent No. 3228, An Improvement in Machines For Printing, 1843. Specification of Letters Patent No. 3, 228, dated August 26, 1843, https://www.todayinsci.com/Events/Patent/Typewriter3228.htm.

[6] Leapman, Michael. *The World for a Shilling: How the Great Exhibition of 1851 Shaped a Nation*. Headline Books.

[7] Joule, J. P. "On the Changes of Temperature Produced by the Rarefaction and Condensation of Air". *Philosophical Magazine*. 1845, 3. 26 (174): 369-383.

[8] 克勞修斯的這個結論先後用德文和英文發表。德文文獻：Clausius, R. (1854). "Ueber eine veränderte Form des zweiten Hauptsatzes der mechanischen Wärmetheoriein". *Annalen der Physik* und Chemie. 93 (12): 481-506. Retrieved 25 June 2012. 英文文獻：Clausius, R. (August 1856). "On a Modified Form of the Second Fundamental Theorem in the Mechanical Theory of Heat". *Phil. Mag.* 4. 12 (77): 81-98. Retrieved 25 June 2012。

[9] Karl Gottlob Kühn of Leipzig, Galenic corpus, 1821 to 1833.

[10] Kusukawa, Sachiko. "De humani corporis fabrica. Epitome (CCF.46.36)". Cambridge Digital Library. 檔案連結：http://cudl.lib.cam.ac.uk/view/PR-CCF-00046-00036/1.

[11] Gould, Stephen Jay. *The Structure of Evolutionary Theory*. Harvard University Press. 2002.

[12] Hajdu, Steven I. "A note from history: Introduction of the cell theory". *Annals of Clinical and Laboratory Science*. 32 (1): 98-100，2002.

[13] Lois N. Magner. *A History of the Life Sciences*, Marcel Dekker, 2002.

[14] 達爾文. 乘小獵犬號環球航行〔M〕. 褚律元，譯。北京：中國人民大學出版社，2004.

[15] Heilbron, J.L.. *Electricity in the 17th and 18th Centuries: A Study of Early Modern Physics*. University of California Press, 1979.

[16] Schiffer, Michael B. *Draw the Lightning Down: Benjamin Franklin and Electrical Technology in the Age of Enlightenment*. pp. 136-137, 301, University of California Press, 2006.

[17] Giuliano Pancaldi. *Volta: Science and Culture in the Age of Enlightenment*, Princeton University Press, 2003.

[18] Hans Christian Ørsted. Karen Jelved, Andrew D. Jackson, Ole Knudsen. translators from Danish to English. Selected Scientific Works of Hans Christian Ørsted, 1997.

[19] Joseph Henry, Scientific Writings of Joseph Henry, Volume 30, Issue 2, Google Book.

[20] 西門子生平介紹，參見西門子公司官方網站：
https://www.siemens.com/history/en/news/1051_werner_von_siemens.htm。

[21] Margaret Cheney. "Tesla: Man Out of Time" *Touchstone*, 2001.

[22] Holland, Kevin J., "Classic American Railroad Terminals", Osceola, 2001.

[23] Rep. "Fossella's Resolution Honoring True Inventor of Telephone To Pass House Tonight". office of Congressman Vito J. Fossella. 2002-06-11，https://web.archive.org/web/20050124005929/http://www.house.gov/fossella/Press/pr020611.htm.

[24] Alfred Thomas Story, *The Story of Wireless Telegraphy*. Palala Press, 2015.

[25] Burns, Russell. John Logie Baird, Television Pioneer", *The Institution of Engineering and Technology*, 2000.

第七章 新工業

[1] 參見美國能源部網站：https://www.eia.gov/todayinenergy/detail.php?id=34772.

[2] Chisholm, Hugh, ed. "Perkin, Sir William Henry". *Encyclopædia Britannica*. 21 (11th ed.). Cambridge University Press., 1911:173.

[3] von Pechmann, H. "Ueber Diazomethan und Nitrosoacylamine", Berichte der Deutschen Chemischen Gesellschaft zu Berlin. 1898, 31: 2640-2646. page 2643.

[4] 參見不列顛百科全書：https://www.britannica.com/biography/LeoBaekeland。

[5] "Winnington history in the making", *This is Cheshire*. 23 August 2006.

[6] Slack, Charles, Noble Obsession, Hyperion, 2003.

[7] Staudinger, H. (1920). "Über Polymerisation". Ber. Dtsch. Chem. Ges.

[8] https://www.nobelprize.org/prizes/chemistry/1956/semenov/facts/.

[9] Hermes, Matthew. Enough for One Lifetime. American Chemical Society and Chemical Heritage Foundation, 1996.

[10] Smil, Vaclav. *Enriching the Earth: Fritz Haber, Carl Bosch, and the Transformation of World Food Production*. MIT Press, 2004.

[11] 參見斯米爾（Smil）的著作。

[12] Rao GV, Rupela OP, Rao VR, Reddy YV (2007). "Role of biopesticides in crop protection: present status and future prospects" (PDF). *Indian Journal of Plant Protection*.

[13] 參見諾貝爾委員會網站的穆勒網頁：Paul Hermann Müller, The Nobel Prize in Physiology or Medicine 1948, https://www.nobelprize.org/prizes/medicine/1948/summary/。

[14] Deepak Lal. Bring Back DDT. Business Standard, 2016.

[15] Wise, David Burgess. "Lenoir: The Motoring Pioneer" in Ward, Ian, executive editor. *The World of*

Automobiles, Orbis Publishing, 1974

[16] Louis Girifalco. *Dynamics of Technological Change*. Springer, 1991.

[17] *New Scientist* (Vol 95 No 1322 ed.). 9 September 1982. p. 714.

[18] 參見德國專利與商標局文件（2014-12-22）："Der Streit um den 'Geburtstag' des modernen Automobils"（現代汽車誕生之爭）。

[19] S. Schama. Citizens: *A Chronicle of the French Revolution*. Random House, 1989.

[20] Scott, Phil. *The Shoulders of Giants: A History of Human Flight to 1919*. Addison-Wesley Publishing Company, 1995.

[21] Piggott, Derek. "Gliding 1852 Style", 2003, glidingmagazine.com.

[22] Tom D. Crouch. *The Bishop's Boys*, W. W. Norton & Company, 2003.

[23] Culick, Fred E.C. "What the Wright Brothers Did and Did Not Understand About Flight Mechanics—In Modern Terms", 37th AIAA/ASME/SAE/ASEE Joint Propulsion Conference and Exhibit, 2001.

[24] Tom D. Crouch. *The Bishop's Boys*, W. W. Norton & Company, 2003.

[25] Petzal, David E., *The Total Gun Manual* (Canadian edition), Weldon Owen，2014.

[26] Andrade, Tonio. *The Gunpowder Age: China, Military Innovation, and the Rise of the West in World History*, Princeton University Press, 2016.

[27] Lenk, Torsten; Translated by G.A. Urquhart. The Flintlock: Its Origin and Development; MCMLXV. London: Bramhall House. 1965.

[28] Robins, Benjamin, "New Principles of Gunnery", 1742.

[29] John Walter. *The Rifle Story*, MBI Publishing Company, 2006.

[30] McCallum, Iain. Blood Brothers. *Hiram and Hudson Maxim: Pioneers of Modern Warfare*. London: Chatham Publishing, 1999.

[31] Robert I. Rotberg & Miles F. Shore, *The Founder:Cecil Rhodes and the Pursuit of Power*. Oxford University Press, 1988.

[32] yres, Leonard P. The War with Germany (Second ed.). Washington, DC: United States Government Printing Office, 1919.

[33] Hoffman, George. "Hornsby Steam Crawler". *British Columbia*, 2007.

[34] Forty, George; Livesey, Jack. The Complete Guide to Tanks and Armoured Fighting Vehicles. Southwate, 2012.

[35] Hogg, OFG. "*Artillery: Its Origin, Heyday and Decline*". London: C.Hurst & Company, 1970.

[36] Encyclopedia of Modern Europe: Europe 1789–1914: Encyclopedia of the Age of Industry and Empire, "Alfred Nobel", Thomson Gale, 2006.

[37] Wilbrand，J. (1863). "Notiz über Trinitrotoluol". *Annalen der Chemie und Pharmacie*. 128 (2): 178-179.

[38] 約翰‧紐曼。大學的理想〔M〕.貴陽：貴州教育出版社，2006.

第四篇 現代科技

第八章 原子時代

[1] Michelson, Albert Abraham & Morley, Edward Williams. On the Relative Motion of the Earth and the Luminiferous Ether. *American Journal of Science*, 1887.

[2] Rothman, Tony. "Lost in Einstein's Shadow", *American Scientist*, 2006.

[3] Stachel, John, et al. *Einsteins' Miraculous Year*. Princeton University Press, 1998.

[4] Einstein, Albert. "Über die von der molekularkinetischen Theorie der Wärme geforderte Bewegung von in ruhenden Flüssigkeiten suspendierten Teilchen". *Annalen der Physik*. 17 (8): 549-560, 1905.

[5] Longair, M. S.. *Theoretical Concepts in Physics*. Cambridge University Press, 2003.

[6] James Chadwick. Possible Existence of a Neutron, *Nature*, p. 312（Feb.27, 1932）.

[7] D. Lichtenberg and S. Rosen. *Developments in the Quark Theory of Hadrons*. Hadronic Press, 1980.

[8]   Helge Kragh. "Max Planck: the Reluctant Revolutionary", *Physics World*. December 2000.

[9]   Thomas Kuhn. *The Structure of Scientific Revolutions*, University of Chicago Press, 1970.

[10] Hertz, H.. "Ueber den Einfluss des ultravioletten Lichtes auf die electrische Entladung" (On an effect of ultra-violet light upon the electrical discharge). *Annalen der Physik*. 267 (8): S. 983-1000，1887.

[11] Albert Einstein. "Concerning an Heuristic Point of View Toward the Emission and Transformation of Light." *Annalen der Physik* 17 (1905): 132-148，英文翻譯連結：https://einsteinpapers.press.princeton.edu/vol2-trans/100。

[12] 論文的題目是：Recherches sur la théorie des quanta (Research on Quantum Theory), 1924。

[13] Niels Bohr. "On the Constitution of Atoms and Molecules, Part I" (PDF). *Philosophical Magazine*. 26 (151): 1-24，1913.

[14] Max Born. *My Life: Recollections of a Nobel Laureate*. London: Taylor & Francis, 1978.

[15] Heisenberg, W., "Über den anschaulichen Inhalt der quantentheoretischen Kinematik und Mechanik", *Zeitschrift für Physik* (in German), 43 (3-4): 172-198, 1927.

[16] Dyson, F.W.; Eddington, A.S.; Davidson, C.R.. "A Determination of the Deflection of Light by the Sun's Gravitational Field, from Observations Made at the Solar eclipse of May 29, 1919", *Phil. Trans. Roy. Soc*. A. 220 (571-581): 291-333，1920.

[17] Einstein, A. "Zur Quantentheorie der Strahlung". Physikalische Zeitschrift. 18: 121-128, 1917.

[18] B. P. Abbott et al. Observation of Gravitational Waves from a Binary Black Hole Merger, *Phys. Rev. Lett*. 116, Published 11 February 2016。

[19] Segrè, Emilio. Enrico Fermi, *Physicist*. Chicago: University of Chicago Press, 1970.

[20] Ruth Lewin Sime. *Lise Meitner: A Life in Physics*.University of California Press, 1997.

[21] Paul Lawrence Rose. *Heisenberg and the Nazi Atomic Bomb Project, 1939-1945: A Study in German Culture*. University of California Press, 1998.

[22] 羅伯特‧容克。比一千個太陽還亮[M].鍾毅，譯。北京：原子能出版社，1991.

[23] 格羅夫斯. 現在可以説了[M].鍾毅，譯。北京：原子能出版社，1991.

[24] 同上。

[25] 羅伯特‧容克。比一千個太陽還亮[M].鍾毅，譯。北京：原子能出版社，1991.

[26] Marconi, Guglielmo. "Radio Telegraphy", *Proc. IRE*. 10 (4): 215-238, 1922.

[27] Angela Hind.Briefcase "that changed the world", *BBC News*, 5 February 2007.

[28] Lafont, O. "Clarification on publications concerning the synthesis of acetylsalicylic acid", *Revue d'histoire de la pharmacie*. 43 (310): 269-73, 1996.

[29] Diarmuid Jeffreys. Aspirin: The Remarkable Story of a Wonder Drug.Chemical Heritage Foundation, 2008.

[30] 同上。

[31] Penicillin 1929-1940. British Medical Journal, pp 158-159, July 19, 1986, https://www.ncbi.nlm.nih.gov/pmc/articles/PMC 1340901/pdf/bmjcred00243—0004.pdf.

[32] Eric Lax. *The Mold in Dr. Florey's Coat*, Holt Paperbacks, 2005.

[33] Eric Lax. *The Mold in Dr. Florey's Coat*, Holt Paperbacks, 2005.

[34] Milton Wainwright, *Miracle Cure: Story of Antibiotics*, Balckewell Publishers, 1991.

[35] Baron, Jeremy Hugh. "Sailors' Scurvy Before and After James Lind-a reassessment". *Nutrition Reviews*. 67 (6): 315-332, 2009。

[36] R. B. Woodward, and Roald Hoffmann. Stereochemistry of Electrocyclic Reactions, *J. Am. Chem. Soc*., 1965, 87 (2), pp 395-397.

[37] "The Pioneers of Molecular Biology: Herb Boyer". *Time Magazine*, March 9，1981.

第九章 信息時代

[1]   羅巴切夫斯基，庫圖佐夫。羅巴切夫斯基幾何學及幾何基礎概要[M].哈爾濱：哈爾濱工業大學出版社，2012.

[2]   V. A. Toponogov, Riemannian geometry, Encyclopedia of Mathematics，詳見：http://mathworld.

wolfram. com/RiemannianGeometry.html。

[3] 那一年，柯爾莫哥洛夫還發表了其他七篇論文，參見：Andrey Kolmogorov at the Mathematics Genealogy Project，連結：http://www.history.mcs.st-andrews.ac.uk/Biographies/Kolmogorov.html。

[4] Boole, George(1854). *An Investigation of the Laws of Thought*. Prometheus Books.2003 reprinted.

[5] Bertalanffy, L. von, Untersuchungen über die Gesetzlichkeit des Wachstums. I. Allgemeine Grundlagen der Theorie; mathematische und physiologische Gesetzlichkeiten des Wachstums bei Wassertieren. Arch. Entwicklungsmech., 131:613-652, 1934.

[6] Norbert Wiener. *Cybernetics: Or Control and Communication in the Animal and the Machine*. Paris, (Hermann & Cie) & Camb. Mass. (MIT Press), 1948.

[7] 參見拙作《文明之光》中所講述的卡爾曼濾波和阿波羅火箭控制的關係。

[8] Rojas，Raúl, "The Zuse Computers". *Resurrection: the Bulletin of the Computer Conservation Society* (37), 2006.

[9] Claude Shannon, A Symbolic Analysis of Relay and Switching Circuits, Master Thesis, *MIT*, 1937.

[10] Turing, A.M.. "On Computable Numbers，With an Application to the Entscheidungsproblem", *Proceedings of the London Mathematical Society*, 1936-7.

[11] Stern, Nancy. *From ENIAC to UNIVAC: An Appraisal of the EckertMauchly Computers*. Digital Press, 1981.

[12] 全世界個人電腦銷售量在2011年達到頂峰，隨後五年逐年下降，到2016年已經累積下降27%。數據來源：statista.com，Five Years Past Peak PC, by Felix Richter, Jan 13, 2017。

[13] 數據來源：statista.com。

[14] Magnuski，H. S. "About the SCR-300". SCR300.org.

[15] 數據來源：思科公司年度網絡指數報告，參見：Cisco Visual Networking Index: Forecast and Methodology (2006-2016)。

[16] McDougall, Walter A. *The Heavens and the Earth: A Political History of the Space Age*. New York: Basic Books, 1985.

[17] William J. Jorden. Soviet Fires Satellite into Space, *New York Times*, Oct 8, 1957. 檔案複印件連結：http://movies2.nytimes.com/learning/general/onthisday/big/1004.html。

[18] National Defense Education Act，美國參議院相關連結網址：https://www.senate.gov/artandhistory/history/minute/Sputnik_Spurs_Passage_of_National_Defense_Education_Act.htm。

[19] 參見美國國家航空暨太空總署（NASA）有關約翰‧霍保特的紀念網頁：https://www.nasa.gov/langley/hall-of-honor/john-c-houbolt。

[20] Mendel, J. G. "Versuche über Pflanzenhybriden", Verhandlungen des naturforschenden Vereines in Brünn, Bd. IV für das Jahr, 1865, Abhandlungen: 3-47, 1866.

[21] Watson, J.D.; Crick，F.H.. "A structure for deoxyribose nucleic acids" (PDF). *Nature*. 171 (4356): 737-738, 1953.

[22] Wilkins, M.H.F.; Stokes, A.R.; Wilson, H.R.. "Molecular Structure of Deoxypentose Nucleic Acids" (PDF). *Nature*. 171 (4356): 738-740, 1953.

[23] Franklin, R.; Gosling, R.G., "Molecular Configuration in Sodium Thymonucleate" (PDF). *Nature*. 171 (4356): 740-741, 1953.

[24] Total WW Data to Reach 163ZB by 2025, That's ten times the 16.1ZB of data generated in 2016.

第十章 未來世界

[1] https://www.technologyreview.com/s/426987/foundation-medicinepersonalizing-cancer-drugs/.

[2] Sandra Blakeslee, "Treatment for Bubble Boy Disease", *New York Times*, May 18, 1993.

[3] International Energy Agency, "Electricity Statistics", *Retrieved*, 8 December 2018.

[4] Juan Yin, Yuan Cao……, and J.- W. Pan "Satellite-based entanglement distribution over 1200 kilometers", *Science*, 356, 6343, 1140-1144, 2017.

[5] Construction of a Composite Total Solar Irradiance (TSI) Time Series from 1978 to present.

[6] https://www.bbc.com/news/health-37552116.